技工院校实训基地人才培养一体化模块教材

普通车床加工实训
（高级模块）

人力资源和社会保障部教材办公室组织编写

中国劳动社会保障出版社

简　介

本书主要内容有：套筒及深孔加工，螺纹及蜗杆加工，复杂零件加工，箱体孔加工，组合件加工，车床维护、保养与调整，以及职业技能鉴定车工高级模拟试卷。

图书在版编目（CIP）数据

普通车床加工实训：高级模块/蒋镇良主编．—北京：中国劳动社会保障出版社，2015
技工院校实训基地人才培养一体化模块教材
ISBN 978－7－5167－1646－5

Ⅰ.①普…　Ⅱ.①蒋…　Ⅲ.①车削-技工学校-教材　Ⅳ.①TG510.6

中国版本图书馆 CIP 数据核字（2015）第 041730 号

中国劳动社会保障出版社出版发行
（北京市惠新东街 1 号　邮政编码：100029）
*
北京谊兴印刷有限公司印刷装订　新华书店经销
787 毫米×1092 毫米　16 开本　13.25 印张　311 千字
2015 年 3 月第 1 版　　2015 年 3 月第 1 次印刷
定价：25.00 元

读者服务部电话：（010）64929211/64921644/84643933
发行部电话：（010）64961894
出版社网址：http://www.class.com.cn

技工院校实训基地人才培养一体化模块教材编委会名单

编审委员会（以姓氏笔画排序）

王国海　冯跃虹　吕成鹰　刘海光　孙大俊
冷耀明　张　林　胡恒庆　龚　安

编审人员

本书主编：蒋镇良
本书参编：朱　珩　刘建波　朱　炼
本书主审：龚　安

前言

Preface

为了进一步发挥技工院校在技能人才培养方面的作用，切实满足企业对技能型人才的需求，人力资源和社会保障部教材办公室组织有关学校的骨干教师和行业、企业专家，在充分调研技工院校实训基地人才培养和培训模式以及企业技能人才需求的基础上，吸收和借鉴当前较为成熟的人才培养理念，编写了技工院校实训基地人才培养一体化模块教材。

使用说明

本套教材分为基础模块和专业核心模块（见下图）。其中专业核心模块教材根据国家职业技能鉴定标准中的初级、中级和高级要求设计有相对应的初级模块教材、中级模块教材和高级模块教材。实训基地可根据需要按照“基础模块＋专业核心模块”组合模式选择相应的教材。

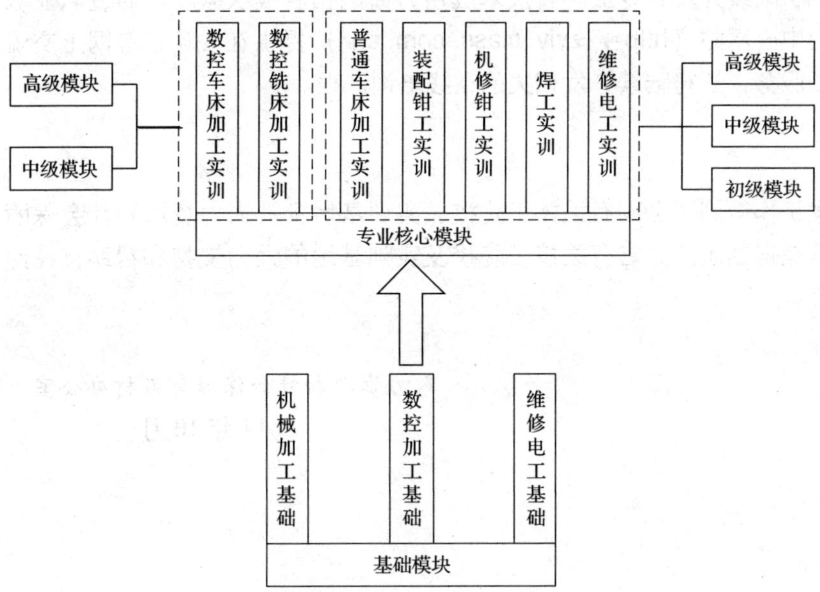

编写特色

◆与职业技能鉴定接轨

教材的编写以车工、数控车工、数控铣工、装配钳工、机修钳工、焊工、维修电工等国家职业技能标准为依据，涵盖国家职业技能标准（初、中、高级）的知识和技能要求，内容具有权威性。为了帮助学员熟悉职业技能鉴定考核形式及考题类型，每种专业核心模块教材均附有3～5套职业技能鉴定模拟试卷（包含理论知识试卷和技能操作试卷），并配有相应的参考答案。

◆与企业需求接轨

教材在编写中充分考虑企业的培训和用人需求，尽量选取企业真实的、有代表性的操作案例，整合相应的知识和技能，构建一体化教学模块，实现理论与操作技能的统一，既符合职业教育和职业培训的基本规律，又有利于培养学员分析问题和解决问题的综合职业能力。

◆保证先进性和规范性

教材根据相关专业领域的最新发展，编入了新知识、新技术、新设备、新材料等方面的内容，保证教材的先进性。同时采用最新的国家技术标准，使教材更加科学和规范。

读者对象

本套教材既可作为技工院校实训基地技能人才培养和培训用书，还可作为企业、社会培训机构的技能培训用书以及职业技术院校师生的专业用书。

后续拓展

作为补充，我们将陆续开发各专业高新技术应用方面的拓展模块教材，通过职业教育教学资源和数字学习中心网站（http://zyjy.class.com.cn/）提供在线论坛等网上交流以及相关教学资源下载服务，还将陆续开发相关的在线培训课程。

致谢

本套教材的开发工作得到了全国有关技工院校、实训基地及其人力资源和社会保障主管部门的支持，尤其是得到了江苏省有关技工院校及实训基地的大力支持和帮助，在此我们表示诚挚的谢意。

人力资源和社会保障部教材办公室

2014年10月

目　录

CONTENTS

模块一　套筒及深孔加工

模块二　螺纹及蜗杆加工

模块三　复杂零件加工

模块四　箱体孔加工

模块五　组合件加工

模块六　车床维护、保养与调整

模块七　职业技能鉴定车工高级模拟试卷

模块一 套筒及深孔加工

课题1 复杂套筒加工

学习目标

1. 了解套筒类零件的技术要求。
2. 掌握套筒类零件的装夹方法。
3. 掌握套筒类零件的加工方法。

一、套筒类零件的技术要求

套筒类零件是机械中常见的一种零件，它的应用范围较广泛，如支承旋转轴的滑动轴承、夹具上引导刀具的导向套、内燃机缸套、液压系统中的液压缸等，如图1—1所示。

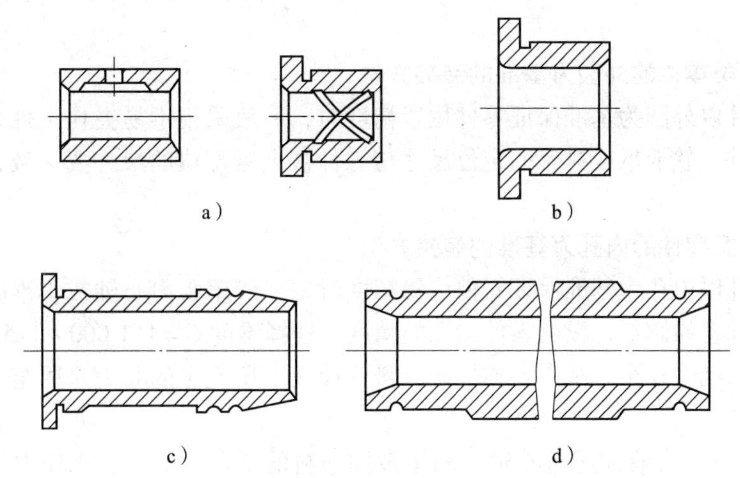

图1—1 套筒类零件

a）滑动轴承 b）导向套 c）缸套 d）液压缸

由于功用不同，套筒类零件的结构和尺寸有着很大的差别，但其结构上仍有共同点：套筒类零件的内、外圆表面和相关端面间的形状、位置精度要求较高；零件壁的厚度较薄；孔径较小、孔深较长等。

套筒类零件的主要技术要求如下：

1. 内孔的技术要求

内孔直径尺寸精度一般为 IT7 级，精密轴承套为 IT6 级；形状精度要求高，较精密的套筒公差为孔径公差的 1/3 ~ 1/2，甚至更小；为了保证套筒零件的使用要求，内孔表面粗糙度 *Ra* 值为 2.5 ~ 1.6 μm，精密套筒要求更高，表面粗糙度 *Ra* 值可达 0.4 μm。

2. 外圆的技术要求

外圆表面常以过盈或过渡配合与箱体或机架上的孔相配合起支承作用。外径尺寸精度一般为 IT7 ~ IT6 级；形状公差应控制在外径公差范围内；表面粗糙度 *Ra* 值为 2.5 ~ 0.63 μm。

3. 主要表面位置精度的技术要求

各主要表面之间的位置精度影响套筒的装配和使用性能，因此，内孔与外圆的同轴度要求较高，一般为 ϕ0.01 ~ 0.05 mm；另外，套筒端面作为装配或定位基准时，要考虑端面与孔轴线的垂直度和端面圆跳动的要求，一般为 0.02 ~ 0.05 mm。

二、套筒类零件的装夹

套筒类零件加工中的装夹是一个十分重要的问题，为了保证表面间的相互位置精度，通常采用以下几种装夹方法：

1. 以车床的三爪自定心卡盘或四爪单动卡盘装夹的方法

在车床上用三爪自定心卡盘或四爪单动卡盘装夹、加工同轴度要求较高且长度较短的套筒零件时，为了满足内、外圆的同轴度等位置精度要求，应在一次装夹中完成内、外圆及端面的车削。这种方法不会因装夹而产生定位误差，适合单件、小批量车削套筒类零件。

2. 以套筒类零件的外圆为基准的装夹方法

套筒类零件以外圆为基准保证零件位置精度时，一般采用不易夹伤工件表面的软卡爪或衬套装夹工件。软卡爪或衬套的定位尺寸与工件被夹紧部位的尺寸要一致，这样定位精度高。

3. 以套筒类零件的内孔为基准的装夹方法

套筒类零件以内孔为基准保证零件位置精度时，一般用胀力心轴或小锥度心轴装夹工件。小锥度心轴容易制造，根据零件内孔的精度，选择锥度 $C=1:1\,000 \sim 1:5\,000$，定位精度高，但承受切削力较小。胀力心轴依靠材料弹性变形所产生的胀力来固定工件，装拆方便，定心精度高。

如图 1—2 所示为液性塑料心轴，利用液性塑料的不可压缩性，把压力均匀地传递给薄壁套筒，并通过套筒的变形来定心和夹紧工件，其加工后的内、外圆同轴度误差在 ϕ0.03 ~ 0.06 mm 范围内。由于是沿圆柱表面均匀接触，因此工件定位面不会因夹紧而损伤、变形。

较长套筒类零件的装夹一般采用“一夹一承”的方式，即一端用卡盘卡爪夹住，另一端用中心架支承，如图 1—3 所示。“一夹一承”装夹主要用于车削较长套筒类零件的内孔和端面，工件轴线必须与车床主轴回转轴线同轴；否则，在车孔时会产生圆柱度误差。

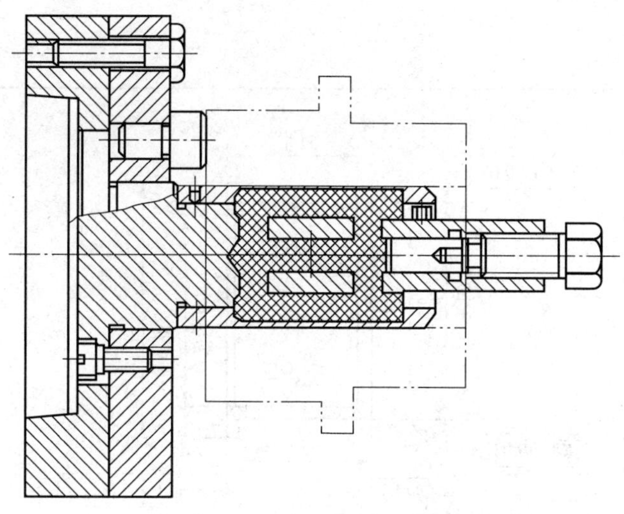

图 1—2　液性塑料心轴

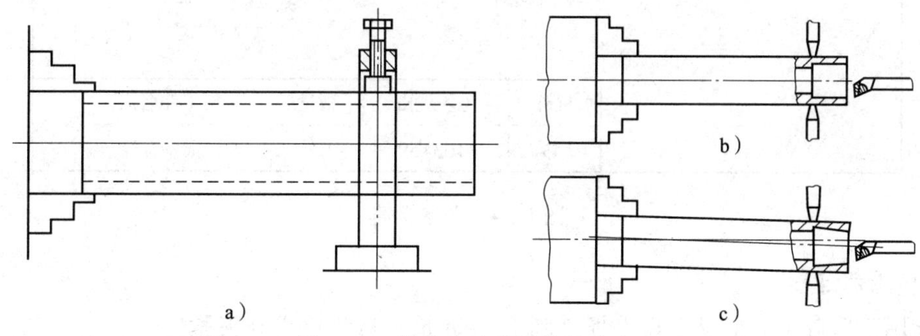

图 1—3　较长套筒类零件的装夹

三、套筒类零件的加工

套筒类零件加工的主要内容为内孔与外圆的粗、精加工。内孔加工的方法有钻孔、扩孔、车孔、铰孔、磨孔及研磨孔等。其中钻孔、扩孔和车孔一般作为孔的粗加工和半精加工，铰孔、磨孔和研磨孔一般作为孔的精加工。在生产中必须根据零件的形状、尺寸精度、表面粗糙度、几何公差等技术要求及生产批量，分析、选择最佳加工方法。在确定孔的加工方案时可按下列原则进行：

1. 孔径较小的套筒类零件，一般采用钻孔→扩孔→铰孔的方案。
2. 孔径较大的套筒类零件，一般采用钻孔→扩孔→车孔的方案。
3. 淬火钢或精度要求高的套筒类零件，一般采用磨孔或研磨孔的方法进行精加工。

四、技能训练

1. 车削薄壁套筒（见图 1—4）

（1）工艺分析

薄壁套筒的轴向尺寸不大，但径向尺寸较大，且内、外均有台阶，内、外径尺寸精度较高，有 $\phi0.03$ mm 的同轴度要求，表面粗糙度及位置精度要求较高。因此采用以套筒外圆为基准的装夹方法。

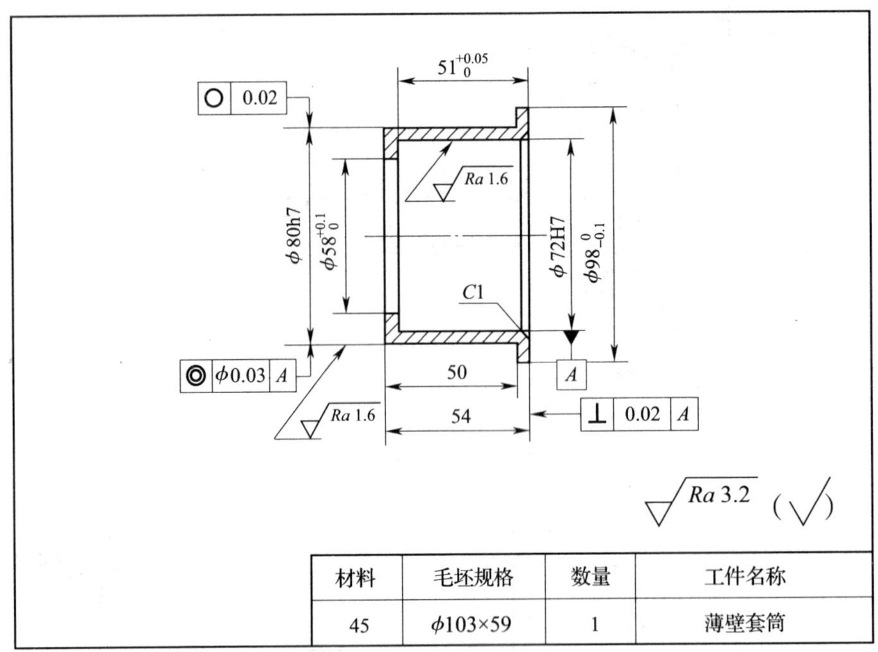

图 1—4　薄壁套筒

（2）工艺过程

1）用三爪自定心卡盘夹持毛坯外圆 10 mm 长，目测校正并夹紧。

2）车端面，钻通孔，扩孔或车孔至 $\phi55$ mm。

3）车外圆至 $\phi85$ mm，长度尽可能接近卡爪。

4）掉头，夹持 $\phi85$ mm 外圆，目测校正并夹紧。

5）车端面保证总长 55 mm；车孔至 $\phi70.5$ mm，深度为 51 mm；车外圆至 $\phi99$ mm。

6）掉头，夹持 $\phi99$ mm 外圆，目测校正并夹紧。

7）精车端面，保证总长 54.5 mm；精车外圆至 $\phi80h7$，长度为 50 mm；精车内孔至 $\phi58^{+0.1}_{0}$ mm；倒角 $C0.5$ mm。

8）将零件用特制的扇形软卡爪装夹，精车端面，保证总长为 54 mm；精车外圆至 $\phi98^{0}_{-0.1}$ mm；精车内孔至 $\phi72H7$，深度 $51^{+0.05}_{0}$ mm；孔口倒角 $C1$ mm；其余倒角 $C0.5$ mm。

2．车削密封套（见图 1—5）

（1）工艺分析

密封套有三处细牙螺纹（两处 M33×1.5—6h、M24×1），加工时刀具要保持锋利，并注意螺纹车刀背向前角的大小对螺纹牙型的影响；外沟槽宽为 3 mm，属于窄槽加工，要观察刀具的磨损导致的槽宽尺寸的变化；$\phi24^{+0.08}_{+0.03}$ mm 的内孔表面粗糙度 Ra 值为 0.8 μm，应进行低速精车。

（2）工艺过程

密封套的加工工艺过程见表 1—1。

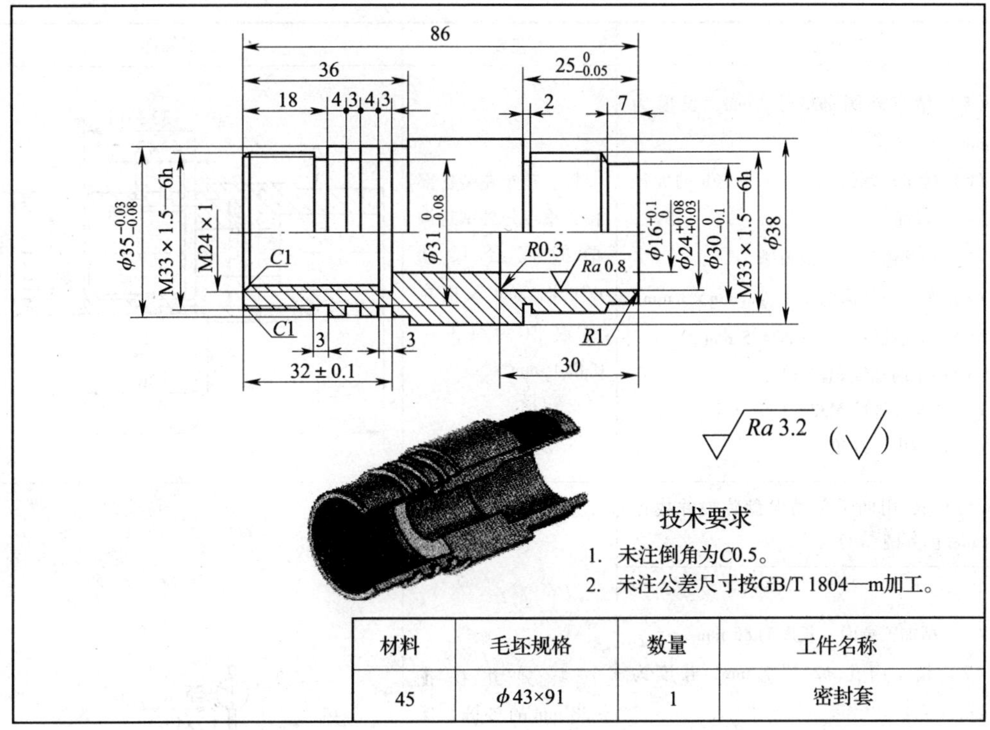

图 1—5 密封套

表 1—1 **密封套的加工工艺过程**

操作步骤	工艺要点	加工简图
1. 用三爪自定心卡盘夹住 $\phi43$ mm 的毛坯外圆	粗车工件右端各部位，去除余量，减少变形	
（1）加工右端面，长度至 88 mm （2）钻孔 $\phi14$ mm （3）钻平底孔 $\phi22$ mm，深度为 30 mm （4）将图样上 $\phi38$ mm 的外圆粗车至 $\phi40$ mm，长度为 46 mm （5）将 M33×1.5—6 h 的螺纹外径粗车至 $\phi36$ mm，长度为 25 mm		25 $\phi14$ $\phi22$ $\phi36$ $\phi40$ 30 46 88
2. 掉头夹住 $\phi36$ mm 的外圆		
（1）粗、精加工端面，长度至 87 mm （2）钻平底孔 $\phi22$ mm，深度为 32 mm （3）粗、精车内螺纹 M24×1 的小径至 $\phi22.92$ mm （4）精车外圆 $\phi38$ mm		

续表

操作步骤	工艺要点	加工简图
（5）精车外圆 $\phi35^{-0.03}_{-0.08}$ mm，长度为 36 mm （6）精车外螺纹 M33×1.5—6h 的大径至 $\phi33^{-0.1}_{-0.2}$mm （7）车外螺纹大径退刀槽 （8）车三条外沟槽 $\phi31^{\ 0}_{-0.03}$mm×3 mm （9）车内螺纹退刀槽 φ24.5 mm （10）车内螺纹 M24×1 （11）车外螺纹 M33×1.5—6 h （12）倒内、外角	粗、精车左端各部位，重点是外密封沟槽的底径尺寸 $\phi31^{\ 0}_{-0.03}$ mm 及槽宽的数值为（3±0.05）mm	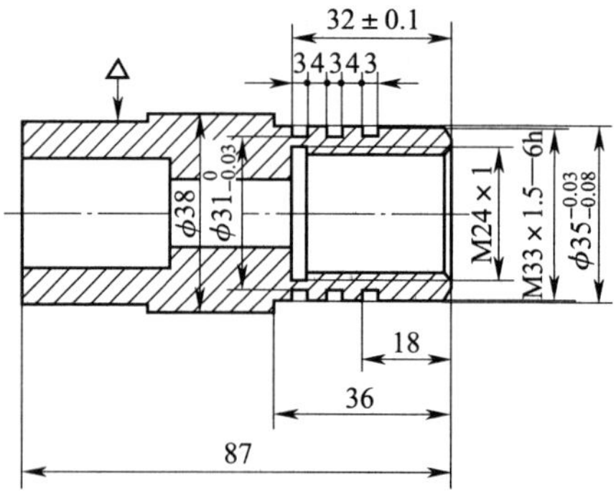
3. 掉头，用四爪单动卡盘装夹并找正 φ38 mm 的外圆	装夹并找正 φ38 mm 的外圆，保证右端对左端的未注同轴度公差 φ0.2 mm 的要求，精车右端各部位，使各尺寸达到要求	
（1）精加工端面，长度为 86 mm （2）精车内孔 $\phi24^{+0.08}_{-0.268}$ mm，长度为 30 mm （3）钻孔、扩孔、铰孔至 $\phi16^{+0.1}_{\ 0}$mm （4）精车螺纹外径至 $\phi33^{-0.1}_{-0.2}$mm （5）精车外圆 $\phi30^{\ 0}_{-0.1}$ mm，长度为 7 mm （6）车外螺纹 M33×1.5—6 h 的退刀槽 2 mm×1 mm （7）精车外螺纹 M33×1.5—6 h （8）倒圆角 *R*1 mm		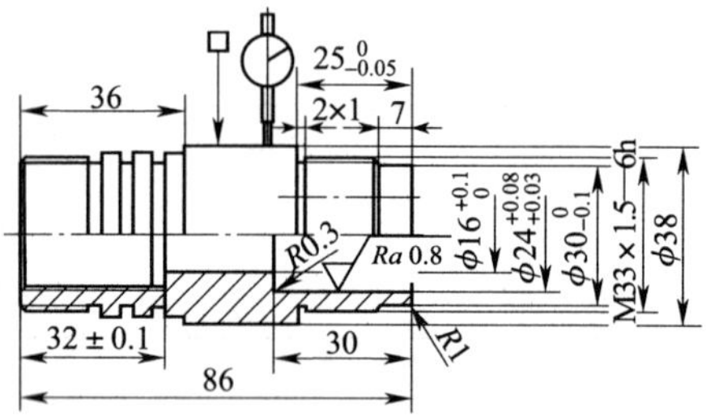

课题 2　深孔加工

学习目标

1. 了解深孔加工的特点。
2. 掌握深孔加工刀具及加工方法。
3. 熟悉深孔零件的测量方法。

孔深与孔径之比 $L/D>5$ 的工件内孔称为深孔。L/D 为 5～20 的深孔为一般深孔；L/D 为 20～30 的深孔为中等深孔；L/D 为 30～100 的深孔为超深孔。

一、深孔工件的加工特点

1. 加工深孔工件时钻头容易引偏，造成孔轴线歪斜。

2. 刀柄受内孔直径的限制，一般细而长，刚度和强度低，车削时容易产生振动和“让刀”现象，使工件出现波纹、锥度等缺陷。

3. 排屑通道长且狭窄，加工时不易排屑，切削液输入困难，使得切削温度过高，散热困难，加剧刀具磨损。

4. 加工过程中很难观察孔内的加工情况，加工质量不易控制。

5. 加工行程较长，刀具磨损较快，易造成孔径尺寸误差，影响内孔表面粗糙度。

因此，深孔加工是一种难度较大的加工工艺。深孔加工必须使用一些特殊刀具（如深孔钻、深孔车刀等）及特殊的附件，同时对切削液的流量和压力也要提出较高的要求。

二、深孔加工刀具及加工方法

深孔加工的关键技术是深孔加工刀具的选择和冷却、排屑问题。

1. 深孔麻花钻

深孔麻花钻是目前国内外广泛使用的新槽形麻花钻，如图 1—6 所示。它可以在普通车床上一次进给加工深孔。在结构上，通过加大螺旋槽，增大钻心厚度（可达 $0.4d$），改善刃沟槽形（刃沟槽宽为 $0.1d$），选用合理的几何角度（顶角 $2\kappa_r = 130° \sim 140°$，后角 $\alpha_o = 8° \sim 12°$）和修磨钻心等方式，较好地解决了排屑、导向、刚度等深孔加工时的关键技术问题。

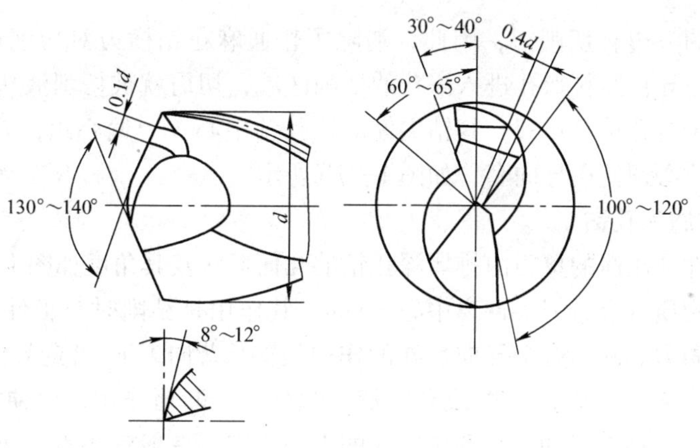

图 1—6　深孔麻花钻

2. 单刃外排屑深孔钻

单刃外排屑深孔钻又称枪孔钻，如图 1—7a 所示，适用于加工 $\phi 3 \sim 20$ mm 的深孔。枪孔钻是用高速钢或硬质合金刀头与无缝钢管的刀柄焊接制成的。刀柄上有一 V 形槽，是排出切屑的通道，前端的腰形孔是切削液的出口处。切削液的压力一般为 0.35 ~ 0.9 MPa。

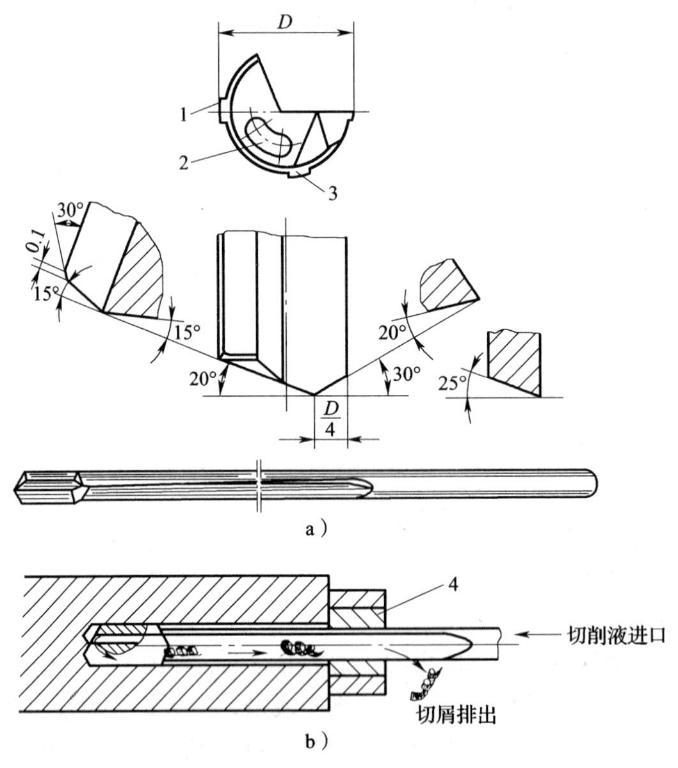

图 1—7　枪孔钻及其排屑

1、3—狭棱　2—腰形孔　4—导向套

枪孔钻轴线的一边有切削刃，因此，消除了普通麻花钻横刃对切削过程的不良影响。高压切削液由空心导杆经腰形孔进入深孔的切削区域，切屑就被切削液从 V 形槽的切屑出口冲刷出去。由于枪孔钻是单刃，其钻尖偏离枪孔钻中心一个偏心距，刀柄刚进入工件时会产生扭动，因此必须使用导向套，如图 1—7b 所示。

3. 单刃内排屑深孔钻

加工实心铸件液压筒的单刃内排屑深孔钻的几何形状及其角度如图 1—8 所示。刀片和导向部分都采用硬质合金，刀尖偏离中心 3 mm，其作用是钻削时与工件中心形成定心尖，并抵消一部分背向力。硬质合金导向块 A 的作用是支承背向力 F_p 并起导向作用，导向块 B 主要承受主切削力 F_c。主切削刃磨成台阶形，起分屑、断屑作用，以便得到较窄的切屑，其分刃数量根据深孔钻直径的大小和排屑孔的大小而定，一般钻头直径小于 10 mm 不磨台阶，直径大于 35 mm 的深孔钻刃磨两个台阶，以排屑顺畅为宜。导向垫尺寸一般应比刃部直径小 0. 08 ~0. 1 mm，以免影响钻孔直线性。

4. 交错齿内排屑深孔钻

交错齿内排屑深孔钻如图 1—9 所示。它主要用来钻削碳钢工件的深孔，切削齿错开分列两边，其目的是保证分屑可靠，形成容积系数较小的切屑，有利于排屑和刀片散热，切削刃上背向力可以得到合理的平衡。交错齿内排屑深孔钻的结构特点如下：

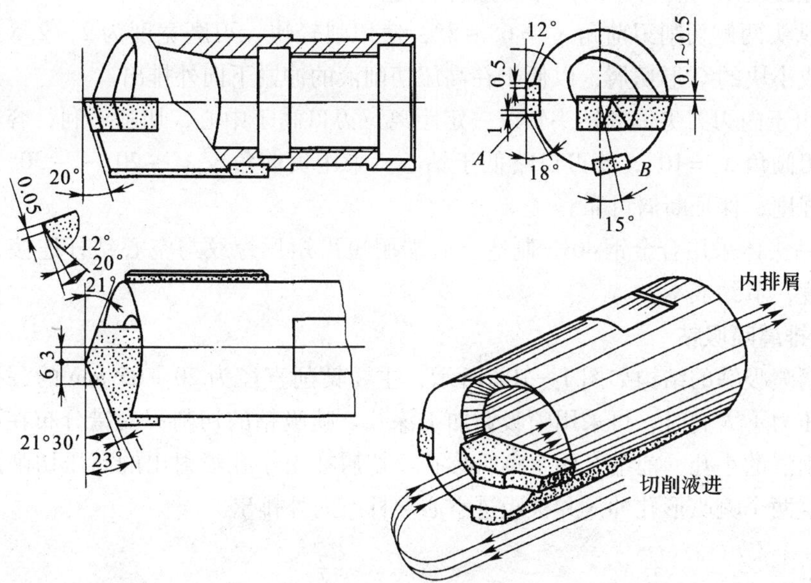

图 1—8　钻铸件用单刃内排屑深孔钻

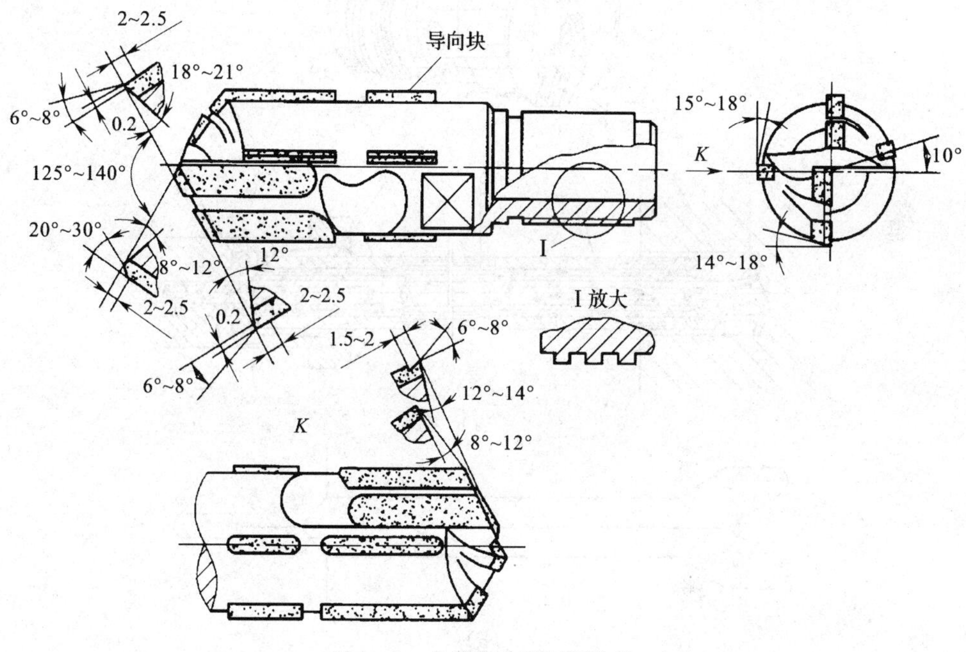

图 1—9　交错齿内排屑深孔钻

（1）钻头切削部分的刀片和导向块部分均采用硬质合金，外圆周上的切削速度高，因此，选用耐磨性较好的 YT 类硬质合金刀片；近钻头中心处的切削速度低，在切屑挤压力的作用下容易产生崩刃，则选用韧性较好的 YW 类硬质合金刀片。切削部分后面的硬质合金导向块在钻削中起导向作用，保证孔的直线度。

（2）钻头顶角 $2\kappa_r=125°\sim140°$，可以减小背向力和导向块的受力，减小钻头轴线的偏移量，并能改善切屑的流出，保证排屑顺利。

（3）钻头两侧切削刃前角 $\gamma_o = 6° \sim 8°$，使切削轻快，刃磨宽度为 2 ~ 2.5 mm 的断屑槽，易形成小块的 C 形切屑，以便于在高压切削液的冲刷下向外排出。

（4）由于内刃刀尖偏离钻头轴线一定距离，刃口高于中心，切削不利，容易崩刃，因此，磨出刃倾角 $\lambda_s = 10°$，使刃口略低于钻心，采用负前角 $\gamma_o = -20° \sim -30°$，有利于提高切削刃强度，保证断屑可靠。

（5）钻头体采用合金钢 40Cr 制造，后端用短齿矩形螺纹与空心钻杆连接，以便于调节钻头长度，节约成本。

5. 内排屑喷吸钻

内排屑喷吸钻的结构如图 1—10a 所示，主要钻削直径为 20 ~ 65 mm 的深孔。当车床切削液的压力不太高时，可采用喷吸钻加工深孔。喷吸钻的切削刃交错分布在两边，颈部有喷射切削液的小孔，前端有两个喇叭形孔，切屑在由小孔喷射出的高压切削液的压力作用下，从这两个喇叭形孔冲入并被吸进空心导杆，向外排出。

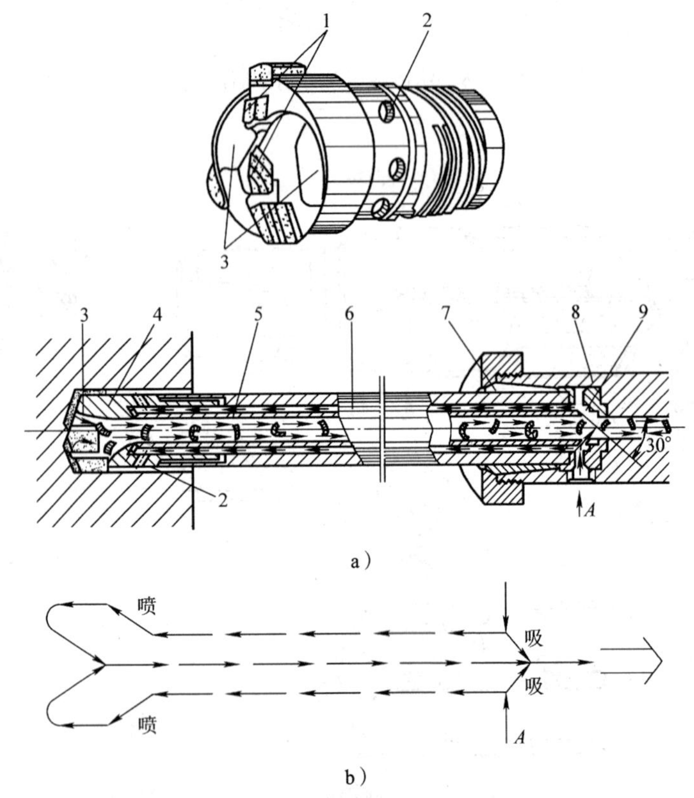

图 1—10 用喷吸钻加工深孔

a）喷吸钻的结构 b）喷吸钻的工作原理

1—切削刃 2—小孔 3—喇叭形孔 4—喷吸钻头部

5—内套管 6—外套管 7—弹簧夹头 8—刀柄 9—月牙孔

喷吸钻的工作原理如图 1—10b 所示，喷吸钻头部用多线矩形螺纹连接在外套管上，外套管用弹簧夹头装夹在刀柄上，内套管的尾部开有几个向后倾斜 30°的月牙孔。当高压切削液从入口 A 进入管夹头中心后，大部分切削液从内、外套管之间通过喷吸钻头部的小孔进入切削区域，还有一部分切削液通过倾斜的月牙孔向后高速喷射，在内套管的前后产生很大的压力差，这样钻出的切屑一方面由高压切削液从前向后经两个喇叭形孔冲入内套管中，另一方面受内套管内前后压力差的作用被吸出，在这两方面的力量作用下，切屑便可顺利地从排屑杆中排出。

采用这种排屑方法的深孔钻是利用切削液"喷"和"吸"的作用使切屑顺利排出的，故称其为喷吸钻。

使用喷吸钻时切削液的压力一般为 0.8 ~ 1.2 MPa，这样冷却泵的功率消耗和对工具的密封要求都可以降低。因此，应尽可能采用较先进的喷吸钻来加工深孔。

6. 高压内排屑深孔钻

钻削直径为 20 ~ 65 mm 的深孔时，可以用高压内排屑深孔钻进行加工。高压内排屑深孔钻的结构如图 1—11a 所示，用高压内排屑深孔钻加工深孔的工作原理如图 1—11b 所示。

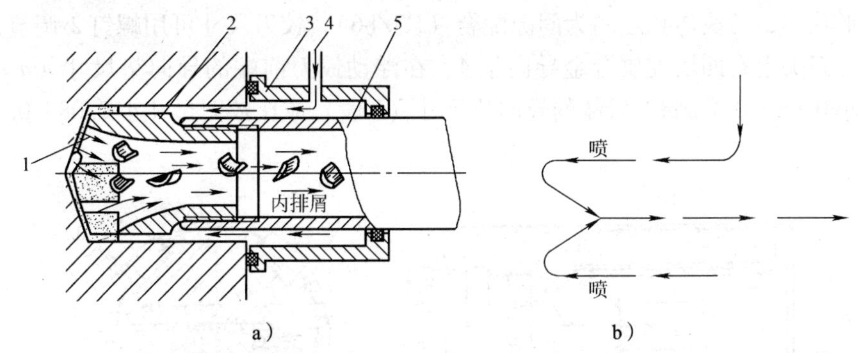

图 1—11 用高压内排屑钻加工深孔

a）高压内排屑深孔钻的结构 b）高压内排屑深孔钻的工作原理

1—喇叭形孔 2—深孔钻 3—封油头 4—切削液入口 5—外套管

高压大流量的切削液从切削液入口 4 经封油头 3，通过深孔钻 2 和深孔的孔壁之间进入切削区域，切屑在高压切削液的冲刷下经两个喇叭形孔 1 从外套管 5 的中间排出。采用这种方法时，需要有较高压力（一般要求 1 ~ 3 MPa）的切削液将切屑从切削区域经外套管的内孔排出，因此称为高压内排屑。

7. 深孔车刀

深孔车刀是针对深孔加工中刀具刚度低，排屑、冷却较困难的这些问题，吸收深孔钻的优点，采用内排屑带支承导向的深孔精加工刀具。如图 1—12 所示为深孔车刀头，它用矩形螺纹连接在深孔钻的钻杆上。为了保证孔的精度和直线度，用螺钉 5 将四条导向条 4 固定在车刀体上，每条导向条上焊有四块硬质合金的导向垫 3（导向垫装在刀体上同时磨出，第一块导向垫为车孔尺寸，第二至第四块导向垫磨出 1: 1 000 的倒锥）。考虑延长刀具的使用寿命，在刀体上开有切削液孔 6，使高压切削液通过该孔冲在车刀 7 的刀尖处，降低切削区域的切削温度。深孔车刀的刀体上可安装两把车刀同时车削，前面的车刀用于半精加工，后面的车刀用于精车，这样既能保证加工精度，又能提高生产效率。车孔尺寸的大小可用对刀头 1 调整，并用四个螺钉 2 锁紧车刀。

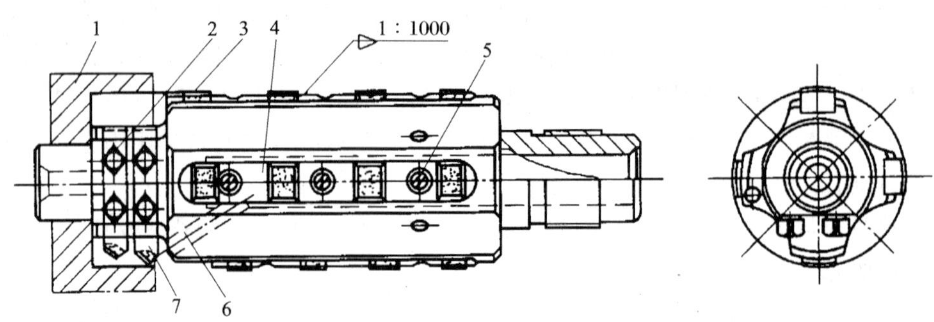

图 1—12　深孔车刀头

1—对刀头　2、5—螺钉　3—导向垫　4—导向条　6—切削液孔　7—车刀

8. 可浮动式深孔铰刀

可浮动式深孔铰刀应用于深孔的精加工，其刀头结构如图 1—13 所示。浮动铰刀块 1 装在长方形孔中，刀块与孔之间为间隙配合（H7/h6），铰刀尺寸可用螺钉 2 调节，并用螺钉 3 紧固。刀头上有四块硬质合金导向垫 4。在浮动铰刀前端的导向垫尺寸（*a* 段）应比底孔尺寸小 0. 08 ~0. 1 mm，后端的导向垫尺寸（*b* 段）应比铰刀尺寸小 0. 08 ~0. 1 mm。

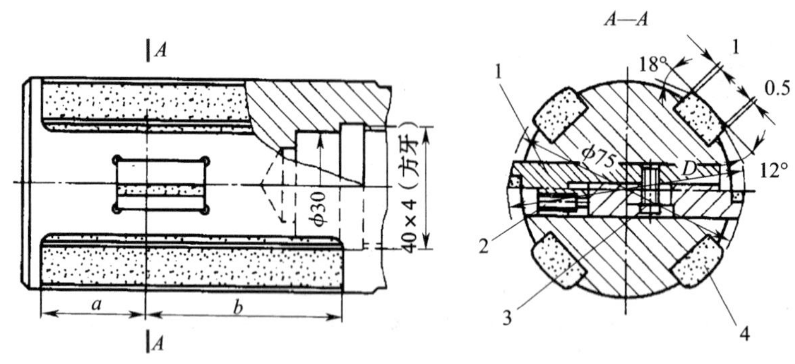

图 1—13　可浮动式深孔铰刀头

1—浮动铰刀块　2、3—螺钉　4—导向垫

对于孔径尺寸要求较高、表面粗糙度值较小的深孔零件，还可以采用深孔珩磨、深孔滚压的方式进行超精细加工。

三、深孔零件的测量

深孔零件的测量要根据零件的精度要求，一般测量的参数是孔的直径尺寸、圆度、圆柱度、孔轴线的直线度和同轴度、孔的表面粗糙度等。常用的量具有塞规、内径百分表、内测千分尺及普通量具中的游标卡尺和内卡钳等。对于精度要求较高的深孔，可采用三爪内径千分尺测量其直径，三爪内径千分尺的使用方法与普通内测千分尺类似。

如图 1—14a、b、c 所示为不同形式的三爪内径千分尺。1 为三爪测量头，测砧采用硬质合金制造，具有高的耐磨性；2 为微分套筒，其刻线分度值为 0. 005 mm；3 为棘轮，用来提供恒定的测量力。当所测量的孔较深时，可换上适当长度的接长杆 4。

三爪内径千分尺测量前必须用精密环规（见图 1—14d）对千分尺进行零位调节。

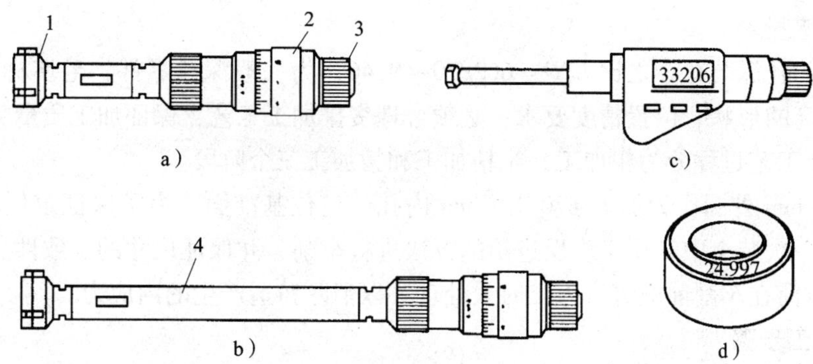

图 1—14　深孔孔径的测量

a）三爪内径千分尺　b）带接长杆的三爪内径千分尺　c）数字显示三爪内径千分尺　d）精密环规

1—三爪测量头　2—微分套筒　3—棘轮　4—接长杆

孔的圆度误差可用内径百分表或内径千分表测量。在深孔长度范围内的多个方向上测量，测量截面内最大值与最小值之差的一半即为单个截面的圆度误差，其中最大的误差值即为深孔的圆度误差。

孔的圆柱度误差也可以用内径百分表在孔的前、中、后部各取多个测量截面进行测量，最大值与最小值误差的一半即为深孔全长的圆柱度误差。

四、技能训练

1. 车削液压筒（见图 1—15）

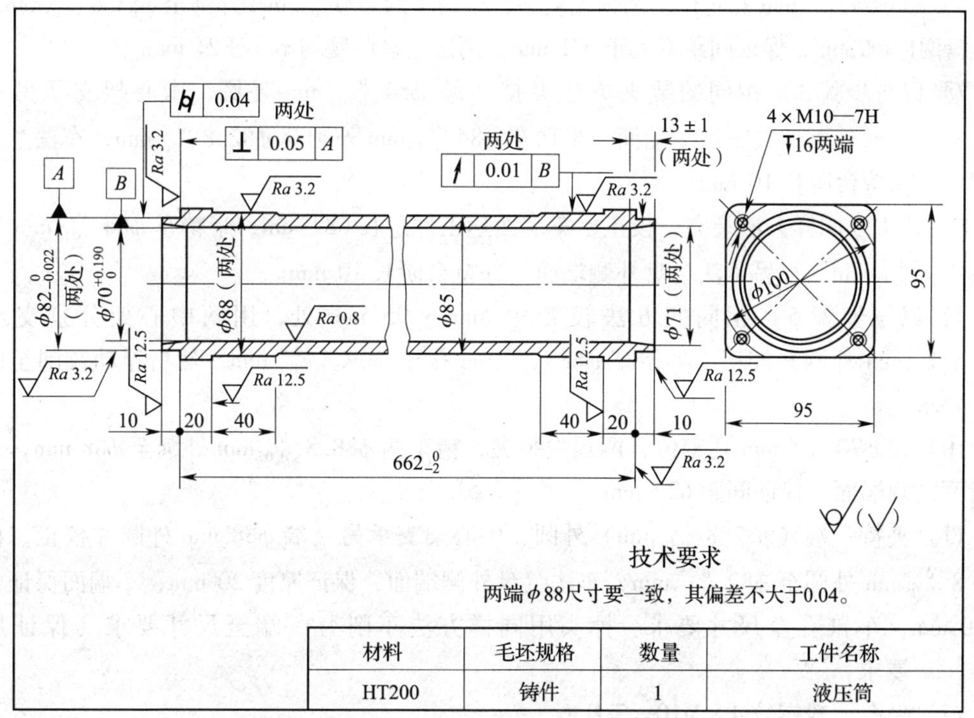

材料	毛坯规格	数量	工件名称
HT200	铸件	1	液压筒

图 1—15　液压筒

（1）工艺分析

液压筒的孔深与孔径之比 $L/D=662/70\approx9.46$，为一般深孔零件，毛坯材料为 HT200 铸件，有较高的形状、位置精度要求，必须合理安排加工工艺，保证加工质量。

1）整个工艺过程分为粗加工、半精加工和精加工三个阶段。

2）$\phi88$ mm 外圆作为加工 $\phi70^{+0.190}_{0}$ mm 内孔的定位基准面。为了保证定位精度，两处外圆必须在一次装夹中利用正、反进给的方法进行车削，并保证尺寸的一致性。

3）液压筒在车削前应进行人工时效处理，以消除铸造产生的内应力。

（2）加工步骤

1）对铸件毛坯进行人工时效处理。

2）用菊花顶尖装夹工件，以正、反进给分别将图样上 $\phi88$ mm 的外圆（两处）粗车至 $\phi90^{0}_{-0.05}$ mm，注意保持两处直径尺寸一致；车法兰盘两内侧端面，保证两内侧面间距离不大于 620 mm，并注意两法兰盘厚度均不小于 22 mm。

3）用卡盘夹持一端 $\phi82^{0}_{-0.022}$ mm 毛坯外圆，中心架支承另一端 $\phi90^{0}_{-0.05}$ mm 外圆并校正。车端面，将图样上 $\phi82^{0}_{-0.022}$ mm 外圆粗车至 $\phi84^{0}_{-0.15}$ mm，车法兰盘外侧端面，保持台阶长 10 mm。

4）掉头，以同样方法装夹、校正，车端面，控制工件总长 684 mm，将图样上 $\phi82^{0}_{-0.022}$ mm 外圆粗车至 $\phi84^{0}_{-0.15}$ mm，车另一法兰盘外侧端面，保持台阶长 10 mm。

5）用四爪单动卡盘夹持 95 mm × 95 mm 处，用两中心架分别支承两 $\phi90^{0}_{-0.05}$ mm 外圆，进行校正，将图样上 $\phi70^{+0.190}_{0}$ mm 孔粗车至 $\phi68^{+0.074}_{0}$ mm。

6）以 $\phi68^{+0.074}_{0}$ mm 孔定位，两顶尖装夹，半精车两 $\phi90^{0}_{-0.05}$ mm 外圆至 $\phi88.8^{0}_{-0.05}$ mm。车法兰盘两内侧端面，保证间距不大于 621 mm，两法兰盘厚度均不小于21 mm。

7）以与步骤 3）相同的装夹方法夹持一端 $\phi84^{0}_{-0.015}$ mm 外圆，中心架支承另一端 $\phi88.8^{0}_{-0.05}$ mm 外圆，校正后车端面，半精车 $\phi84^{0}_{-0.15}$ mm 外圆至 $\phi82.8^{0}_{-0.05}$ mm，车法兰盘外侧端面，保持台阶长 10 mm。

8）掉头以同样方法装夹、校正，车端面达工件总长 683 mm，半精车 $\phi84^{0}_{-0.15}$ mm 外圆至 $\phi82.8^{0}_{-0.05}$ mm，车另一法兰盘外侧端面，保持台阶长 10 mm。

9）以与步骤 5）相同的方法轻夹 95 mm × 95 mm 处，用两中心架分别支承两 $\phi88.8^{0}_{-0.05}$ mm 外圆并校正，半精车 $\phi68^{+0.074}_{0}$ mm 孔至 $\phi69.8^{+0.05}_{0}$ mm，然后浮动铰削至图样尺寸要求。

10）以 $\phi70^{+0.190}_{0}$ mm 孔定位，两顶尖装夹，精车两 $\phi88.8^{0}_{-0.05}$ mm 外圆至 $\phi88$ mm，车法兰盘两内侧端面，保证间距 622 mm。

11）夹持一端（$\phi82.8^{0}_{-0.05}$ mm）外圆，中心架支承另一端 $\phi88$ mm 外圆并校正，精车 $\phi82.8^{0}_{-0.05}$ mm 外圆至 $\phi82^{0}_{-0.022}$ mm，车法兰盘外侧端面，保证厚度 20 mm；车端面保证台阶长 10 mm，车锥孔至尺寸要求。掉头用同样方法车削另一端至尺寸要求（保证尺寸 662^{0}_{-2} mm 要求）。

12）钻孔，攻螺纹 4 × M10—7 H。

13）去毛刺、清理等。

14）检验。

2. 车削气缸筒（见图 1—16）

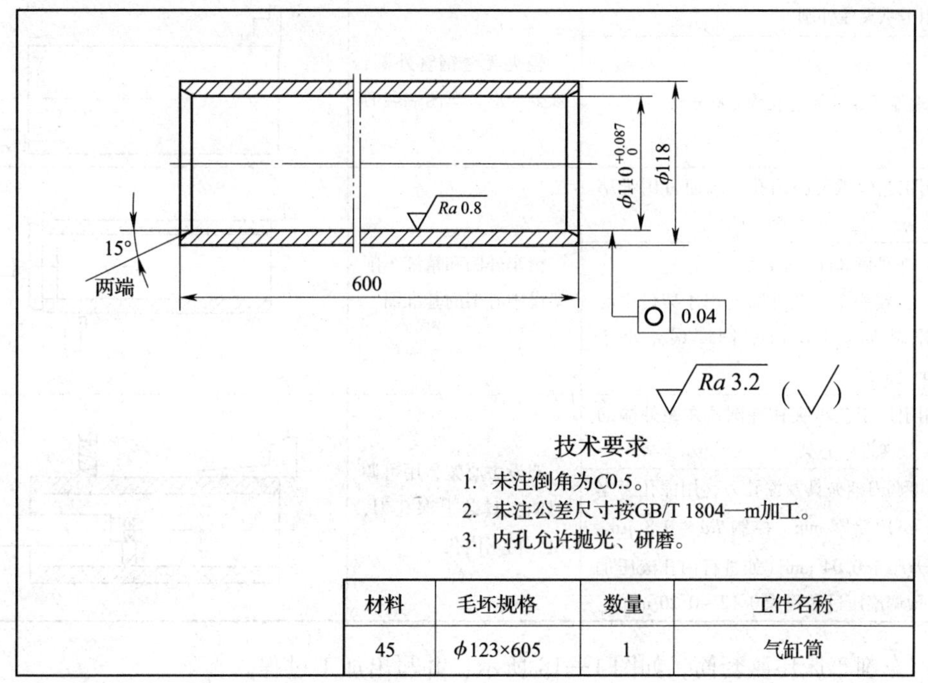

材料	毛坯规格	数量	工件名称
45	ϕ123×605	1	气缸筒

图 1—16　气缸筒

（1）工艺分析

气缸筒是一个长 600 mm、内孔为 $\phi110^{+0.087}_{0}$ mm 的深孔零件，内孔要求光洁，表面粗糙度 Ra 值为 0. 8 μm，内孔的圆度公差为 0. 04 mm，壁厚 4 mm，装夹易变形。因此，必须采取深孔加工的措施保证零件的加工精度。

由于工件内孔与活塞相配合且承受压力，因此内孔的尺寸精度、形状精度、位置精度和表面质量要求都较高。对于内孔直径大于 200 mm 的缸筒，加工时的振动会对表面粗糙度值产生不利影响，要采取措施消除刀柄的振动。内孔精度主要取决于刀柄的刚度，因此可自制可调刀柄夹具，如图 1—17 所示，随着孔径的加大，最大限度地增加刀柄直径。此夹具是在中滑板上将小滑板、刀架及刻度盘卸掉后装上的，这样可消除小滑板、刀架和刻度盘的间隙，使刀柄刚度大大提高。

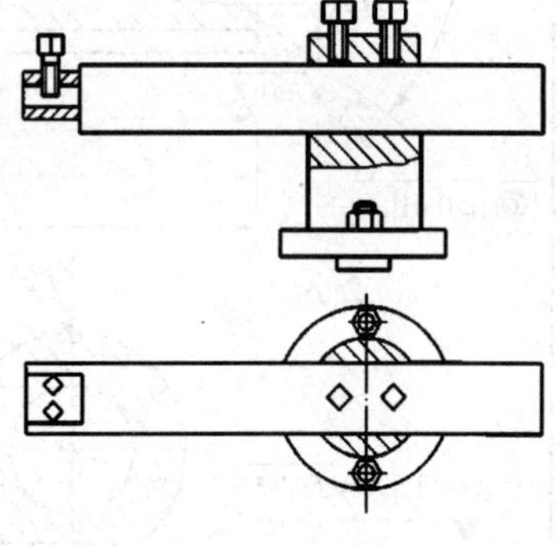

图 1—17　可调刀柄夹具

（2）加工步骤

气缸筒的加工步骤见表 1—2。

表 1—2　　气缸筒的加工步骤

操作步骤	工艺要点	加工简图
1. 用卡爪夹住外圆	轻夹无缝钢管外圆，减少变形，车两端端面	
车两端端面，控制总长为 600 mm		
2. 用工艺软爪反撑内孔，端面可用锥堵顶住	精车外圆和精细车削架设中心架的基准面	
（1）车外圆 ϕ118 mm （2）在端头车工艺外圆（用于架设中心架），控制 $Ra \leqslant 1.6$ μm、圆度误差小于 0.02 mm		
3. 用扇形工艺爪夹住外圆，在距外端面 100 mm 处架设中心架	架设中心架，用可调刀柄夹具装上深孔刀，粗、精车内孔	
装上可调刀柄夹具及深孔刀，用深孔刀车内孔至 $\phi110^{+0.087}_{0}$ mm，控制 $Ra \leqslant 0.8$ μm、圆度误差小于 0.04 mm（如进行内孔滚压加工时，预调滚压过盈量为 0.12 ~ 0.20 mm）		

3. 车削车床尾座套筒，如图 1—18 所示，并写出加工过程。

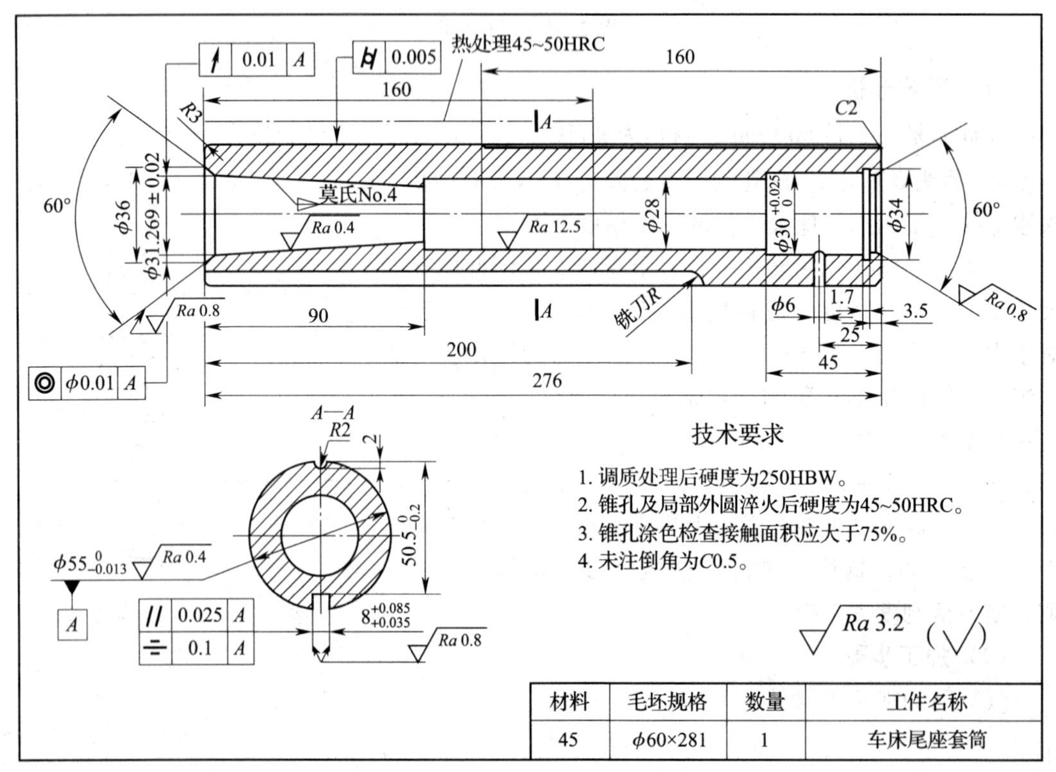

图 1—18　车床尾座套筒

课后练习

一、判断题

(　　) 1. 枪孔钻的主切削刃基本上通过钻头轴线，但一般略高于钻心 0.01 ~ 0.015 d，不大于 0.4 mm，这样有利于钻头的导向和切削稳定性。

(　　) 2. 单刃内排屑深孔钻主切削刃磨成台阶形的目的是分屑，以便得到较窄的切屑。

(　　) 3. 交错齿内排屑深孔钻的顶角取 $2\kappa_r = 125° \sim 140°$，这可使背向力减小，有利于导向块的受力，减小钻头轴线的偏移量。

(　　) 4. 喷吸钻的几何形状与错齿内排屑深孔钻基本相同，不同的是在钻头颈部钻有几个喷射切削液的小孔。

(　　) 5. 将小直径深孔铰刀的校正部分齿数磨掉一半的目的是便于校准孔形。

(　　) 6. 千分表是一种指示式量仪，可以用来测量工件的形状和位置误差，也可以用绝对法测量工件的尺寸精度。

(　　) 7. 箱体件是基础工件，所以它的加工质量对整台机器的精度、性能和使用寿命都没有直接的影响。

(　　) 8. 千分表测杆上不要加油，以免油污进入表内，影响千分表的灵敏度。

(　　) 9. 钟面式千分表测杆轴线与被测工件表面必须平行，否则会产生测量误差。

(　　) 10. 当加工的孔的深度与直径之比 $L/D \geqslant 5$ 时，称为深孔零件。

(　　) 11. 孔径较小的孔一般采用钻孔→车孔→孔精加工的方案。

(　　) 12. 一般深孔（$L/D = 5 \sim 20$），如各类液压缸体的孔，可在卧式车床、钻床上用深孔刀具或接长的麻花钻加工。

(　　) 13. 内排屑的特点是可增大刀柄外径，提高刀杆刚度，有利于提高进给量和生产效率。

(　　) 14. 在深孔钻镗床上用深孔刀具加工大型套筒类零件及轴类零件的深孔时，应以工件旋转，刀具旋转并做进给运动。

(　　) 15. 工件不转，刀具旋转并做进给运动，这种钻孔方式主要用于中、小型套筒类或轴类零件深孔的加工。

(　　) 16. 在车床上加工的箱体一般结构和形状比较简单，形体尺寸较小。

(　　) 17. 箱体件在车床上主要是加工平面和孔，通常孔的加工精度较易保证，而精度要求较高的平面较难保证。

(　　) 18. 先孔后面的加工顺序是箱体工件车削的相关工艺知识之一。

(　　) 19. 一般情况下箱体件铸造后，在机械加工前应进行一次人工时效处理。

(　　) 20. 在一般情况下加工箱体件多以一个平面为基准，先加工出一个孔，再以这个孔和其端面为基准，或者以孔和原来基准面为定位基准，加工其他交错孔。

二、选择题

1. 枪孔钻切削部分的重要特点是只在钻头轴线的一边有______。

A. 横刃　　　　　　　B. 切削刃　　　　　　　C. 棱边

2. 单刃内排屑深孔钻的刀尖偏离中心 3 mm，使切削时工件中心形成定心尖，并抵消一部分______力。

A. 主切削　　　　　　B. 背向　　　　　　　C. 进给

3. 交错齿内排屑深孔钻顶角取 $2\kappa_r = 125° \sim 140°$，这样可使______力减小，有利于导向块受力，减小钻头轴线的偏移量。

A. 主切削　　　　　　B. 背向　　　　　　　C. 进给

4. 喷吸钻的几何形状与交错齿内排屑深孔钻基本相同，不同的是在钻头______钻有几个喷射切削液的小孔。

A. 切削刃　　　　　　B. 棱边　　　　　　　C. 颈部

5. 在加工直径为 3 ~ 20 mm 的深孔时一般采用______。

A. 深孔麻花钻　　　　B. 枪孔钻　　　　　　C. 喷吸钻

6. 当加工的孔的深度与直径之比______时，称为深孔零件。

A. ≥5　　　　　　　B. <5　　　　　　　　C. ≥10

7. 对于较精密的套筒，其形状公差一般应控制在孔径公差的______以内。

A. 2 ~ 3 倍　　　　　B. 1/3 ~ 1/2　　　　　C. 1/2 ~ 3/2

8. 若套筒是在装入机座上的孔之后再进行最终加工，这时的位置精度要求______。

A. 较高　　　　　　　B. 非常高　　　　　　C. 较低

9. 若套筒是在装配前进行最终加工，则套筒内孔对外圆的同轴度要求______。

A. 较高　　　　　　　B. 较低　　　　　　　C. 非常低

10. 一些滑动轴承采用双金属结构，是以______铸造法在钢或铸铁套筒的内壁浇注一层巴氏合金等轴承合金材料。

A. 熔模　　　　　　　B. 压力　　　　　　　C. 离心

11. 小批量生产套筒零件时，对直径较小（如 D < 20 mm）的套筒一般选择______。

A. 无缝钢管　　　　　B. 带孔铸件或锻件　　C. 热轧或冷拉棒料

12. 对于______，一般采用钻孔→扩孔→铰孔的方案。

A. 孔径较小的孔　　　B. 孔径较大的孔

C. 淬火钢或精度要求较高的套类零件

13. 在卧式车床或钻床上用深孔刀具或接长的麻花钻加工深孔的方法适合______。

A. 一般深孔（L/D = 5 ~ 20）

B. 中等深孔（L/D = 20 ~ 30）

C. 超深孔（L/D = 30 ~ 100）

14. 车削薄壁零件时应控制主偏角，使进给力 F_f 和背向力 F_p 朝向工件______方向减小。

A. 刚度低　　　　　　B. 刚度高　　　　　　C. 轴线 45°

15. 车削薄壁工件时切削速度应选择______。

A. 与一般加工一样的值　B. 较高的值　　　　C. 较低的值

16. ______是在密封条件下，高压油从钻头外部进入，切屑和油从钻头内排出。

A. 内排式钻头　　B. 外排式钻头　　C. 枪孔钻

17. 由于箱体件的结构和形状奇特，铸造内应力较大，为消除内应力，减少变形，一般情况下在______之后应进行一次人工时效处理。

A. 铸造　　B. 半精加工　　C. 精加工

18. 车削箱体孔工件，选择夹紧力部位时，夹紧力方向应尽量与基准平面______。

A. 平行　　B. 倾斜　　C. 垂直

19. 用测量心轴和外径千分尺测量箱体件两孔轴线距，其轴线距 A 的计算式为 $A=$ ______。

A. $\frac{l+(d_1+d_2)}{2}$　　B. $l+(d_1+d_2)$　　C. $\frac{l-(d_1+d_2)}{2}$

三、简答题

1. 深孔工件的加工有什么特点？
2. 车削深孔时，为防止车刀刀柄因悬伸过长而产生变形和振动，应采取哪些措施？
3. 套筒类零件对内孔的主要技术要求有哪些？
4. 箱体孔工件的主要技术要求有哪几个方面？
5. 在花盘，角铁或专用夹具上装夹箱体孔工件时，应如何选择夹紧力的部位？
6. 常用的深孔加工方法和排屑方法有哪几种？
7. 枪孔钻切削部分的重要特点是什么？
8. 深孔的槽加工刀具有哪些？
9. 喷吸钻与交错齿内排屑深孔钻有什么不同之处？
10. 交错齿内排屑深孔钻有什么优点？

模块二
螺纹及蜗杆加工

课题1　长丝杠加工

学习目标

1. 了解丝杠的分类及长丝杠加工的工艺特性。
2. 熟悉长丝杠加工工艺规程的编制。
3. 掌握长丝杠的加工方法。
4. 熟悉长丝杠的检验方法。
5. 熟悉长丝杠加工质量分析。

丝杠是一种常见的传动元件，它的作用是把旋转运动转变成直线运动。丝杠不仅应该传动比准确，而且要承受一定的转矩。因此，对丝杠的强度、精度、耐磨性和稳定性都有很高的要求。

车削长丝杠兼有螺纹和细长轴的加工特性。长丝杠的刚度低，易弯曲变形，产生振动，甚至会出现“扎刀”现象，因此其加工的难度较大。

一、丝杠的分类

丝杠的类型是根据其摩擦特性进行划分的，即分为滑动丝杠、滚动丝杠和静压丝杠三类。其中，滑动丝杠使用最为广泛，加工较方便；滚动丝杠摩擦小，传动精度和轴向刚度较高，传动效率高，但制造工艺较复杂；静压丝杠传动精度高，承载能力大，但制造工艺复杂，装配、调试麻烦，多用于直径较大的精密丝杠传动。

滑动丝杠的螺纹牙型一般都选用梯形，但牙型角的大小对于螺纹中径尺寸变化而造成的螺距误差影响较大。所以，普通丝杠选用标准梯形螺纹，传动精度要求较高的丝杠则可选用牙型角为15°的梯形螺纹。

二、长丝杠加工的工艺特性

长丝杠的长径比一般为20～50，在这种刚度较低的细长轴上完成梯形螺纹、台阶沟槽的车削，显然是非常困难的，不仅要解决零件的弯曲变形、振动等问题，还要有效地防止“扎刀”现象的发生。

为了提高丝杠螺纹的加工精度，通常可以采取以下措施：

1. 提高机床精度，减小机床原因所产生的误差

车削长丝杠时，应选用磨损较少、精度较高的车床；对车床传动部位进行调整，减小车床主轴的轴向窜动、径向圆跳动和车床丝杠的轴向窜动；使用较高的交换齿轮；拆除溜板箱手轮或在溜板箱手轮上配重，使其转动均衡。

2. 根据工件材料和加工性质，正确刃磨和装夹刀具

对于车削长丝杠的刀具，必须提高其表面的刃磨质量，充分考虑螺纹升角对车削过程的影响。使用硬质合金车刀进行中、高速车削时，螺纹车刀的刀尖可以略高于工件中心；使用高速钢车刀低速车削螺纹时，螺纹车刀的刀尖可以略低于工件的中心，也可以采用负前角的车刀将刀尖安装高于工件中心，如图 2—1 所示。这样均有利于减少“扎刀”现象的发生，而负前角车刀安装高于工件中心后的实际工作前角为 0°（前面通过工件中心），不会产生牙型角的误差。

3. 合理选择车削时的进刀方法及切削用量

粗加工长丝杠螺纹时，可根据工件的实际情况选择适当的进刀方式；精加工则采用左右切削法或直进法切削，有利于防止“扎刀”现象的产生。选择较低的切削速度、较小的背吃刀量，充分冷却、润滑，则可以减少工件变形，提高加工质量。

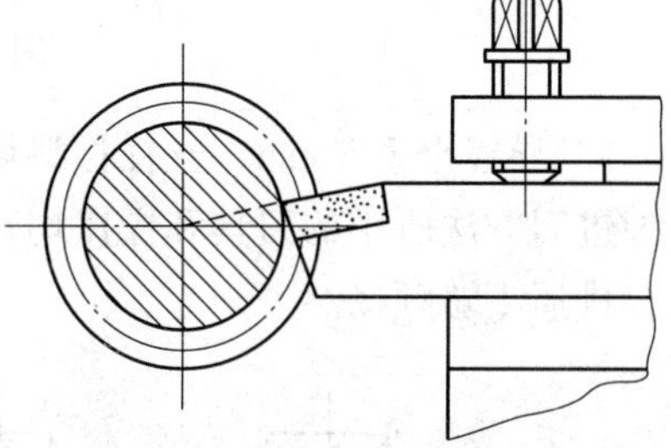

图 2—1　负前角车刀高于工件中心

4. 采用跟刀架支承工件

精车长丝杠螺纹时，使用套圈式跟刀架支承工件，可以提高加工区域的刚度，减少丝杠的变形和振动。跟刀架支承爪的松紧应在靠近卡盘处的螺纹的外径进行调整，并注意支承爪的磨损情况。同时，为了保证良好的支承效果，应尽量减小螺纹外圆的圆柱度和圆度误差。若丝杠的导程较大，采用一夹一顶的装夹方式时，为了防止切削力增大导致工件轴向窜动，要保证装夹可靠，可利用工件上的台阶或限位块限制丝杠的轴向位移。

三、长丝杠螺纹精车刀几何参数的选择

长丝杠螺纹精车刀必须保持刀具锋利，具体要求如下：

1. 选择硬度高、耐磨性好的刀具材料，如采用细颗粒的 YG6 或 YG6 X 硬质合金螺纹精车刀。

2. 车刀刃口平直、锋利。精加工长丝杠时背吃刀量很小，切削负荷集中在刀具刃口附近。如果刀具刃口不锋利，就会加剧刀具的磨损，使得切削不顺利，增加切削热，使工件变形，影响加工精度。

3. 减小刀面表面粗糙度值。刀面的表面粗糙度直接影响刀具刃口的平直度，影响工件表面粗糙度、刀具的磨损以及排屑的顺畅。因此，长丝杠螺纹精车刀前面、后面的表面粗糙度一般要求达到 $Ra0.025\sim0.01\ \mu m$。如图 2—2 所示为长丝杠螺纹精车刀。

四、车削长丝杠的进刀方法

长丝杠螺纹的牙型通常为梯形螺纹，车削时应根据工件材料的切削性能和导程的大小选择合适的进刀方法。

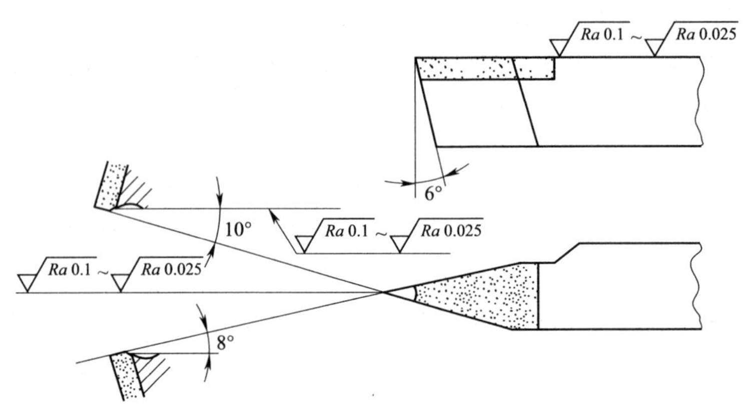

图 2—2　长丝杠螺纹精车刀

1．导程小于 8 mm，丝杠材料切削性能较好，选用直接进刀法车削，如图 2—3a 所示。这种进刀方法所用的刀具和操作均较简单，消耗的辅助时间短，切削效率高，但切削力较大，排屑不够顺畅。

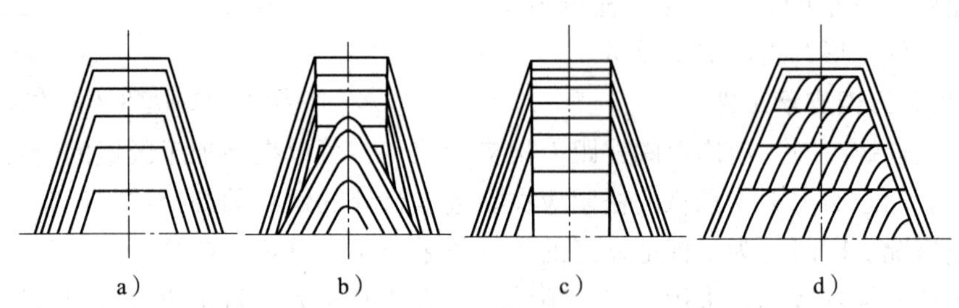

图 2—3　车削丝杠的进刀方法
a）直进式　b）多刀式　c）直槽式　d）分层式

2．导程小于 8 mm，丝杠材料的强度、硬度较高，切削性能较差，则选用牙型角由大渐小的多把车刀依次车削，如图 2—3b 所示。这种进刀方法由于切削刃参加切削的长度较短，因此产生的切削抗力较小，排屑较顺畅。

3．导程大于 8 mm 的丝杠通常采用车直槽法车削，如图 2—3c 所示。采用车直槽法车削时，刀具切削刃的工作长度减小，切削力降低，排屑方便，切削效率高。

4．导程大于 12 mm 的丝杠采用分层法车削，如图 2—3d 所示。这种进刀方法可以减小切削力，提高切削效率，但每层槽的宽度较难掌握，易造成废品。

精车长丝杠螺纹时，为了保证切削顺利并获得较高的表面质量，宜采用左右切削法或直进法进行车削。

五、长丝杠加工工艺规程的编制

根据前述内容可知，长丝杠的加工应该把握的要点是防止车削中工件的弯曲变形和发生“扎刀”现象。

1．为了减小工件在加工时产生的变形，首先应该使工件材质具有相对的稳定性，所以，必须考虑在整个工艺过程中穿插安排必要的热处理工序，如毛坯的正火、粗车后的调质处理、加工过程中的时效处理等。

2. 若毛坯或工件已经发生弯曲，则应考虑安排校直工序。对于不允许采用冷校直方法的高精度丝杠，则可用增大加工余量，减小切削用量，在车削过程中逐步修除的方法减小弯曲度。

3. 为保证加工精度，应选择适当的机床；为了适应热处理工序安排的需要，应考虑划分加工阶段，采用不同的加工方法。

4. 考虑选择定位基准及合理的装夹方法；确定提高工件刚度的适当方法。

5. 确定加工整个零件的工艺路线及各工序合理的加工余量、切削用量。

6. 必要时还应规定使用的量具及检测方法、工具、夹具、刀具及主要参数、切削液等。

六、长丝杠的测量

测量不同精度的零件时应选择不同精度的测量工具。关于测量工具的选择标准，一般以其测量的最大极限误差不得超过被测尺寸公差的 1/10 ~ 1/5 为标准；对于高精度零件的几何参数，也可放宽到 1/3。

丝杠的测量参数比较多，但在生产条件下，并不是所有的参数都要测量。低精度丝杠只检查外径及中径两项参数，高精度丝杠测量的参数则要多一些。

丝杠螺纹除螺距以外，其他各项几何参数的测量与普通螺纹一样，这里不再重复。此处重点介绍长丝杠螺距的检验方法。

长丝杠的精度等级不同，螺距的检验方法也不同。生产加工中，对 9 ~ 10 级低精度丝杠，在检验时用检验螺距用专用样板；对 7 ~ 8 级精密丝杠，用丝杠螺距测量仪检验；对 5 ~ 6 级高精度丝杠，需用 JCO—30 型丝杠检查仪检验螺距。

JCO—30 型丝杠检查仪原理图如图 2—4 所示。该仪器由读数显微镜 2、精密刻度尺 3、工作台、测量计等组成。测量时，丝杠被装夹在两顶尖间，精密刻度尺与工件串联，并与丝杠牙廓单面接触。先将显微镜对准精密刻度尺的零位，并将测微千分表 6 的指针调至零位。然后，使转动测头退出丝杠齿面，再移动工作台，使精密刻度尺正好对准相应螺距（nP）的精密线纹，这时，使测头进入所需的齿面，即可从测微千分表中读出螺距偏差 ΔnP。

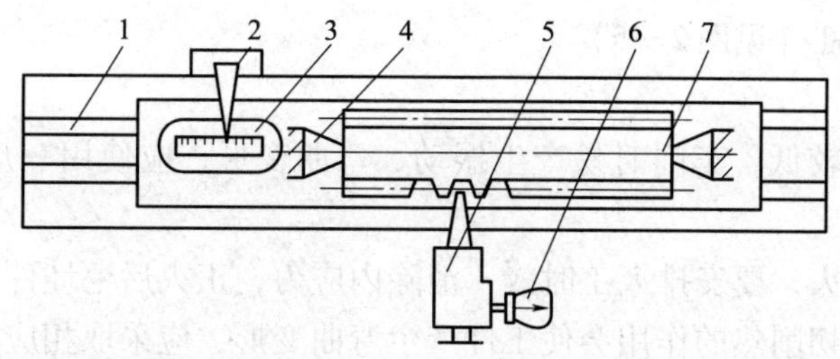

图 2—4　JCO—30 型丝杠检查仪原理图

1—导轨　2—读数显微镜　3—精密刻度尺　4—顶尖　5—转动测头　6—测微千分表　7—丝杠

七、长丝杠加工质量分析

加工长丝杠时容易出现的质量问题的产生原因及相应的解决措施见表 2—1。

表 2—1　加工长丝杠质量问题的产生原因及解决措施

现象	产生原因	解决措施
螺纹局部螺距不正确	主轴和机床丝杠的轴向窜动、径向圆跳动；工件和机床丝杠的温差；床身导轨在水平面内不平行、在垂直面内倾斜	车削长丝杠前，检测并调整机床丝杠、主轴及卡盘的间隙；选择合理的刀具几何参数，保持刀具锋利，选择较小的切削用量，充分使用切削液，降低切削温度和切削热；尽可能减小工件和机床丝杠之间的温差
螺纹中径不符合要求	长丝杠工件的刚度低，跟刀架调整太松或太紧，车削时出现竹节状偏差；工件长度较长，刀具容易磨损；车床尾座未调整适当	及时、正确地调整跟刀架支承爪的松紧程度；减小切削用量，保持刀具刃口锋利；尾座套筒轴线要严格对准主轴中心，适当采用空走刀的方法
螺纹牙型半角不正确	车刀装夹不牢固；采用左右进刀法车削时，刀具单刃车削，切削力不平衡	车刀装夹正确、牢靠；减小背吃刀量
螺纹表面粗糙度值较大	工件刚度低，刀具切削刃强度不够，跟刀架支承爪松紧程度不当，出现振动；切削用量过大，刀具切削刃工作长度较长；切削液选择不当或浇注不充分；机床间隙过大	正确使用跟刀架，支承爪松紧程度适当；调整机床间隙；正确刃磨刀具，防止刃口过热而退火；减小刀具后角，保持刀具锋利；正确选择切削用量，选用合适的切削液
扎刀和顶弯工件	工件的刚度低，切削用量较大；车刀径向前角太大及装刀不正确；机床溜板箱传动件间隙太大	提高工件的装夹刚度；减小刀具的径向前角；合理选择切削用量；调整机床主轴轴承及中滑板丝杆、开合螺母的间隙
几何精度达不到要求	工件刚度低；装夹方法不恰当；机床本身精度不够；工艺路线的安排及加工方法选择不合理	采取适当的装夹方法，提高工件的刚度；合理安排工艺路线；选择正确的车削方法；使用精度较高的机床或对机床进行修整

八、技能训练

1. 车削车床丝杠（见图 2—5）

（1）工艺分析

1）零件的刚度较低，车削时易产生振动、弯曲变形，应使用三爪跟刀架支承，以保证车削顺利进行。

2）毛坯进行正火，要安排人工时效，消除内应力，正火后毛坯件要校直。

3）车削加工中切削热的作用会使工件产生弯曲变形，应采取相应措施降低切削温度。

4）修研中心孔，保证工艺基准、辅助基准的正确，减小定位误差。

5）适当缩小螺纹大径公差，减小表面粗糙度值，控制螺纹部分的圆度和圆柱度误差。

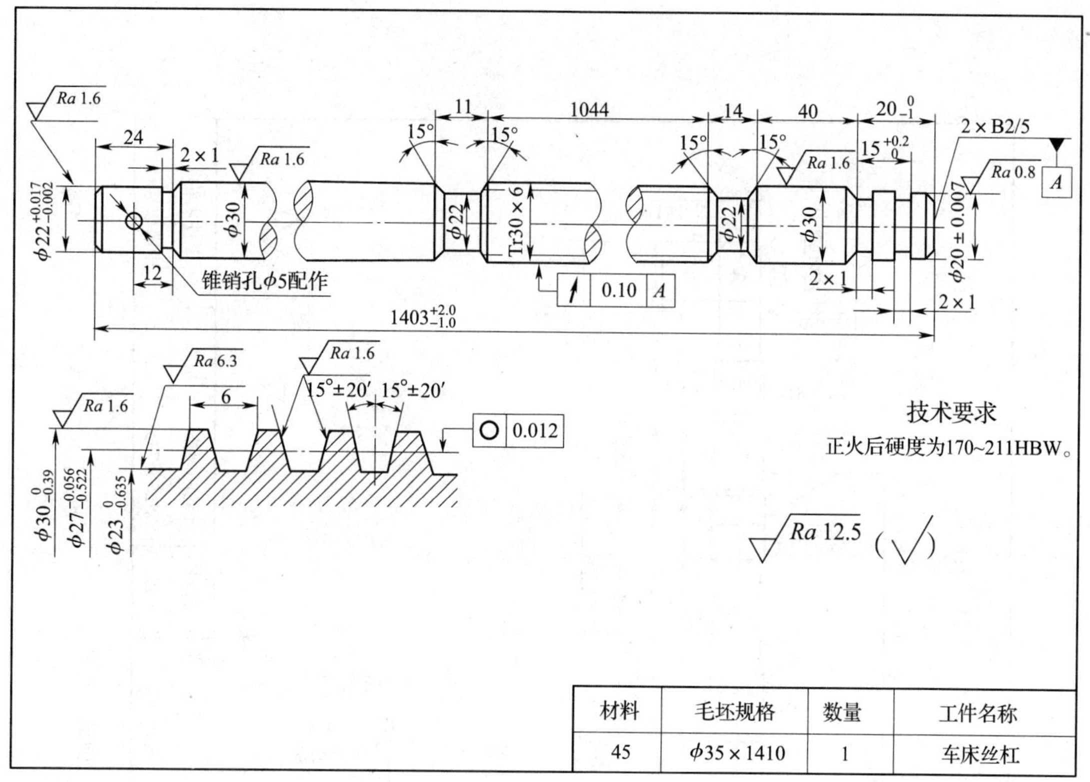

图 2—5　车床丝杠

6）使用耐磨性较好的刀具材料，提高刃磨质量，严格控制刀具几何参数，正确选择切削用量和切削液。

（2）操作要点

1）在热处理后、粗车和半精车前，必须对零件进行校直，外圆的径向圆跳动量应在 1.5 mm 以内。

2）粗磨余量为 0.3 ~ 0.5 mm，精磨余量为 0.2 ~ 0.3 mm。

3）螺纹半精车后，用 $\phi3.177$ mm 的量针测量时，M 值应控制在 31.8 ~ 32 mm 范围内。

4）精车丝杠时切削用量不宜太大，$v_c = 1$ m/min，$a_p = 0.05$ mm，并使用植物油进行润滑。

2. 车削中滑板丝杆（见图 2—6）

（1）工艺分析

工件采用两顶尖支承，并架中心架。中心架支承部位需精车出支承轴颈，要求光滑、无跳动，这样才能保证各项精度要求。同时，为了减小工件热变形伸长，必须充分浇注切削液，严格控制工件的温度，并使用弹性回转顶尖等。

（2）加工步骤

车床中滑板丝杆的车削步骤见表 2—2。

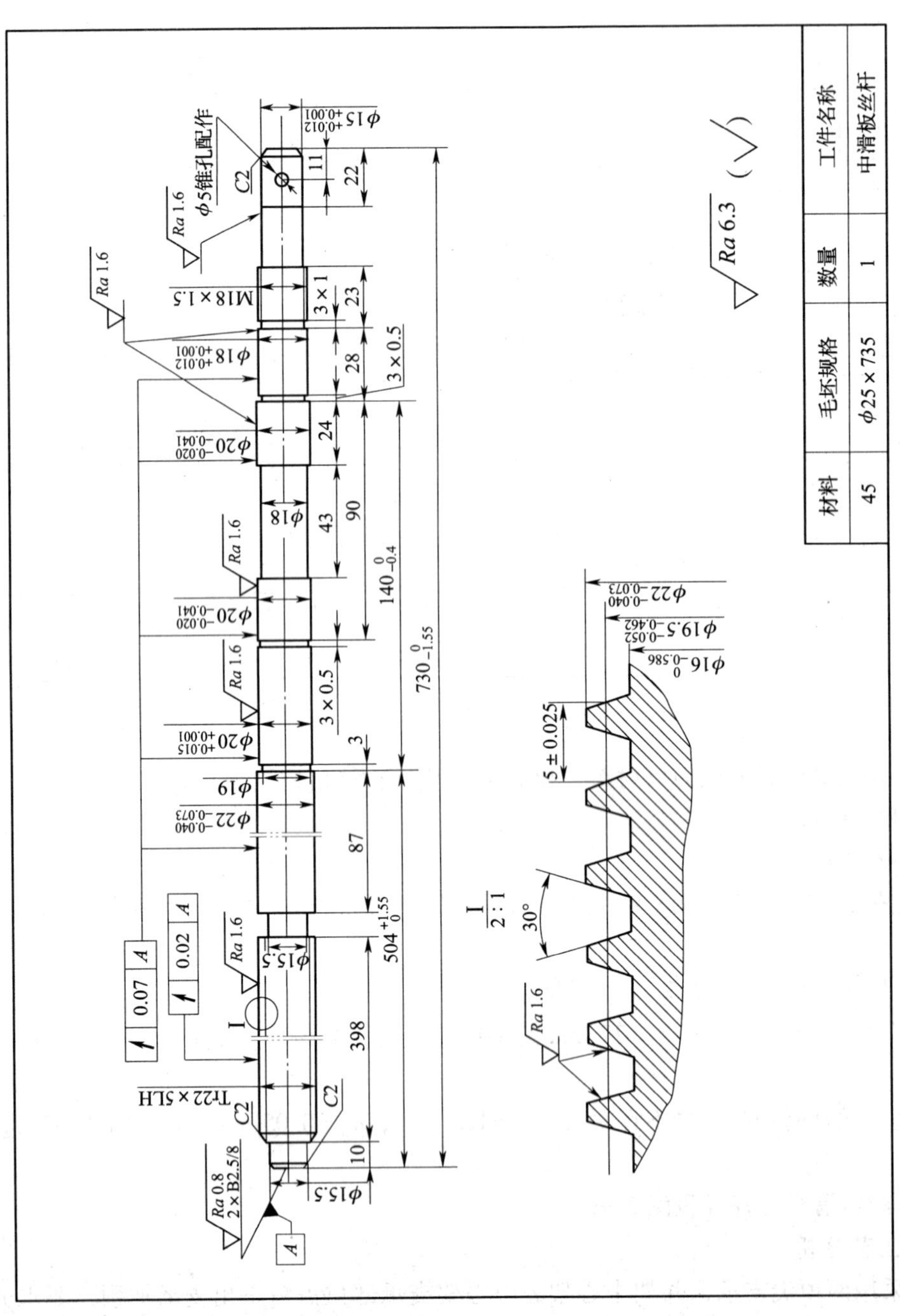

材料	毛坯规格	数量	工件名称
45	φ25×735	1	中滑板丝杆

图 2—6 中滑板丝杆

表 2—2 中滑板丝杆的车削步骤

操作步骤	工艺要点	加工简图
1. 装夹外圆		
（1）车削端面，控制长度尺寸为 $730_{-1.55}^{0}$ mm（粗车后调质） （2）钻两侧中心孔 （3）研磨中心孔	钻两侧中心孔	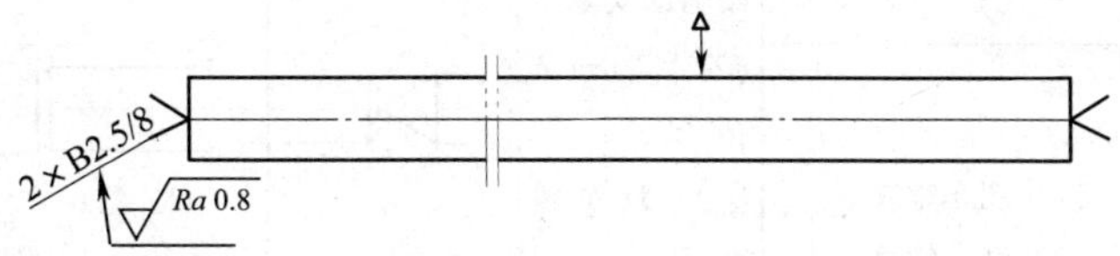
2. 用两顶尖装夹，在 $\phi20_{-0.041}^{-0.020}$ mm 处车基准面并架上中心架进行支承	1. 采用两顶尖与鸡心夹头的六点定位 2. 放置中心架进行辅助支承后，掉头进行左、右侧粗车	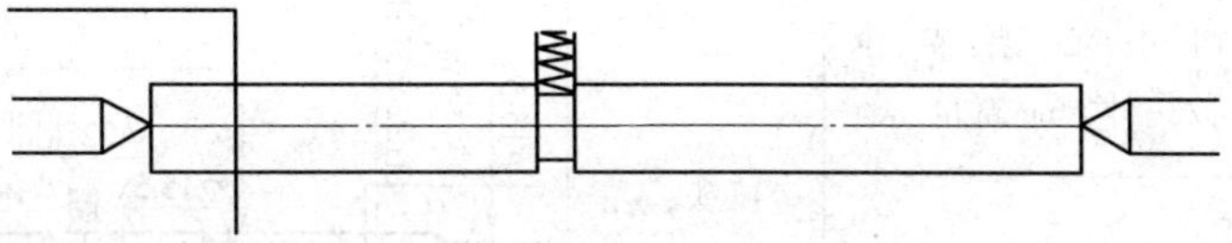
（1）粗车右侧各部位 （2）粗车左侧各部位（掉头时在 $\phi20_{-0.041}^{-0.020}$ mm 的外圆上移动一下支承位置）		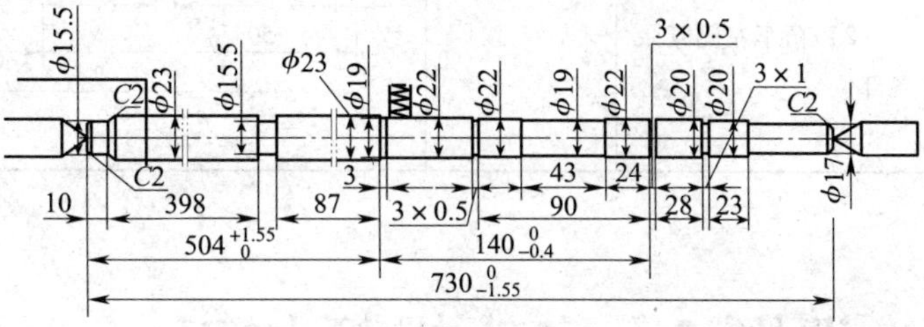
3. 用两顶尖装夹，用中心架支承 $\phi20_{-0.041}^{-0.020}$ mm 部位	移动中心架辅助支承至 $\phi20_{-0.041}^{-0.020}$ mm 处，精车 $\phi22_{-0.073}^{-0.040}$ mm 处，作为下次车削螺纹时中心架的支承面	
精车 $\phi22_{-0.073}^{-0.040}$ mm 部位		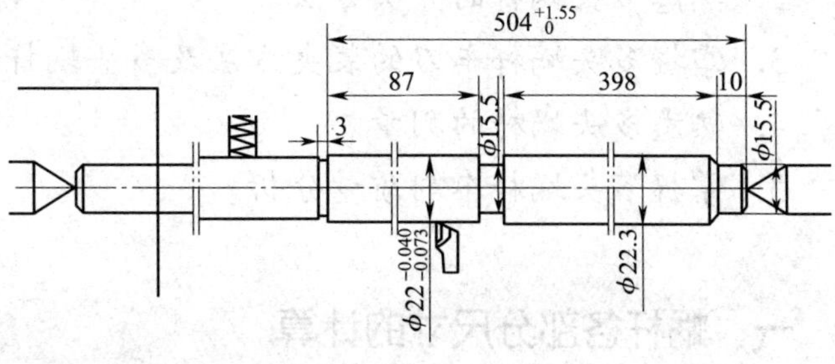

续表

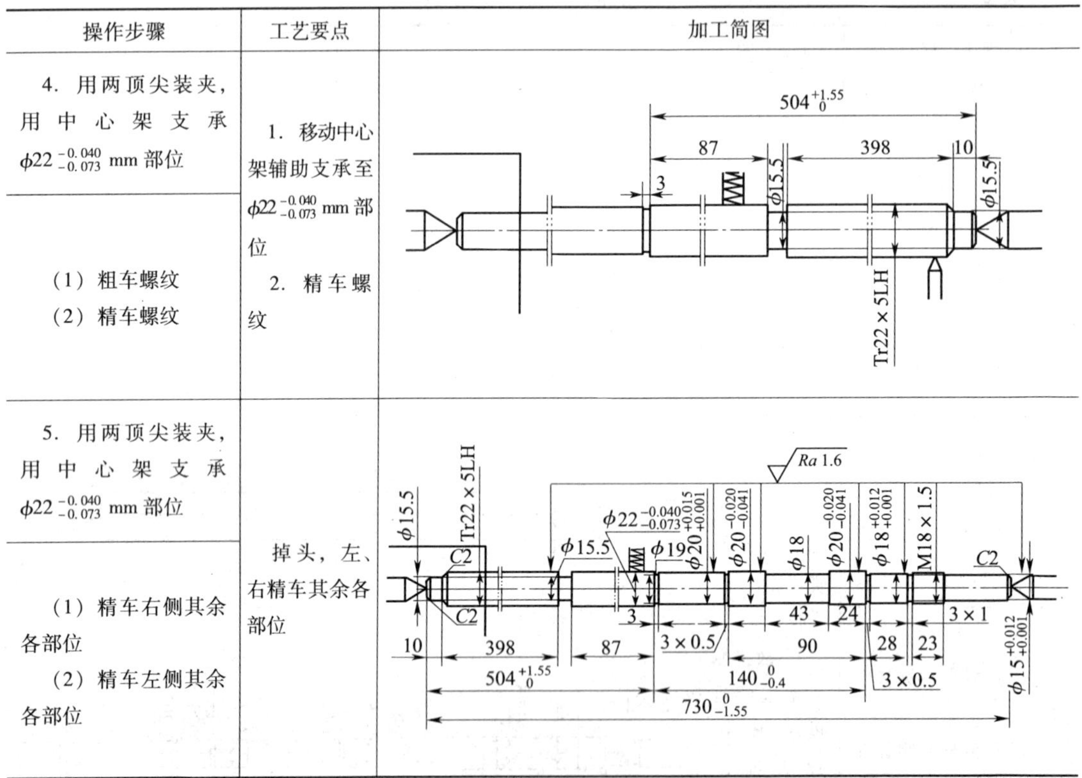

操作步骤	工艺要点	加工简图
4. 用两顶尖装夹，用中心架支承 $\phi22^{-0.040}_{-0.073}$ mm 部位 （1）粗车螺纹 （2）精车螺纹	1. 移动中心架辅助支承至 $\phi22^{-0.040}_{-0.073}$ mm 部位 2. 精车螺纹	
5. 用两顶尖装夹，用中心架支承 $\phi22^{-0.040}_{-0.073}$ mm 部位 （1）精车右侧其余各部位 （2）精车左侧其余各部位	掉头，左、右精车其余各部位	

课题 2　多头蜗杆加工

学习目标

1. 了解蜗杆各部分尺寸的计算。
2. 熟悉多头蜗杆的分头方法。
3. 掌握多头蜗杆车刀的装夹方法及多头蜗杆的加工。
4. 熟悉多头蜗杆的测量。
5. 掌握多头蜗杆车削质量分析。

一、蜗杆各部分尺寸的计算

在机械传动中，蜗杆副常用于两轴在空间交错成直角的传动。蜗杆副传动时，一般蜗杆是主动件，蜗轮是从动件，具有防止倒转的特点。蜗杆副传动具有承载能力大、传动比大、有减速作用、传动平稳、噪声小、在导程角 $\gamma\leqslant4°$ 时有自锁性等特点，因此蜗杆副在机械传动中得到广泛应用。

蜗杆分为米制蜗杆和英制蜗杆两类，米制蜗杆的齿形角为20°，英制蜗杆的齿形角为14°30′。

1. 米制蜗杆各部分尺寸的计算

米制蜗杆各部分尺寸的计算公式见表2—3。

表2—3　　米制蜗杆基本要素的尺寸计算

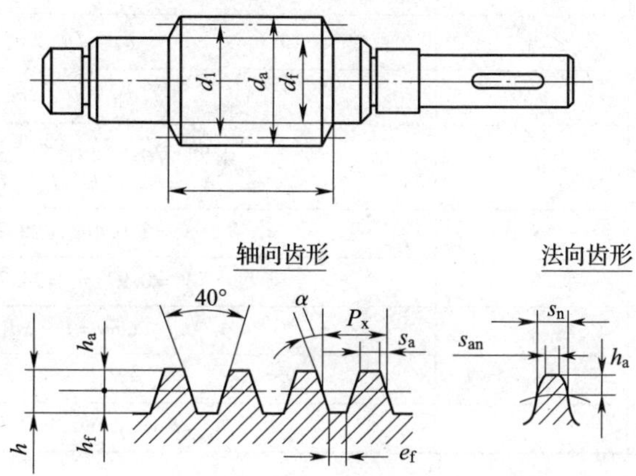

名　称	计 算 公 式	名　称		计 算 公 式
轴向模数 m_x	（基本参数）	齿根圆直径 d_f		$d_f = d_1 - 2.4m_x$ $d_f = d_a - 4.4m_x$
头数 z_1	（基本参数）	导程角 γ		$\tan\gamma = \frac{P_z}{\pi d_1}$
分度圆直径 d_1	（基本参数）	齿顶宽 s_a	轴向 s_a	$s_a = 0.843m_x$
齿形角 α	$\alpha = 20°$		法向 s_{an}	$s_{an} = 0.843m_x\cos\gamma$
轴向齿距 P_x	$P_x = \pi m_x$	齿根槽宽 e_f	轴向 e_f	$e_f = 0.697m_x$
导程 P_z	$P_z = z_1 P_x = z_1 \pi m_x$		法向 e_{fn}	$e_{fn} = 0.697m_x\cos\gamma$
齿顶高 h_a	$h_a = m_x$	齿厚 s	轴向 s_x	$s_x = \frac{P_x}{2} = \frac{\pi m_x}{2}$
齿根高 h_f	$h_f = 1.2m_x$			
全齿高 h	$h = 2.2m_x$		法向 s_n	$s_n = \frac{P_x}{2}\cos\gamma = \frac{\pi m_x}{2}\cos\gamma$
齿顶圆直径 d_a	$d_a = d_1 + 2m_x$			

2. 英制蜗杆各部分尺寸的计算

英制蜗杆各部分尺寸的计算公式见表2—4。

表2—4　　英制蜗杆各部分尺寸的计算公式

名　称	代　号	计算公式
径节	DP	$m_x = 25.4/DP$（基本参数）
齿形角	α	$\alpha = 14°30'$
轴向齿距	P_x	$P_x = \pi \times 25.4/DP = 79.8/DP$

续表

名　称	代　号	计算公式
导程	P_z	$P_z=z_1P_x=z_1\times79.8/DP$
全齿高	h	$h=2.157m_x=54.79/DP$
齿顶高	h_{a1}	$h_{a1}=m_x=25.4/DP$
齿根高	h_{f1}	$h_{f1}=1.157m_x=29.39/DP$
分度圆直径	d_1	$d_1=d_a-2m_x$
齿顶圆直径	d_{a1}	$d_{a1}=d_1+2m_x$
齿根圆直径	d_{f1}	$d_{f1}=d_1-2h_{f1}=d_1-58.78/DP$ 或 $d_{f1}=d_{a1}-2h=d_{a1}-109.58/DP$
齿顶宽	S_a	$S_a=1.054m_x=26.77/DP$
齿根槽宽	W	$W=0.973m_x=24.71/DP$
导程角	γ	$\tan\gamma=P_z/\pi d_1$
轴向齿厚	S_x	$S_x=P_x/2=39.9/DP$
法向齿厚	S_n	$S_n=S_x\cos\gamma=(39.9/DP)\cos\gamma$

二、多头蜗杆的分头方法

车多头蜗杆（多线螺纹）时，解决等距分布各螺旋槽的过程称为分头（分线）。如果分头精度不正确，等距误差大，就会严重影响蜗杆副（螺纹副）的啮合精度，缩短使用寿命。

三头蜗杆的分头方法见表2—5。

表2—5　　三头蜗杆的分头方法

分头方法		图例	说　明
轴向分头法	小滑板刻度分头	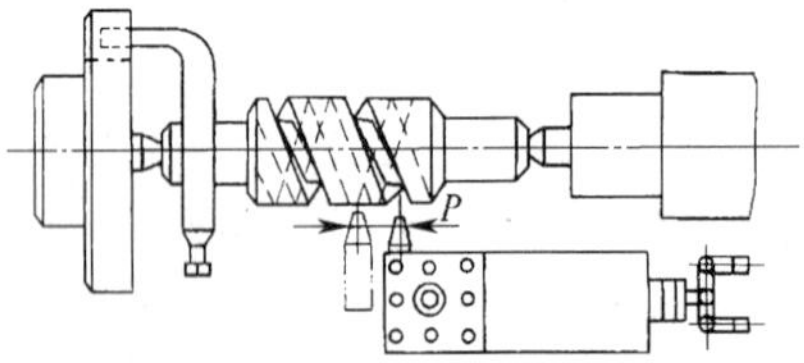 P	操作简单，但分头精度低，适用于粗车或加工精度较低的三头蜗杆
	百分表和量块分头、百分表分头	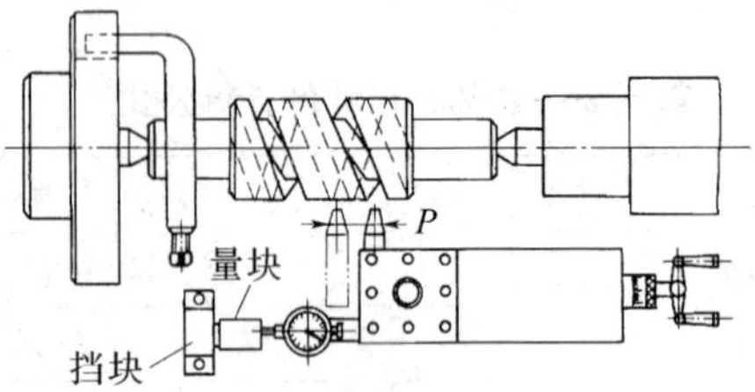 P 量块 挡块	百分表量程受到限制时，可用百分表和量块组合进行分头，分头精度高

续表

分头方法		图例	说明
圆周分头法	交换齿轮分头	主轴主换齿轮z_1 3 2 1 0 中间轮 1 3 2 0 丝杠交换齿轮z_2	操作麻烦，受到交换齿轮齿数的限制，但分头精度高
	分度盘分头		操作方便，分头精度取决于分度盘定位孔精度

三、多头蜗杆车刀的装夹方法

车削蜗杆时，必须根据图样上标注的蜗杆齿形，采取水平装刀法或垂直装刀法。车削轴向直廓蜗杆时，可采用垂直装刀法进行粗车，但精车轴向直廓蜗杆必须采用水平装刀法。垂直装刀时可使用不调节刀排或采用上、下斜角度垫，使刀体随垫的角度而倾斜，如图 2—7 所示。

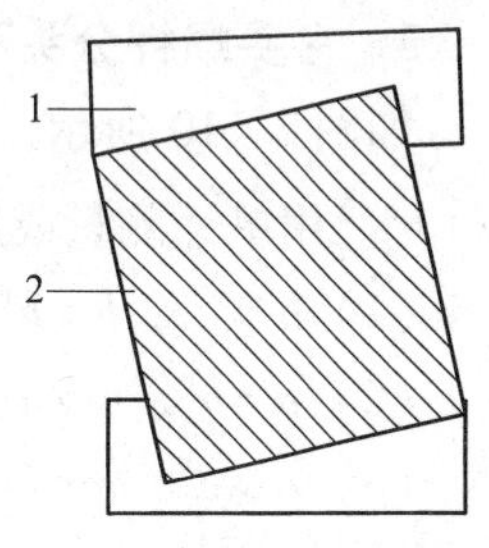

图 2—7　刀体倾斜安装
1—斜角度垫　2—刀体

四、多头蜗杆的加工

1. 合理选择车削方法

多头蜗杆因导程较大，一般采用低速车削，车削应分为粗车和精车两个阶段进行。粗车齿形时，应选择合适的切削方法和进刀方法。

粗车时为防止三个切削刃同时参加切削而造成扎刀现象，一般可采用左右切削法；当粗车模数 $m_x>3$ mm 的多头蜗杆时，可先用小于蜗杆齿根槽宽的车槽刀将蜗杆车到齿根圆直径；粗车模数 $m_x>5$ mm 的多头蜗杆时，可采用分层切削法，以减小车刀的切削面积，使切削顺利进行。粗车蜗杆的方法如图 2—8 所示。

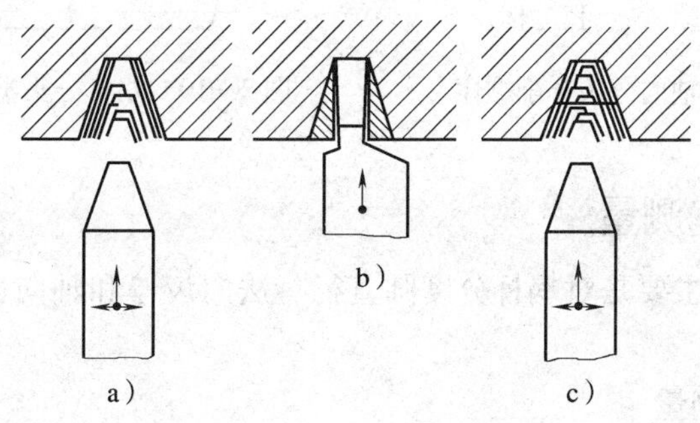

图 2—8　粗车蜗杆的方法
a）左右切削法　b）车槽法　c）分层切削法

精车蜗杆齿形时，应使用带卷屑槽的精车刀用直进法将齿面车削成形。

2. 多头蜗杆的车削步骤

车多头蜗杆时，不能把一条螺旋槽全部车好后再车另一条螺旋槽，应采用“多次循环分头，依次逐面车削”的原则。为保证蜗杆的加工质量，车削时可按下列步骤进行：

（1）粗车第一条螺旋槽后，应记住中滑板和小滑板的刻度值。

（2）根据蜗杆齿形精度进行分头，粗车第二、第三条……螺旋槽。若用圆周分头法时，中、小滑板刻度应与车削第一条螺旋槽时相同；如果用轴向分头法，中滑板刻度应与第一条螺旋槽相同，小滑板精确移动一个齿距。

（3）按上述方法精车各条螺旋槽，直至达到图样的要求。应当注意，当采用轴向分头配合左右切削法精车时，为保证轴向齿距精度，除了要求各螺旋槽车削时的车刀左右移动量（即借刀量）应该相等外，还必须注意多头蜗杆各齿面的车削顺序。即先将同一方向上的各条螺旋槽齿面逐一车好，然后再依次车另一方向上的各条螺旋槽齿面，如图2—9所示；否则，会因小滑板丝杆、螺母配合间隙所造成的误差而影响轴向齿距的精度。

3. 多头蜗杆分头不均匀性的修正

如图2—10所示，双头蜗杆的导程 $P_z = a + a' + b + b'$，蜗杆齿距 $P_x = P_z/2 = a + b = a' + b'$。用单针测量或用齿厚游标卡尺测量时有以下几种情况：

（1）$a = a'$，$b > b'$，则需均匀修正齿侧 A''、B'' 两面，使 $a = a'$，$b = b'$。

（2）$b = b'$，$a > a'$，则需均与修正齿侧 B'、B'' 两面，使 $a = a'$，$b = b'$。

（3）$a > a'$，$b < b'$，则需修正齿侧 B'' 面，使 $a = a'$，$b = b'$。

（4）$a = a'$（或 $b = b'$），而尺寸处于下极限偏差时，由于 A'、A''、B' 和 B'' 四个齿侧表面都已无修正余量，因此，进行任何分头不均匀性的修正都将使尺寸 b 或 b' 超差。因此，修正分头不均匀性只有在被修正面的齿厚 b 或 b' 有余量时才能进行。

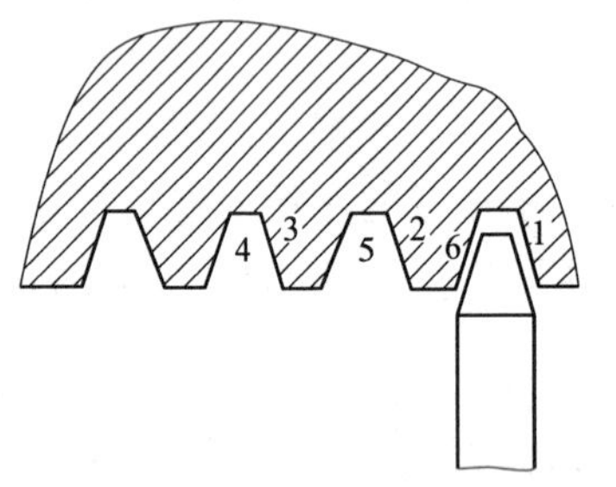

图2—9　三头蜗杆轴向分头车削顺序

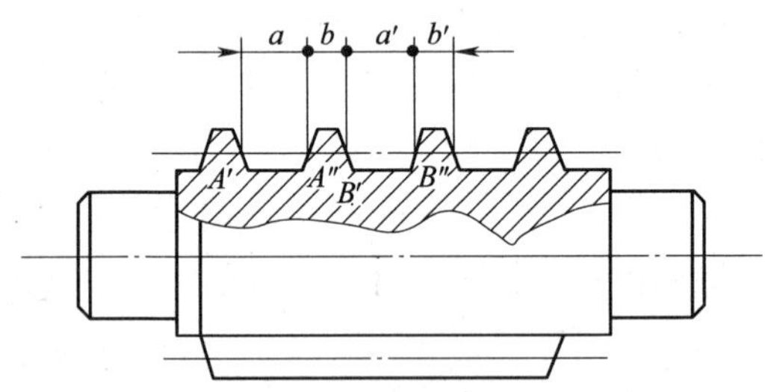

图2—10　蜗杆分头不均匀性的修正

五、多头蜗杆的测量

三头蜗杆的测量，主要是对蜗杆分度圆直径、法向齿厚和轴向齿距误差等参数进行测量。

1. 分度圆直径的测量

蜗杆分度圆直径的测量仍然采用三针或单针测量法。表2—6所列为蜗杆三针测量及量针直径的计算公式。

表 2—6　　蜗杆三针测量及量针直径的计算公式

齿形角 α	三针测量值 M	量针直径 d_D
14°30′	$M=d_1+4.994d_D-1.933P_x$	$d_D=0.516P_x$
20°	$M=d_1+3.924d_D-1.374P_x$	$d_D=0.516P_x$

当导程角大于3°30′时，三针测量值 M 必须进行修正，其修正公式见表 2—7。

表 2—7　　三针测量值 M 的修正公式

修正公式	$M=d_1+d_D\ (1+1/\sin\alpha)\ -\frac{P_x}{z}\cot\alpha+\Delta\psi$	
蜗杆齿形	修正值 $\Delta\psi$	量针测量实用公式（$\alpha=20°$）
轴向直廓蜗杆	$\Delta\psi=1.290\ 9d_D\tan^2\gamma$	$M=d_1+3.924d_D-4.319M_x+1.290\ 9d_D\tan^2\gamma$
法向直廓蜗杆		$M=d_1+3.924d_D-4.319M_x\cos\gamma$

2. 齿厚的测量

车削精度要求不高的蜗杆时，可使用齿厚游标卡尺测量分度圆直径处的法向齿厚尺寸。若图样上标注的是轴向齿厚尺寸，则在测量时必须换算成法向齿厚尺寸。

若蜗杆精度要求较高，在图样上标注有齿厚偏差，为了提高测量精度，可将齿厚偏差换算成三针测量值偏差：

当 $\alpha=20°$时，$\Delta M=2.747\ 5\Delta s$

式中　ΔM——三针测量时 M 值的偏差，mm；

Δs——齿厚偏差，mm。

例 2—1　车削齿形角 $\alpha=20°$的蜗杆，图样上标注齿厚及其偏差为 $6.28^{-0.12}_{-0.23}$ mm，为了提高测量精度，现需改用三针测量，求三针测量偏差。

解：根据公式 $\Delta M=2.747\ 5\Delta s$，

则$\Delta M_{上}=2.747\ 5\Delta s_{上}=2.747\ 5\times(-0.12)=-0.329\ 7$ mm

$\Delta M_{下}=2.747\ 5\Delta s_{下}=2.747\ 5\times(-0.23)=-0.631\ 9$ mm

三针测量时的偏差为 $M^{-0.329\ 7}_{-0.631\ 9}$ mm。

如果采用单针测量，那么其偏差值为三针测量偏差值的一半，即：

$$\Delta A=\frac{\Delta M}{2}=\frac{2.747\ 5}{2}\Delta s\approx 1.373\ 8\Delta s$$

3. 轴向齿距的检测

多头蜗杆轴向齿距偏差可以使用图 2—11 所示的齿距偏差表座测量。测量时，将 V 形量具 4 骑跨于蜗杆 1 上，使量具上的固定测头 2 接触齿侧的一面，百分表 3 的测头接触相邻齿距相对应的另一齿侧面（近分度圆直径处），并调整百分表指针到零位，如此逐牙测量，百分表指针摆动量不大于图样要求即为合格。

另外，用光学定位器检测轴向齿距时，为了消除纵向移动方向与丝杠轴线的不一致性引起的误差，应分别测出左、右齿面的轴向齿距，取其平均值。

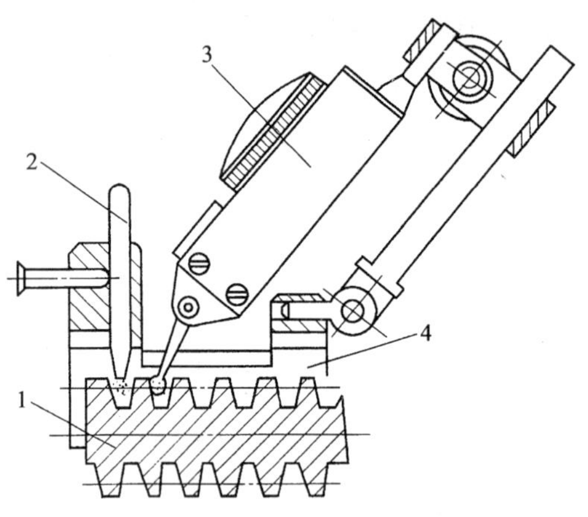

图 2—11　测量轴向齿距偏差的表座
1—蜗杆　2—固定测头　3—百分表　4—V 形量具

六、多头蜗杆车削质量分析

多头蜗杆车削产生误差的原因见表 2—8。

表 2—8　　多头蜗杆车削产生误差的原因

误差现象	产生的主要原因
轴向齿距偏差	交换齿轮或进给箱手柄位置调整错误；开合螺母磨损严重，与机床丝杠同轴度超差，造成啮合不良或间隙过大；床鞍移动时手轮转动不均匀；分头不准确；小滑板移动方向与主轴不平行，产生齿距误差
齿形角不准确	车刀刃磨不准确；车刀安装错误
法向齿厚超差	粗、精车过程中没有及时测量或测量错误；背吃刀量太大或左右切削时借刀量太大；三针测量时计算错误
齿面的表面粗糙度达不到要求	刀具切削刃刃磨粗糙，刀面不光洁；车刀磨损；背吃刀量选择不当；精车余量太小

七、技能训练

车削三头蜗杆轴，如图 2—12 所示。

1. 工艺准备

（1）图样分析

1）该三头蜗杆轴为 ZN 蜗杆，轴向模数为 6 mm，齿距为（18.85 ± 0.02）mm，法向齿厚为 $9.18_{-0.204}^{-0.133}$ mm，齿面的表面粗糙度 Ra 值为 1.6 μm。

2）$\phi65_{+0.020}^{0.039}$ mm 为基准外圆，其圆柱度允许偏差为 0.008 mm。

3）蜗杆齿顶圆对基准圆 A、B 公共轴线的径向圆跳动允许偏差为 0.025 mm。

4）外圆 $\phi62_{-0.03}^{0}$ mm 对基准圆 A、B 公共轴线的径向圆跳动允许偏差为 0.01 mm。

5）外圆 $\phi75$ mm 左端面对基准外圆 A、B 公共轴线的端面圆跳动允许偏差为 0.02 mm。

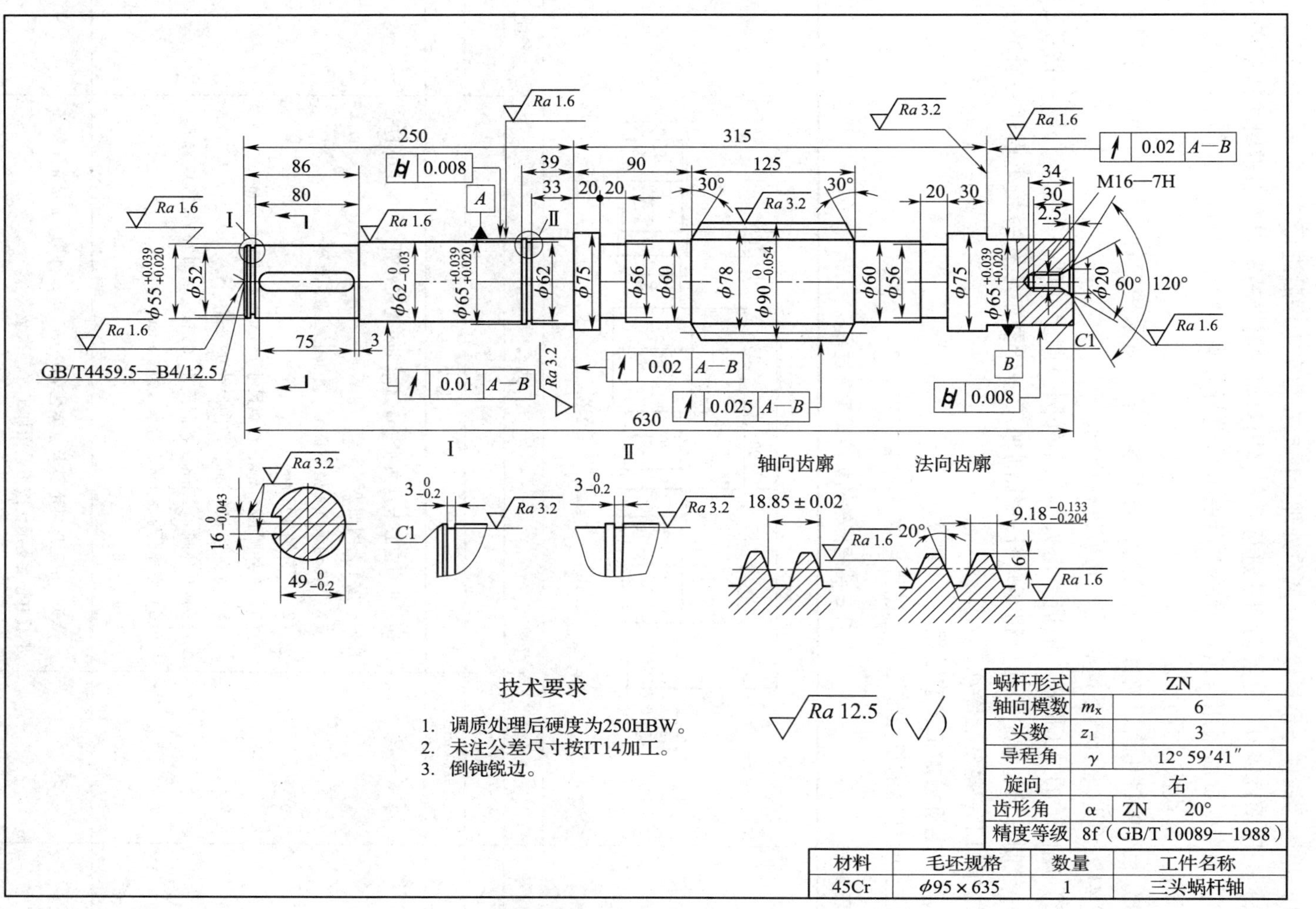

蜗杆形式		ZN
轴向模数	m_x	6
头数	z_1	3
导程角	γ	12°59′41″
旋向		右
齿形角	α	ZN 20°
精度等级		8f（GB/T 10089—1988）

材料	毛坯规格	数量	工件名称
45Cr	φ95×635	1	三头蜗杆轴

图 2—12 三头蜗杆轴

6）主要外圆的表面粗糙度 *Ra* 值为 1.6 μm。

（2）工艺分析

1）毛坯为锻件，余量较大，调质处理工序放在粗车工序后进行。

2）采用垂直装刀、分层切削法进行粗车，用双刃卷屑槽精车刀左右进给法精车齿面。

3）粗车蜗杆时采用三爪自定心卡盘的卡爪进行分头，精车蜗杆时可采用交换齿轮法或百分表、量块法进行分头。

4）粗车蜗杆用齿厚游标卡尺测量法向齿厚，精车时采用三针测量法，因为导程角为 12°59′41″，所以三针测量时必须对 *M* 值进行修正。

5）蜗杆轴的加工顺序：锻造→退火→粗车外圆→调质处理→半精车外圆→钻孔、攻螺纹→控制总长、钻中心孔→粗车蜗杆→铣削加工→研磨中心孔→精车蜗杆→研磨中心孔→磨削加工→清洗、涂油、入库。

2. 制定机械加工工艺过程

三头蜗杆轴的机械加工工艺过程见表 2—9。

表 2—9　　三头蜗杆轴的机械工工艺过程

工艺图	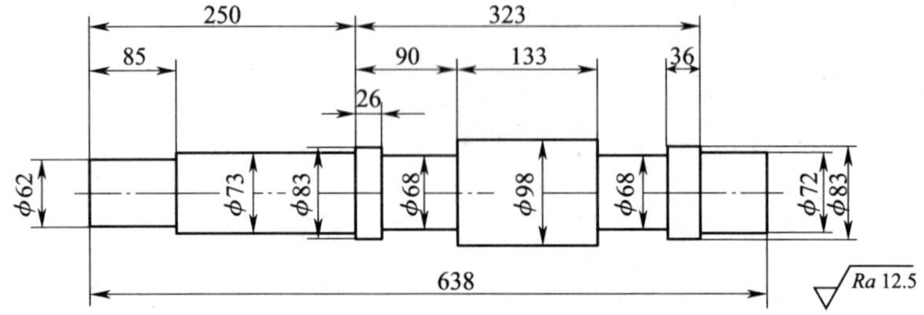 250　323　85　90　133　36　26　φ62　φ73　φ83　φ68　φ98　φ68　φ72　φ83　638　Ra 12.5		
工序号	工序名称	工序内容	备注
1	锻	锻造毛坯	
2	热处理	退火	
3	车	用三爪自定心卡盘夹住 $\phi65^{+0.039}_{+0.020}$ mm 毛坯外圆，一端用中心架托住，按工艺图加工 （1）钻 φ4 mm *A* 型中心孔，拆去中心架，顶牢 （2）车外圆 φ98 mm （3）车外圆 φ83 mm，注意尺寸 133 mm 右端加工余量 （4）车外圆 φ73 mm，控制尺寸 90 mm （5）车外圆 φ62 mm，控制尺寸 165 mm（即 165 = 250 − 85） （6）车外圆 φ68 mm，控制尺寸 26 mm （7）倒角	
4	车	掉头，用三爪自定心卡盘夹住 φ62 mm 粗车外圆，φ98 mm 外圆处用中心架支承，按工艺图加工（二次装夹） （1）钻 φ4 mm*A* 型中心孔，顶住 （2）车外圆 φ83 mm，控制尺寸 133 mm （3）车外圆 φ72 mm，控制尺寸 323 mm	

续表

工序号	工序名称	工序内容	备注
		（4）车外圆 $\phi68$ mm，控制尺寸 133 mm、26 mm 移去顶尖，移动中心架，至 $\phi83$ mm 外圆处支承 （5）车端面，控制尺寸 65 mm（即 65 = 638 − 250 − 323） （6）倒角 （7）掉头，按上述方法装夹，车端面，控制长度尺寸 638 mm （8）倒角 （9）钻 $\phi4$ mm*A* 型中心孔	
5	热处理	调质处理至硬度为 250HBW	
6	车	用三爪自定心卡盘夹住 $\phi65^{+0.039}_{+0.020}$ mm 外圆粗车，一端顶住 （1）将图样上 $\phi90^{\ 0}_{-0.054}$ mm 齿顶圆车至 $\phi90.6^{+0.1}_{\ 0}$ mm （2）车两处 $\phi75$ mm 外圆至尺寸 （3）将图样上 $\phi65^{+0.039}_{+0.020}$ mm 外圆车至 $\phi65.6^{+0.1}_{\ 0}$ mm，将图样上 315 mm 尺寸控制至 319 mm （4）将图样上 $\phi62^{\ 0}_{-0.03}$ mm 外圆车至 $\phi62.6^{+0.1}_{\ 0}$ mm，控制尺寸 39 mm （5）将图样上 $\phi55^{+0.039}_{+0.020}$ mm 外圆车至 $\phi55.6^{+0.1}_{\ 0}$ mm，控制尺寸 125 mm（即 125 = 250 − 86 − 39） （6）车蜗杆右端外圆 $\phi60$ mm，控制尺寸 215 mm（即 215 = 125 + 90） （7）车外沟槽 $\phi56$ mm × 20 mm 至尺寸，控制 $\phi60$ mm 外圆长度尺寸 50 mm（即 50 = 315 − 90 − 125 − 20 − 30） （8）车蜗杆 30°倒角至尺寸 原装夹不变，在蜗杆齿顶圆处增加中心架支承 （9）车蜗杆左端外圆 $\phi60$ mm 至尺寸，控制尺寸 90 mm、125 mm （10）车外沟槽 $\phi56$ mm × 20 mm 至尺寸，控制 $\phi75$ mm 外圆长度尺寸 20 mm （11）车蜗杆 30°倒角至尺寸 （12）车挡圈槽 $\phi62$ mm × $3^{\ 0}_{-0.2}$ mm 至尺寸，控制尺寸 33 mm （13）车挡圈槽 $\phi52$ mm × $3^{\ 0}_{-0.2}$ mm 至尺寸，控制尺寸 80 mm （14）倒角，倒钝锐边（含留磨余量） 注意：未注公差尺寸按 IT14 加工	
7	车	用软卡爪夹住 $\phi55^{+0.039}_{+0.020}$ mm 外圆，$\phi75$ mm 外圆处用中心架支承，找正（二次装夹） （1）将图样上 $\phi65^{+0.039}_{+0.020}$ mm 外圆车至 $\phi65.6^{+0.1}_{\ 0}$ mm，将图样上 315 mm 尺寸控制至 $315^{+0.2}_{\ 0}$ mm （2）车端面，控制尺寸 65 mm（即 65 = 630 − 315 − 250） （3）倒角，倒钝锐边（含留磨余量）	

续表

工序号	工序名称	工序内容	备注
		（4）钻 M16 螺纹底孔至 ϕ14 mm，深 34 mm （5）攻 M16—7 H 螺纹，深 30 mm （6）车圆锥面 ϕ20 mm × 60°、120° × 2.5 mm，60°锥面表面粗糙度 Ra 值为 1.6 μm 掉头，一端夹住，一端用中心架支承 （7）车端面，控制尺寸 630 mm、250 mm、86 mm （8）钻 ϕ4 mm B 型中心孔 （9）倒角 C1 mm（含留磨余量）	
8	磨	装夹于两顶尖间（二次装夹） （1）粗磨外圆 $\phi65^{+0.039}_{+0.020}$ mm（两处）、$\phi62^{\ 0}_{-0.03}$ mm、$\phi55^{+0.039}_{+0.020}$ mm，留精磨余量 0.2 ~ 0.25 mm （2）粗磨齿顶圆直径 $\phi90^{\ 0}_{-0.054}$ mm，留精磨余量 0.2 ~ 0.25 mm	
9	车	装夹于两顶尖间，用三爪自定心卡盘卡爪分头，用分层切削法粗车 $m_x = 6$ mm、$z_1 = 3$ 的蜗杆齿面，量针直径为 10.05 mm，量针测量距 $M = 92^{+1.0}_{+0.9}$ mm	
10	铣	工件装夹于 V 形虎钳上，一端调节千斤顶支承，轴向定位 铣键槽 $16^{\ 0}_{-0.043}$ mm × $49^{\ 0}_{-0.02}$ mm × 75 mm 至尺寸，注意控制尺寸 3 mm	
11	研磨	研磨两端中心孔	
12	车	装夹于两顶尖间，用百分表配合量块分头，量块组成尺寸分别为 56.548 mm、37.70 mm 及 18.85 mm 各一组 （1）用 $b = 4.2$ mm 的宽车槽刀修正蜗杆齿根部至齿根圆直径 ϕ63.6 mm（即 $d_{f1} = d_{a1} - 4.4\ m_x = 90\ \text{mm} - 4.4 \times 6 = 63.6\ \text{mm}$） （2）精车齿面至尺寸 量针直径 $d_D = 10.05$ mm，量针测量距 $M = 92.20^{-0.365}_{-0.560}$ mm	
13	钳工	（1）修去蜗杆两端不完整牙 （2）修去键槽毛刺	
14	研磨	研磨两端中心孔	
15	磨	装夹于两顶尖间（二次装夹） （1）精磨齿顶圆直径 $\phi90^{\ 0}_{-0.054}$ mm 至尺寸 （2）精磨外圆 $\phi65^{+0.039}_{\ 0}$ mm（两处）、$\phi62^{\ 0}_{-0.3}$ mm、$\phi55^{+0.039}_{+0.020}$ mm 至尺寸 （3）磨光 $\phi65^{+0.039}_{+0.020}$ mm 肩平面	
16	普	清洗，涂防锈油，入库	

课后练习

一、判断题

(　　) 1. 机床的精密丝杠是将均匀的直线运动精确地转换成均匀的旋转运动。

(　　) 2. 精密丝杠材料应有足够的强度和组织稳定性、良好的耐磨性及适当的硬度和韧性。

(　　) 3. 车削精密长丝杠，在机械加工各工序间流转时，应将丝杠水平放置，以免丝杠因自重而产生弯曲变形。

(　　) 4. 车削精密长丝杠时应在恒温室内进行，目的是尽量减小切削区与周围环境温度之差，以减小丝杠螺距的累积误差。

(　　) 5. 蜗杆副传动时，一般蜗轮是主动件，蜗杆是从动件，因而其可应用于防止倒转的传动装置中。

(　　) 6. 在蜗杆传动中，当导程角 $\gamma > 6°$ 时，蜗杆传动便可以自锁。

(　　) 7. 车削多头蜗杆时，如果分头精度不正确，等距误差大，就会严重影响蜗杆与蜗轮的啮合精度，但对使用寿命无影响。

(　　) 8. 用交换齿轮分头车削多头蜗杆的方法不需要其他装置，但分头时受到交换齿轮齿数的限制。

(　　) 9. 用分度盘分头车削多头蜗杆时，分头的精度主要取决于分度盘上定位孔的等分精度。

(　　) 10. 车多头蜗杆时，为了保证蜗杆的加工质量，车削时应把一条螺旋槽全部车好后再车另一条螺旋槽。

(　　) 11. 用卡盘卡爪分头车削多头蜗杆的方法比较简单，但分头精度不高，适用于齿面还需磨削的多头蜗杆。

(　　) 12. 蜗杆的分度圆直径相同，特性系数的值越大，导程角越小。

(　　) 13. 在精密丝杠的加工工艺中，要求锻造工件毛坯，目的是使材料晶粒细化、组织紧密、碳化物分布均匀，从而可提高材料的刚度。

(　　) 14. 车削英制蜗杆车刀的刀尖角是40°。

(　　) 15. 车削丝杠时，为了提高工件的刚度，可以用中心架支承工件。

二、选择题

1. 在机械传动中，蜗杆与蜗轮啮合（即蜗杆副）常用于两轴在空间交错成______的运动。

A. $<90°$　　B. 直角　　C. $>90°$

2. 在蜗杆传动中，当导程角 γ ______时，蜗杆传动便可以自锁。

A. $\leqslant 6°$　　B. 为 8° ~ 12°　　C. 为 12° ~ 16°

3. 为了提高蜗杆测量精度，可将齿厚偏差换算成量针测量距偏差，用三针测量法来测量，当 $\alpha = 20°$ 时，其换算方法为 $\Delta M =$ ______Δs。

A. 1.732　　B. 2.747 5　　C. 3.866 0

4. ______蜗杆时应采用水平装刀法。

A. 粗车轴向直廓　　B. 精车轴向直廓

C. 粗车法向直廓　　D. 精车法向直廓

5. 使用齿厚游标卡尺测量蜗杆法向齿厚的测量精度比使用______的测量精度低。

A. 千分尺　　B. 三针　　C. 螺纹千分尺

6. 车削英制蜗杆车刀的刀尖角是______。

A. 20°　　B. 29°　　C. 40°

7. 车削蜗杆时，主轴的轴向窜动会使蜗杆______产生误差。

A. 中径　　B. 周节　　C. 表面粗糙度

8. 多头蜗杆的模数 =2 mm，头数 =3，则导程是______mm。

A. 5　　B. 6　　C. 18.84

9. 粗加工多头蜗杆时应采用______装夹方法。

A. 三爪自定心卡盘　　B. 四爪单动卡盘　　C. 一夹一顶

10. 粗车多头蜗杆时，比较简单实用的分头方法是使用______分头。

A. 百分表　　B. 小滑板刻度　　C. 卡盘卡爪

11. 精加工蜗杆齿形时应采用______切削。

A. 单刃　　B. 双刃　　C. 三刃

12. 车削多头蜗杆时，小滑板移动方向必须与机床床身导轨平行，否则会造成______。

A. 分头误差　　B. 形状误差　　C. 尺寸误差

13. 使用三针测量蜗杆的法向齿厚时，要将齿厚偏差换算成______测量值偏差。

A. 量针　　B. 齿槽宽度　　C. 分度圆

14. 粗车多头蜗杆时应尽可能缩短工件伸出长度，以提高工件的______。

A. 硬度　　B. 塑性　　C. 刚度

15. 车削蜗杆时，刻度盘使用不当会使蜗杆______产生误差。

A. 表面粗糙度　　B. 分度圆直径　　C. 齿形角

三、简答题

1. 车削模数 $m_x=2$ mm，头数 $z_1=3$ 的多头蜗杆，车床小滑板刻度值每格为 0.05 mm，求分头时小滑板应转过的格数。

2. 已知一米制蜗杆的齿形为法向直廓，其分度圆直径 d_1 为 35.5 mm，轴向齿距 P_x 为 9.896 mm，齿形角 α 为 20°，头数 z_1 为 4，用三针测量法修正公式，求量针直径 d_D 和量针测量距 M。

3. 已知一米制蜗杆的法向齿厚要求为 $6.182^{+0.093}_{-0.146}$ mm，若用三针测量时，量针测量值偏差为多少？

4. 蜗杆副使用特点有哪些？

5. 车削多头蜗杆时，为什么要正确装夹车刀？如何装夹？

6. 车削多头蜗杆的分头方法有哪两类？每一类中有哪些具体方法？

7. 粗车多头蜗杆时应如何选择合适的切削方法和进刀方法？

8. 常用的蜗杆齿形有哪两种？如何根据蜗杆的齿形选用适当的装刀方法？

9. 车削一米制蜗杆，齿形角 $\alpha = 20°$，分度圆直径 $d_1 = 40$ mm，轴向模数 $m_x = 4$ mm，头数 $z_1 = 1$，求蜗杆的轴向齿距 P_x、全齿高 h、齿顶圆直径 d_a、轴向齿顶宽 s_a 和轴向齿根槽宽 e_f。

10. 用齿厚游标卡尺测量蜗杆的法向齿厚时，齿高卡尺应调整到什么尺寸？在测量时应注意什么？

模块三
复杂零件加工

课题1　双偏心零件加工

学习目标

1. 掌握偏心零件的加工。
2. 熟悉双偏心零件的测量。

偏心零件的加工，主要是解决零件的装夹问题，即如何将被加工部位的轴线找正到与车床主轴回转轴线重合。

一、偏心零件的加工

1. 在四爪单动卡盘上装夹车削偏心工件

在四爪单动卡盘上车削偏心工件，首先根据图样要求划出偏心圆及其侧母线位置，然后将偏心圆的圆心找正到与车床主轴轴线重合，同时找正偏心圆柱侧母线与车床主轴轴线平行，工件夹紧后即可车削。具体装夹、找正过程见表3—1。

表3—1　　在四爪单动卡盘上找正偏心工件的方法

内容		图例	说明
按划线找正	卡爪位置的调整	e	调整卡盘卡爪的位置，使其中相对两个卡爪呈对称位置，另两个卡爪呈不对称位置，其偏离主轴中心的距离大致等于工件的偏心距。对称卡爪之间张开的距离稍大于工件装夹部位的直径，使工件偏心圆柱的轴线与车床主轴轴线基本重合，初步夹紧工件
	找正侧素线		将划线盘置于中滑板上面的适当位置，使划针尖端对准工件外圆侧素线，移动床鞍，检查侧素线是否水平，若侧素线不水平，可用木锤轻轻敲击进行找正。然后将卡盘（工件）转动90°，用同样的方法对侧素线进行检查和找正

续表

内容		图例	说明
按划线找正	找正偏心圆		1．将划针尖端对准工件端面上的偏心圆，转动卡盘，找正偏心 2．重复以上操作，直至两条侧素线均呈水平（基准圆轴线与偏心圆轴线平行），偏心圆轴线与车床主轴轴线重合为止 3．将 4 个卡爪成对均匀地拧紧一遍，检查并确认侧素线和偏心圆在紧固卡爪时没有产生位移 由于存在划线误差和找正误差，按划线找正偏心工件位置的方法仅适用于加工精度要求不高的偏心工件
用百分表找正			1．先按划线初步找正工件，再用百分表找正，使偏心圆轴线与车床主轴轴线重合 2．a 点处用卡爪调整，b 点处用木锤轻敲 3．移动床鞍，用百分表在 a 和 b 两点处交替测量，找正工件侧素线，使偏心工件两轴线平行，百分表在两端的读数差值一般应控制在 0.02 mm 以内（或根据零件精度要求进行控制） 4．使百分表测杆垂直于基准轴（光轴），将测头接触外圆表面并压缩 0.5～1 mm，用手缓慢转动卡盘一周，找正偏心距。百分表在工件转过一周中其读数的最大值与最小值之差的一半即为偏心距 e。a、b 两点处偏心距应基本一致，并在图样允许误差范围内。反复调整，直至达到图样要求为止

2．在两顶尖间车削偏心工件

在零件两端面或长度预留部位钻削偏心中心孔，然后用两顶尖支承相应的中心孔，即可车削偏心工件。

偏心中心孔根据图样的要求，经划线后可以在钻床或坐标镗床上钻削，也可以利用偏心套在车床上钻削，如图 3—1 所示。

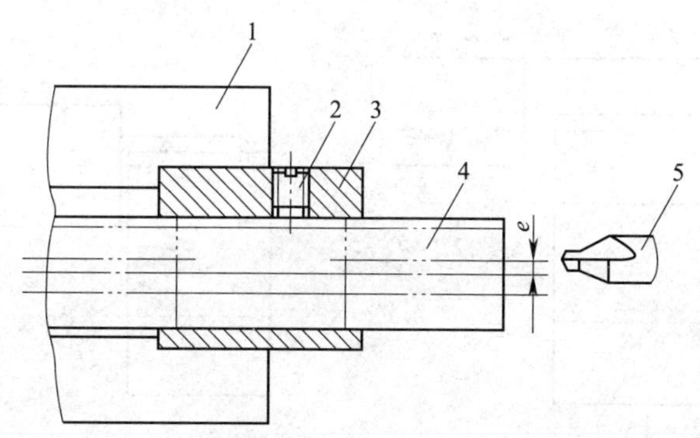

图 3—1　利用偏心套钻削偏心中心孔

1—软三爪　2—紧定螺钉　3—偏心套　4—偏心轴　5—中心钻

3. 在三爪自定心卡盘上车削偏心工件

在三爪自定心卡盘上车削偏心工件时，可以在三爪自定心卡盘的任一个卡爪上增加一块垫片，使工件产生偏心来车削。垫片的厚度为1.5倍的偏心距，经试切或用百分表测量零件的圆跳动量（为2倍的偏心距）后，对偏心距误差进行修正，校正零件侧母线以后即可进行车削加工。

另外，根据偏心零件的生产类型和偏心距的精度要求，车削偏心零件的方法还有在双重卡盘上车削、在偏心卡盘上车削、在专用偏心夹具上车削等。

双偏心零件车削的关键技术是两偏心轴线相对于基准轴线的分布，即两偏心轴线与零件基准轴线平行并在同一个平面内（即三轴线相互平行且共面）。一般可采取精确划线、精细找正、用百分表测量等措施来保证双偏心轴线的分布。

二、双偏心零件的测量

双偏心零件既要检测偏心距是否正确，还要检测偏心轴线与基准轴线的平行度以及偏心轴线之间的角度偏差。

如图3—2所示为两侧同向偏心轴的检测。检测时将工件置于V形架上，将两块百分表压在偏心轴的上方，找出偏心部位的最高点（偏心轴的最高点要一致），将工件旋转一周，百分表读数值的一半就是偏心距。

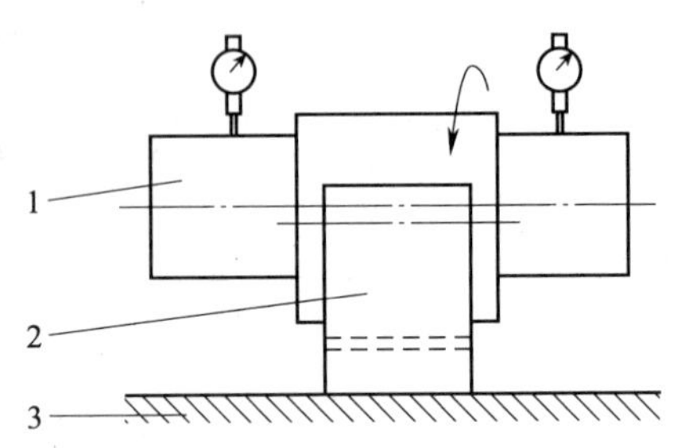

图3—2　两侧同向偏心轴的检测
1—工件　2—V形架　3—平台

如图3—3所示为两侧反向偏心轴的检测。如图3—3a所示为检测零件的偏心距。零件旋转一周后，根据左、右两端百分表读数的变化，可以检测偏心距的误差和两端偏心轴的对称性。

如图3—3b所示为检测零件的平行度误差，将零件转至最高点后，移动百分表在偏心轴全长范围内测量得到的百分表读数的最大差值就是平行度误差。

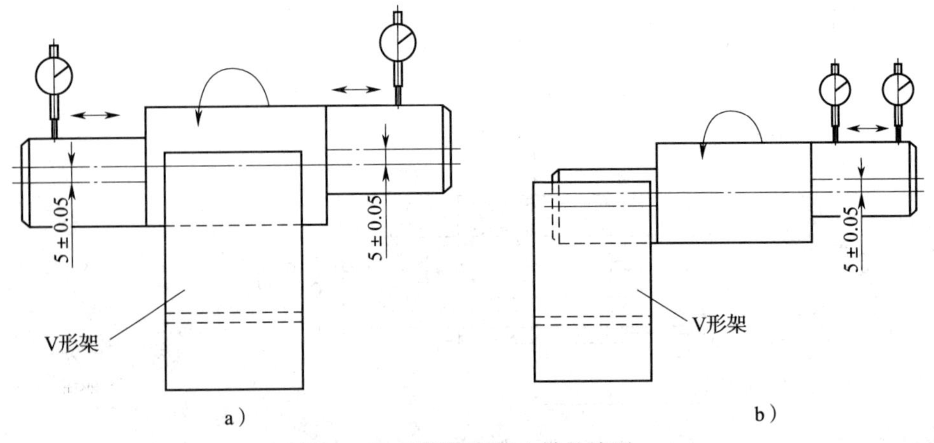

图3—3　两侧反向偏心轴的检测
a）偏心距的检测　b）平行度误差的检测

如图 3—4 所示为偏心套的检测。在零件两端孔内放置杠杆百分表，零件旋转一周后，其百分表读数值的一半就是偏心距；同时，两端百分表应同在一个圆周角度内测量，即一个处在最低点，另一个处在最高点，这样才能表明两端偏心孔是 180°对称偏心。

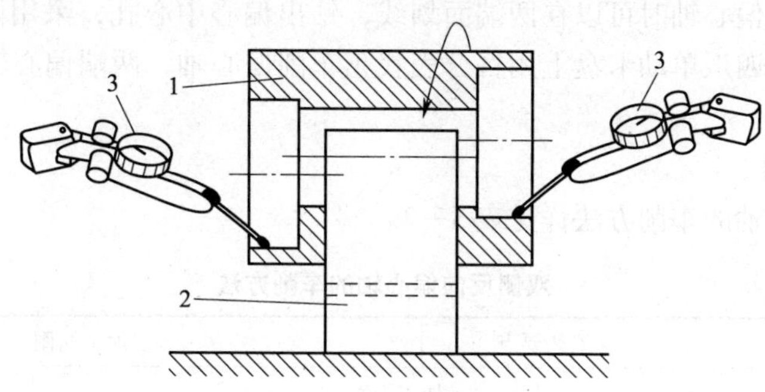

图 3—4　偏心套的检测

1—偏心套　2—V 形架　3—杠杆百分表

三、技能训练

1. 车削双侧反向偏心轴（见图 3—5）

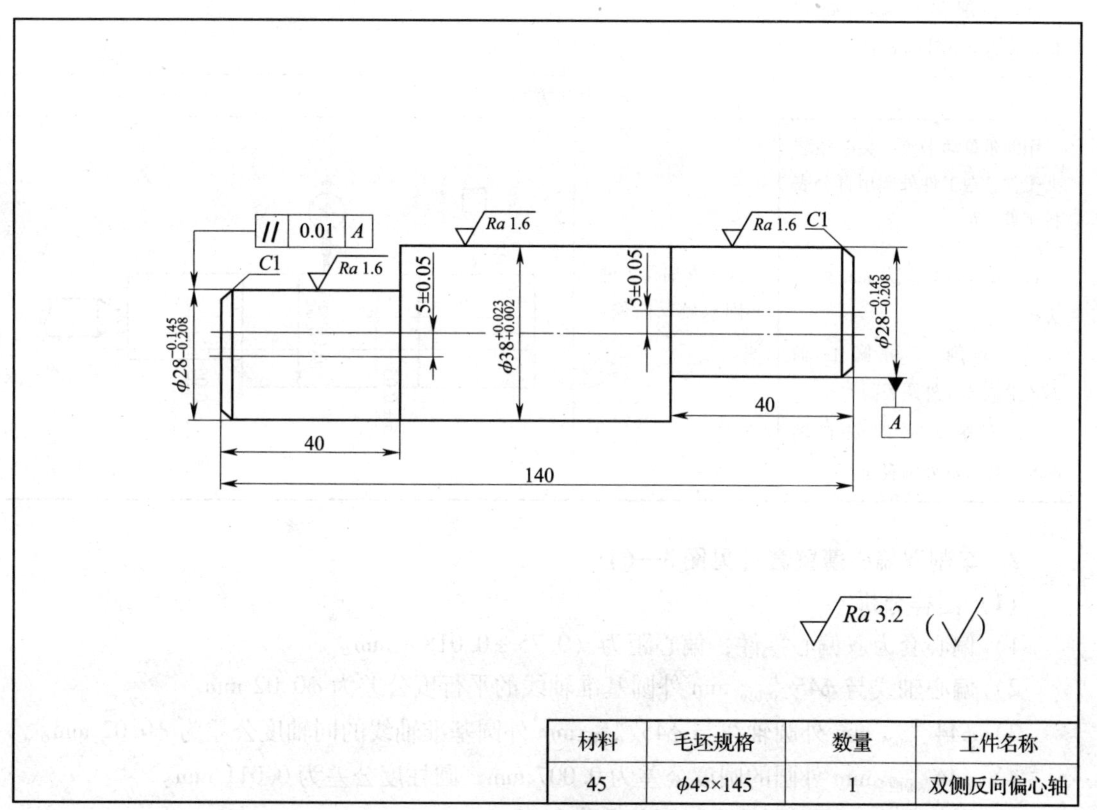

材料	毛坯规格	数量	工件名称
45	ϕ45×145	1	双侧反向偏心轴

图 3—5　双侧反向偏心轴

(1) 图样分析

双侧反向偏心轴的偏心轴线有180°角度差，两偏心轴线的平行度允许偏差为0. 01 mm。

(2) 工艺分析

加工双侧反向偏心轴时可以在两端面划线，钻出偏心中心孔，采用两顶尖装夹方法进行车削，也可以在四爪单动卡盘上用百分表找正车削偏心轴，两端偏心轴线是180°对称偏心。

(3) 加工步骤

双侧反向偏心轴的车削方法详见表3—2。

表3—2　双侧反向偏心轴的车削方法

操作步骤	工艺要点	加工简图
加工方案一		
在两端面划线，各钻三个中心孔，用两顶尖装夹工件	1. 在两端面划线，钻中心孔 2. 用两顶尖装夹车削双侧反向偏心轴	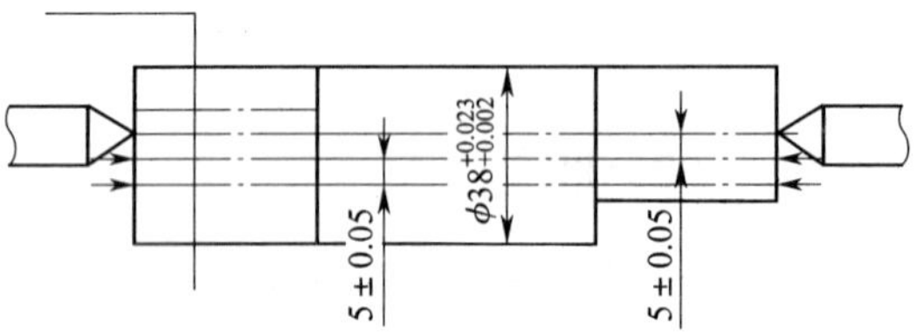 $\phi38^{+0.023}_{+0.002}$　5 ± 0.05　5 ± 0.05
1. 车削 $\phi38^{+0.023}_{+0.002}$ mm 外圆表面 2. 车削一端偏心轴 $\phi28^{-0.145}_{-0.208}$ mm 外圆表面 3. 车削另一端偏心轴 $\phi28^{-0.145}_{-0.208}$ mm 外圆表面		
加工方案二		
用四爪单动卡盘一夹一顶装夹工件，在工件外圆用百分表找正偏心距	找正并偏移工件，车削双侧反向偏心轴	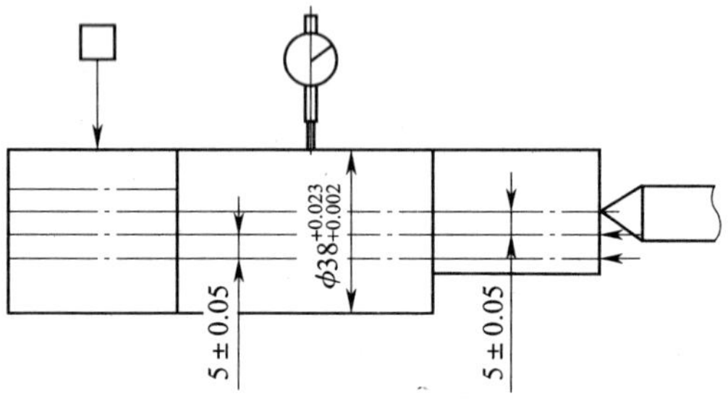 $\phi38^{+0.023}_{+0.002}$　5 ± 0.05　5 ± 0.05
1. 车削 $\phi38^{+0.023}_{+0.002}$ mm 外圆表面 2. 车削一端偏心轴 $\phi28^{-0.145}_{-0.208}$ mm 外圆表面 3. 车削另一端偏心轴 $\phi28^{-0.145}_{-0.208}$ mm 外圆表面		

2. 车削双偏心薄壁套（见图3—6）

(1) 图样分析

1）偏心套为双偏心零件，偏心距为（9. 75 ±0. 018） mm。

2）偏心轴线与 $\phi45^{\ 0}_{-0.016}$ mm 外圆基准轴线的平行度公差为 $\phi0.02$ mm。

3）$\phi44^{\ 0}_{-0.025}$ mm 外圆轴线与 $\phi45^{\ 0}_{-0.016}$ mm 外圆基准轴线的同轴度公差为 $\phi0.02$ mm。

4）$\phi44^{\ 0}_{-0.025}$ mm 外圆的圆度公差为0. 007 mm，圆柱度公差为0. 011 mm。

5）零件左、右两端面的平行度公差为0. 02 mm。

6）零件调质处理后硬度为250HBW。

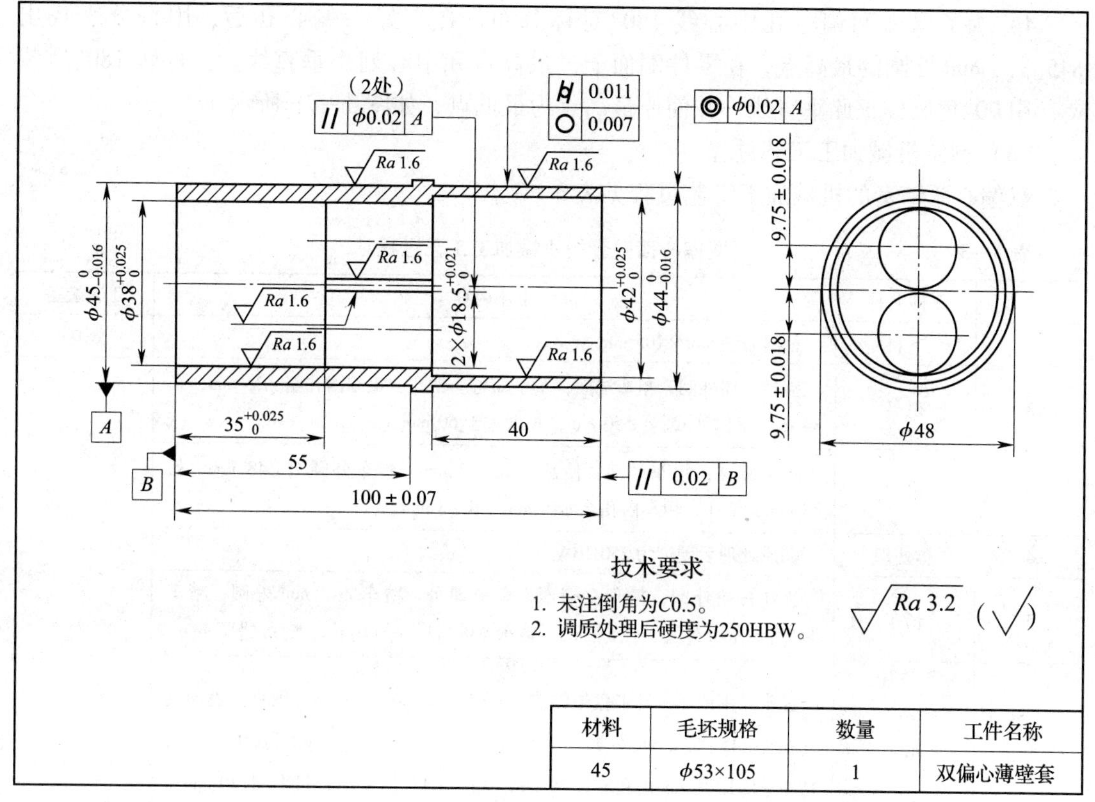

材料	毛坯规格	数量	工件名称
45	ϕ53×105	1	双偏心薄壁套

图 3—6　双偏心薄壁套

（2）工艺分析

1）单件生产零件采用四爪单动卡盘装夹，分粗加工和精加工两个阶段进行。

2）调质处理工序安排在粗加工之后进行。

3）双偏心距光靠划线和找正很难保证偏心距的加工精度，一定要用量具测量方法才能保证精度要求。可采用如图 3—7a 所示的方法，量块的尺寸等于零件两倍的偏心距，用百分表测量并调整，使 a、b 两点的位置等高。

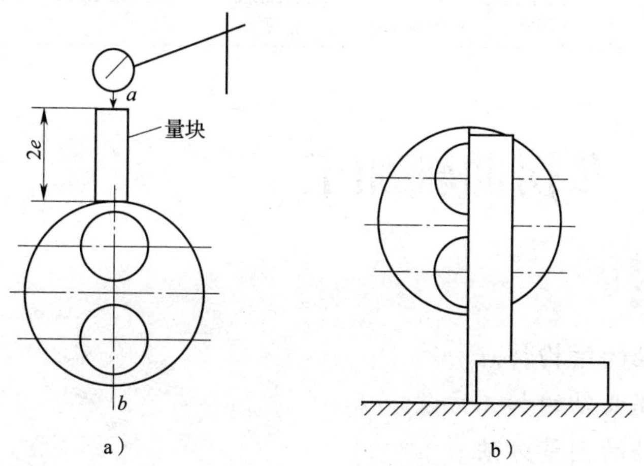

图 3—7　工件偏心距的校正

4）为了保证两偏心孔中心线180°对称分布，在车好一偏心孔后，用百分表找出$\phi45_{-0.016}^{0}$ mm外圆的最高点，在零件端面上过最高点和中心划一垂直线。工件转180°后装夹，用90°角尺校正此垂直线，并使原最高点为最低点，如图3—7b所示。

(3) 制定机械加工工艺过程

双偏心薄壁套的机械加工工艺过程见表3—3。

表3—3　　双偏心薄壁套的机械加工工艺过程

工序号	工序名称	工序内容	工艺装备
1	下料	棒料$\phi53$ mm×105 mm	锯床
2	粗车	夹住毛坯外圆，粗车端面，车平即可。钻孔、粗车内孔至$\phi35$ mm，长34 mm，粗车外圆至$\phi50$ mm，长度大于60 mm	CA6140
3	粗车	掉头装夹，粗车端面，使总长为102 mm，粗车外圆至$\phi48$ mm，长38 mm。钻孔、粗车内孔至$\phi36$ mm，长38 mm	
4	热处理	调质处理后硬度为250HBW	
5	精车	夹住右端外圆，精车左端面，车平即可。精车$\phi48$ mm外圆，精车$\phi45_{-0.016}^{0}$mm外圆、长55 mm，精车$\phi38_{0}^{+0.025}$ mm内孔、长$35_{0}^{+0.025}$ mm	
6	精车	掉头，用四爪单动卡盘垫铜皮夹住$\phi45_{-0.016}^{0}$ mm外圆，用百分表检查并找正$\phi45_{-0.016}^{0}$ mm外圆。精车右端面，保证总长（100±0.07）mm，精车$\phi42_{0}^{+0.025}$mm内孔、长40 mm，精车$\phi44_{-0.025}^{0}$ mm外圆、长40 mm	
7	精车	用四爪单动卡盘垫铜片偏心装夹$\phi45_{-0.016}^{0}$ mm外圆，找正偏心距和平行度。用$\phi15$ mm钻头钻偏心孔，精车$\phi18.5_{0}^{+0.021}$ mm偏心孔。用百分表找出$\phi45_{-0.016}^{0}$ mm外圆的最高点，在右端环面上过最高点及中心划一垂直线	
8	精车	用四爪单动卡盘垫铜片偏心装夹$\phi45_{-0.016}^{0}$ mm外圆，找正偏心距和平行度，并用90°角尺校正垂直线，使原最高点位置为最低点。用$\phi15$ mm钻头钻另一偏心孔，精车$\phi18.5_{0}^{+0.021}$ mm偏心孔	
9	检验	按图样要求检查各部分尺寸和精度	

课题2　多拐曲轴加工

学习目标

1. 了解曲轴的结构特点。
2. 掌握多拐曲轴的加工方法。
3. 熟悉曲轴的测量方法。
4. 熟悉提高曲轴工艺系统刚度的方法。

一、曲轴的结构特点

曲轴是发动机中最重要的零件之一。根据发动机的性能与用途不同，曲轴可分为两拐、四拐、六拐、八拐等。根据拐数不同，曲柄颈之间互成 90°、120°、180°等角度。曲轴的结构主要包括主轴颈、曲柄颈、曲柄臂、轴肩、法兰盘等，如图 3—8 所示。

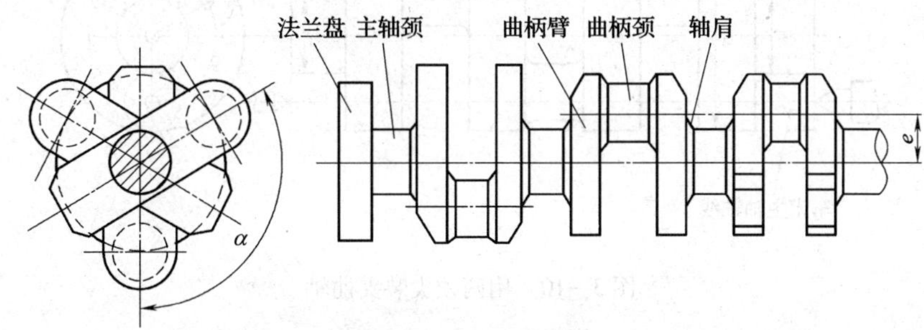

图 3—8　曲轴的结构

曲轴在高速旋转时，受到周期性的弯曲力矩、扭转力矩等作用。因此，要求曲轴有较高的强度、刚度、耐磨性、耐疲劳性和耐冲击性。曲轴一般应进行正火或调质处理，以改善曲轴的力学性能，提高强度和耐磨性。

二、曲轴的加工

车削或磨削曲轴时，主要是解决曲柄颈加工时的装夹问题，即如何将曲柄颈轴线校正到与机床主轴旋转轴线相重合。根据曲轴的结构特点，常用的曲轴装夹方法有以下几种。

1. 用一夹一顶装夹曲轴

如图 3—9 所示为一夹一顶装夹曲轴，就是用偏心卡盘夹住工件的一端，用顶尖支承工件的另一端。这种装夹方法适用于直径较大、偏心距较小的曲轴零件，每次安装都要进行找正，因此操作较烦琐，对工人的技术水平要求较高。

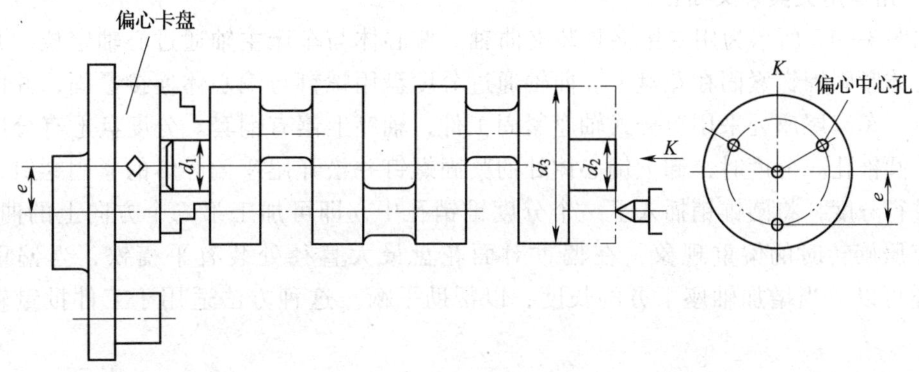

图 3—9　一夹一顶装夹曲轴

2. 用两顶尖装夹曲轴

如图 3—10 所示为用两顶尖装夹曲轴。在曲轴两端面上预先钻出基准中心孔和相应的偏心中心孔，然后将曲轴安装在车床的两顶尖间，依次加工曲柄颈和主轴颈。两顶尖装夹曲轴的方法操作方便，定位精度较高，适用于装夹小型或偏心距较小的曲轴。

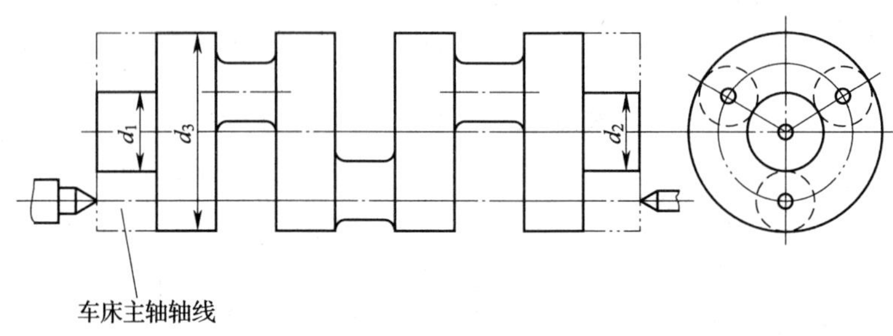

图 3—10 用两顶尖装夹曲轴

3. 用偏心夹板装夹曲轴

如图 3—11 所示为用偏心夹板装夹曲轴。在经过加工的曲轴两端主轴颈上（直径留有加工余量）安装一对偏心夹板，在平板上用 V 形块等工具进行找正，紧固偏心夹板上的螺钉，然后用两顶尖支承相应的偏心距或无法在端面上钻削偏心中心孔的曲轴。

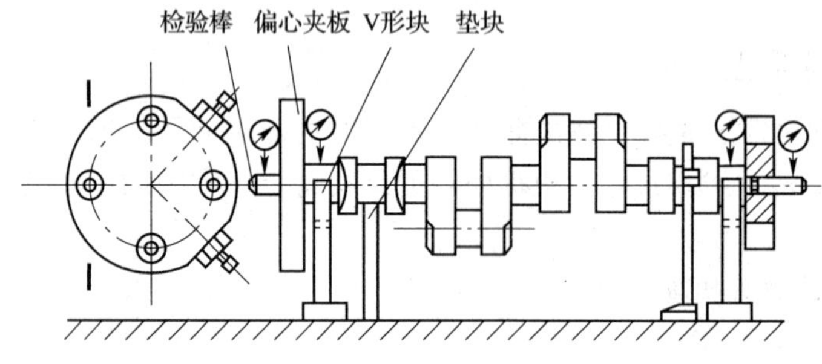

图 3—11 用偏心夹板装夹曲轴

4. 用专用夹具装夹曲轴

如图 3—12 所示为用专用夹具装夹曲轴。偏心体与车床主轴通过心轴定位，并用四个偏心体紧固螺钉紧固在花盘上。曲轴通过分度盘用螺钉与偏心体连接紧固，并由圆锥销定位。车床尾座处采用对分式轴座紧固工件，轴座上镶有铜套。分度盘上有分度精确的三个圆锥孔。分度时，卸下偏心体处的紧固螺钉并松开尾座偏心体的紧固螺钉，转动曲轴进行分度，将圆锥销插入下一个分度锥销孔中，即可加工第二个方向上的曲柄颈。为了克服旋转时的偏重现象，在偏重对面花盘最大直径处装有平衡铁，当偏重较大时，还可以适当增加轴座下方的长度，以帮助平衡。这种方法适用于工件批量较大的场合。

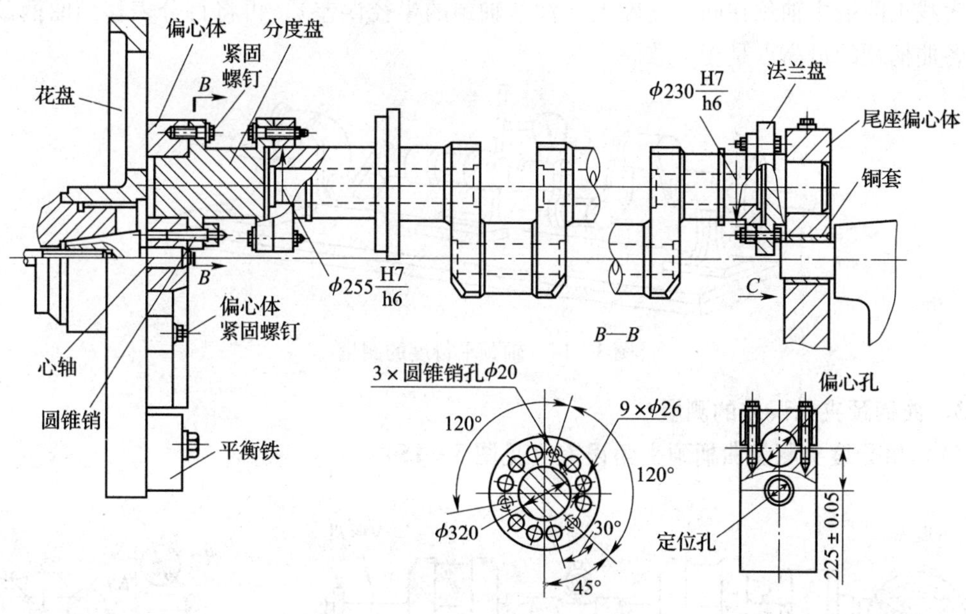

图 3—12　用专用夹具装夹曲轴

三、曲轴的测量

1. 偏心距的测量

如图 3—13 所示，把曲轴安装在具有两专用顶尖的检测工具上，用千分尺，百分表或游标高度尺分别量出 H、h、d 和 d_1，然后用下面的公式进行计算：

$$e = H - \frac{d_1}{2} - h + \frac{d}{2}$$

式中　e——偏心距，mm；

H——曲柄颈表面最高点离平板表面的距离，mm；

d_1——曲柄颈的直径，mm；

h——主轴颈表面最高点离平板表面的距离，mm；

d——主轴颈的直径，mm。

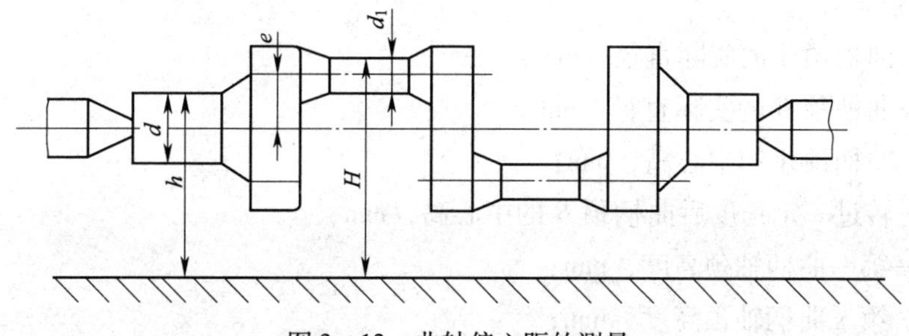

图 3—13　曲轴偏心距的测量

2. 轴颈平行度的测量

轴颈平行度的测量如图 3—14 所示。把工件两端的主轴颈安放在专用测量工具上，用百分表找正两端主轴颈在同一高度上（注意轴颈的半径误差），再将百分表移到曲柄颈上，检测各曲柄颈的最高点是否一致。

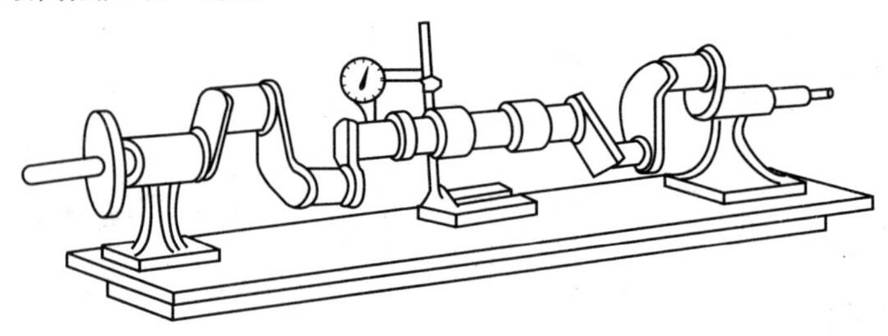

图 3—14　轴颈平行度的测量

3. 曲柄颈夹角误差的测量

（1）用分度头测量曲柄颈夹角误差（见图 3—15）

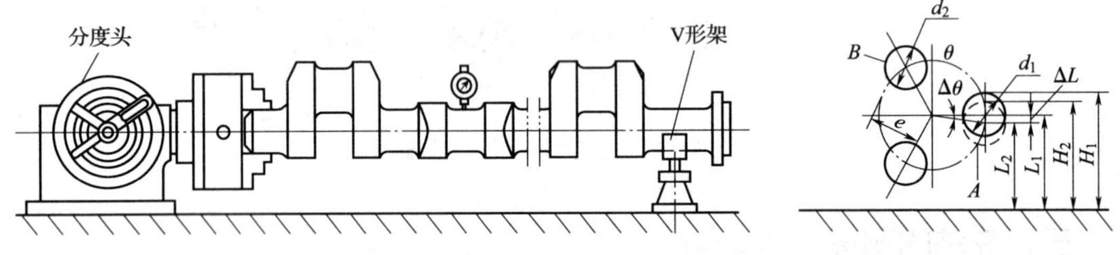

图 3—15　用分度头测量曲柄颈夹角误差

将曲轴的一端用分度头的三爪自定心卡盘夹住，另一端用可调 V 形架支承，用百分表校正好主轴颈中心线。将第一曲柄颈旋转至水平位置，用百分表测量出 H_1 值，把分度头旋转 120°（两曲柄颈间的夹角）后，再用百分表测量出 H_2 值，则用以下公式进行计算：

$$L_1 = H_1 - \frac{d_1}{2}$$

$$L_2 = H_2 - \frac{d_2}{2}$$

$$\Delta L = L_1 - L_2$$

$$\sin\Delta\theta = \frac{\Delta L}{e}$$

式中　d_1——曲柄颈 A 的实际直径，mm；

d_2——曲柄颈 B 的实际直径，mm；

L_1——曲柄颈 A 的中心高，mm；

L_2——转过一定角度后曲柄颈 B 的中心高，mm；

H_1——第一曲柄轴颈高度，mm；

H_2——第二曲柄轴颈高度，mm；

ΔL——曲柄颈 A 与 B 的中心高差，mm；

$\Delta\theta$——曲柄颈 A 与 B 之间的角度误差，(°)；

e——偏心距，mm。

（2）用量块测量曲柄颈夹角误差（见图 3—16）

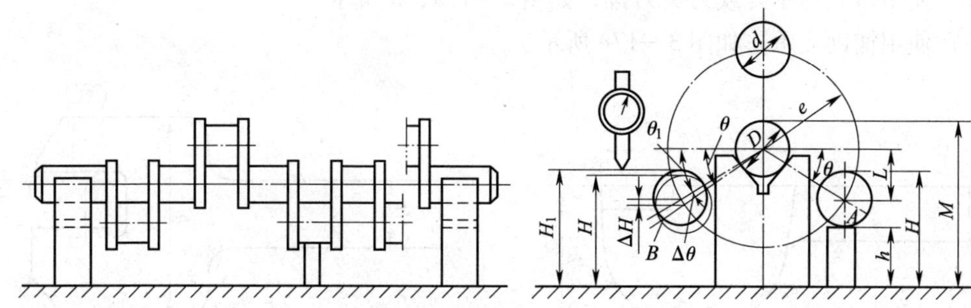

图 3—16　用量块测量曲柄颈夹角误差

把曲轴的两端支承在一对 V 形架上，并使主轴中心线与平板平行，然后在一个曲柄颈的下面垫上高度经过计算的量块，使连杆的中心与主轴中心平面形成夹角 θ。量块高度的计算公式为：

$$h = M - \frac{D}{2} - e\sin\theta - \frac{d}{2}$$

式中　h ——量块高度，mm；

M——主轴颈外圆顶高，mm；

D——主轴颈实际直径，mm；

e——偏心距，mm；

θ——曲柄颈与主轴颈中心平面之间的夹角，(°)；

d——曲柄颈 A 的实际直径，mm。

测量时，先测出曲柄颈 A 的高度 H，再测出曲柄颈 B 的高度 H_1，用下列公式计算出角度误差 $\Delta\theta$。

$$\Delta\theta = \theta_1 - \theta_2$$

$$\sin\theta = \frac{L}{e}$$

$$L = e\sin\theta$$

$$\sin\theta_1 = \frac{L + \Delta H}{e}$$

$$\Delta H = H - H_1$$

式中　ΔH——连杆轴颈 B 与 A 的中心高度差，mm；

L——曲柄颈 A 中心至主轴颈中心高度差，mm。

四、提高曲轴工艺系统刚度的方法

曲轴零件的形状复杂，刚度较低，车刀的悬伸长度较长，因此造成工艺系统刚度低，容易产生振动和变形，加工中要设法提高曲轴和车刀的刚度。

1. 提高刀具刚度

提高刀具的刚度可以采取以下方法：

（1）用高强度材料制作刀柄。

（2）使用鱼肚形车刀或刀头刀排，如图 3—17a、b 所示。

（3）使用辅助支承，如图 3—17c 所示。

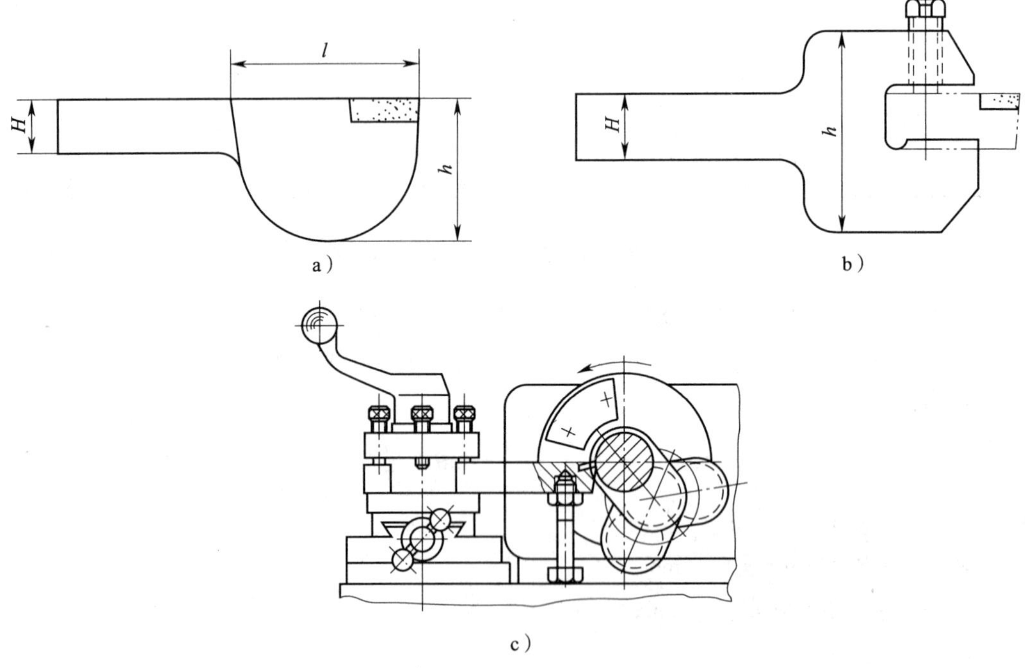

图 3—17　提高刀具的刚度

2. 提高曲轴加工刚度

提高曲轴加工刚度的措施包括：在曲柄颈或主轴颈之间安装支承螺栓，如图 3—18a 所示；用硬质木块或木棒支承在两曲柄臂间，如图 3—18b 所示；用一对夹板夹紧曲柄臂，如图 3—18c 所示；当曲柄的长径比较大时，可以在主轴颈或与曲轴颈同轴的轴颈上直接使用中心架支承，当被加工轴颈没有同轴轴颈时，可使用偏心过渡套后再用中心架支承，如图 3—18d 所示。

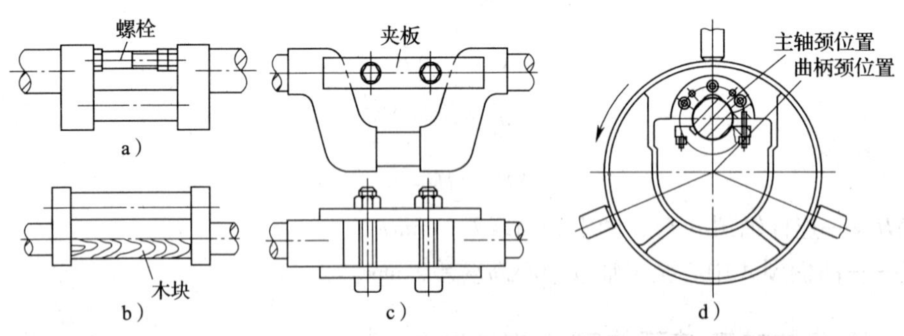

图 3—18　提高曲轴加工刚度及增加配重

五、曲轴的车削

1. 车削曲轴前，要针对零件图样进行工艺分析，明确加工要求、车削中的难点以及需要注意的问题。

2．要根据被加工曲轴的结构特点选择合适的装夹方法。

3．安排粗车各轴颈的先后顺序时主要应考虑生产效率。因此，一般应遵循使先粗车的轴颈对后粗车的轴颈加工刚度降低较小的原则。

4．安排精车各轴颈的先后顺序时主要应考虑车削过程中曲轴的变形对加工精度的影响。因此，一般应遵循先精车在加工中最容易引起变形的轴颈，后精车影响曲轴变形最小的轴颈的原则。

六、技能训练

1．车削双拐曲轴（见图3—19）

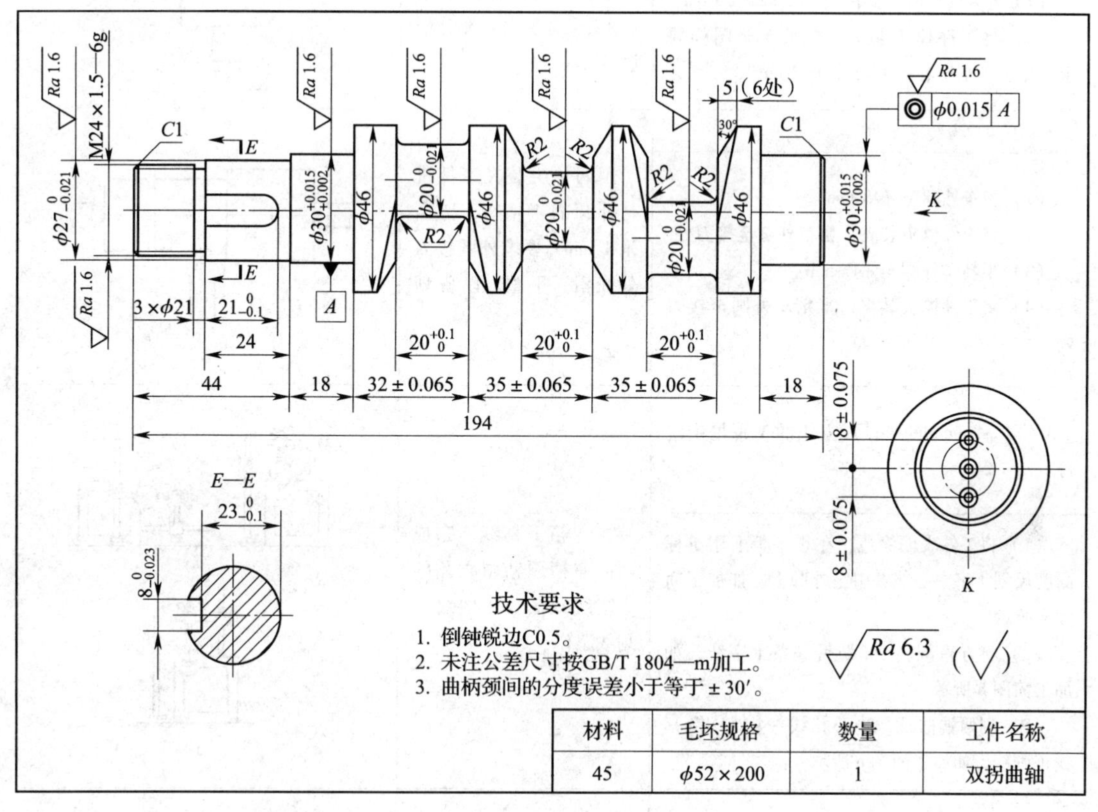

材料	毛坯规格	数量	工件名称
45	$\phi52\times200$	1	双拐曲轴

图3—19　双拐曲轴

（1）图样分析

1）工件材料为45钢，$\phi52$ mm×200 mm棒料。

2）右端轴颈对左端轴颈的同轴度公差为$\phi0.015$ mm。

3）偏心距为（8±0.075）mm。

4）曲柄颈间的分度误差小于等于±30′。

（2）工艺分析

1）工件偏心距不大，可采用两顶尖装夹。

2）车削时工件应多次掉头，使各中心孔均与后顶尖充分研磨。

3）工件刚度尚可，不必采取特殊措施来提高工件的刚度。

（3）加工步骤

双拐曲轴的加工步骤见表3—4。

表3—4　　双拐曲轴的加工步骤

操作步骤	工艺要点	加工简图
1. 用卡盘夹住毛坯外圆，伸出长度为20 mm，夹紧 （1）车端面，钻一端中心孔B2 mm/6.3 mm （2）将工件掉头装夹，总长车至图样要求，钻另一端中心孔B2 mm/6.3 mm	1. 工件偏心距不大，采用两顶尖装夹加工 2. 工件需两次掉头，钻中心孔并与后顶尖（硬质合金顶尖）充分研磨	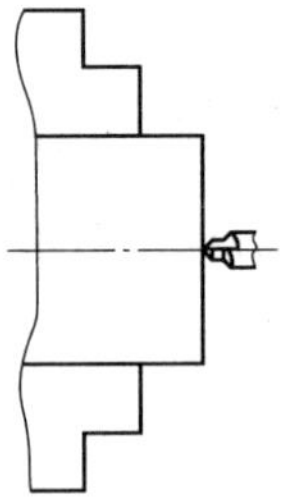
2. 用两顶尖装夹工件 （1）粗车外圆至ϕ48 mm （2）将工件掉头装夹，粗车外圆至接刀处 （3）半精车外圆至ϕ47 mm （4）将工件掉头装夹，半精车外圆至接刀处	用两顶尖装夹工件进行外圆的半精车，留余量1 mm，要求外圆接刀处光滑、平整，以备划线	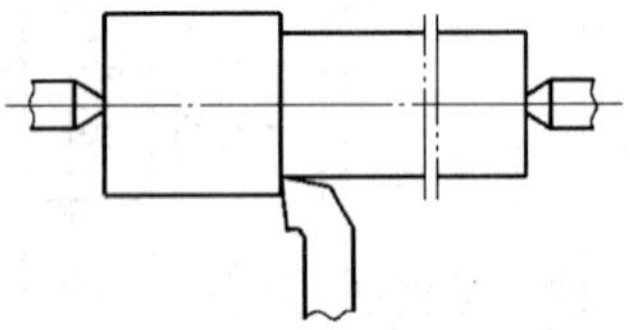
3. 以ϕ47 mm的外圆在方箱的V形槽中定位 （1）将工件表面涂色，在小平板上用游标高度尺划十字中心线并引至外圆上，如加工简图a所示 （2）将方箱翻转90°划另一条十字线，如加工简图b所示 （3）划两端曲柄颈中心孔线（4处）及其找正圆线，如加工简图c所示	在方箱上划线，完成两端曲柄颈钻中心孔的十字线及其找正圆线的划线工作	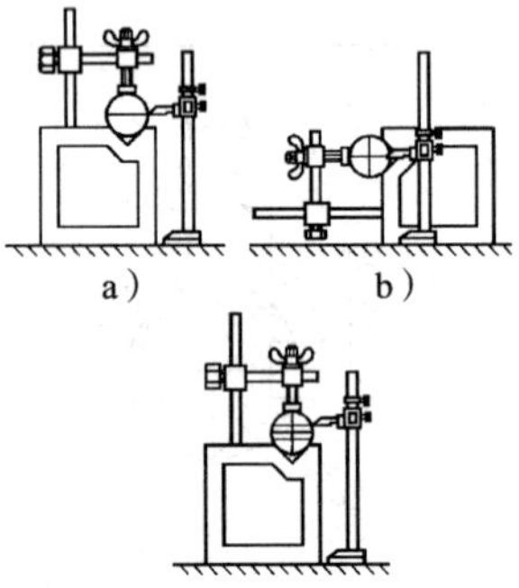 a）　b）　c）
4. 用四爪单动卡盘装夹工件外圆，伸出长度约为20 mm，找正曲柄颈中心孔线 （1）钻曲柄颈中心孔B2 mm/6.3 mm （2）将工件翻转180°，找正另一曲柄颈中心孔线，钻另一个曲柄颈中心孔B2 mm/6.3 mm （3）将工件掉头，重复（1）和（2）的操作，钻另一端面的两个曲柄颈中心孔B2 mm/6.3 mm	1. 在四爪单动卡盘上通过找正十字线及用磁座百分表测量完成双拐曲轴四处中心孔的钻削 2. 在钻中心孔后应用两顶尖支承曲轴，检测和修复双拐曲轴的偏心距和角度误差	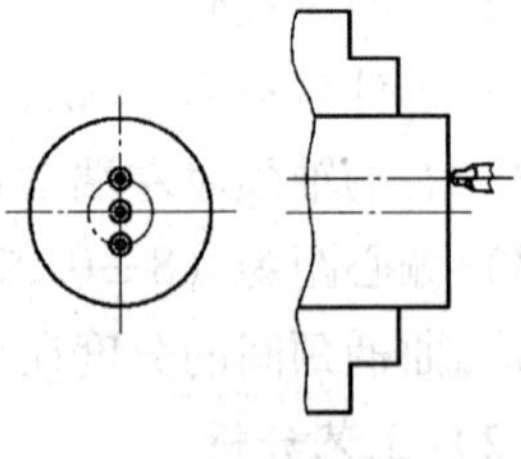

续表

操作步骤	工艺要点	加工简图
5. 用两顶尖支承曲柄颈中心孔（鸡心夹头安装在螺纹一端）	用两顶尖支承曲轴两处偏心中心孔，粗车两处曲柄颈，由于是偏心车削，因此应选择较小的进给量	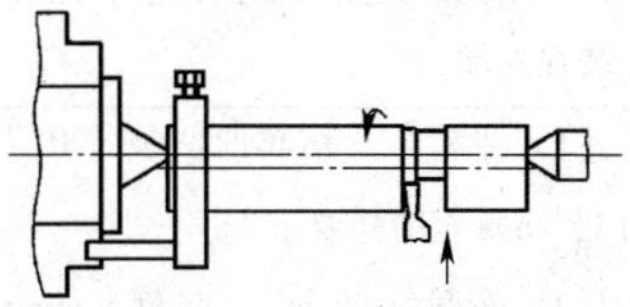
将图样上 $\phi20_{-0.021}^{0}$ mm × $20_{0}^{+0.1}$ mm 的曲柄颈粗车至 $\phi22$ mm × 18 mm		
6. 用两顶尖支承另外两个曲柄颈中心孔，重复上述第 5 步的操作		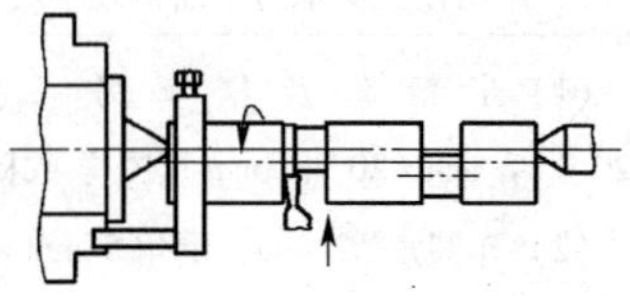
7. 用两顶尖支承主轴颈中心孔	用两顶尖支承曲轴中心的中心孔，粗车主轴颈及右侧 $\phi30_{+0.002}^{+0.015}$ mm 的轴颈	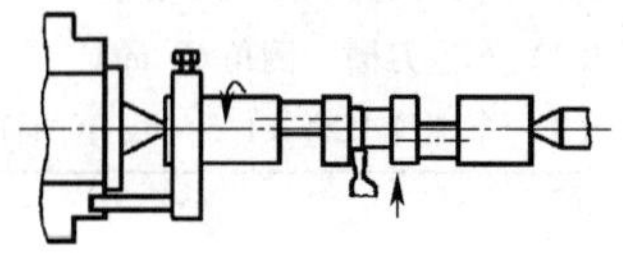
（1）将图样上 $\phi20_{-0.021}^{0}$ mm × $20_{0}^{+0.1}$ mm 的主轴颈粗车至 $\phi22$ mm × 18 mm （2）将图样上 $\phi30_{-0.002}^{+0.015}$ mm × 18 mm 的外圆粗车至 $\phi32$ mm × 17 mm		
8. 掉头，用两顶尖支承主轴颈中心孔	掉头后继续用主轴颈中心孔定位： 1. 粗车螺纹大径 2. 粗、精车左端各轴颈外圆 3. 精车曲柄臂外圆 $\phi46$ mm 4. 精车主轴颈 $\phi20_{-0.021}^{0}$ mm	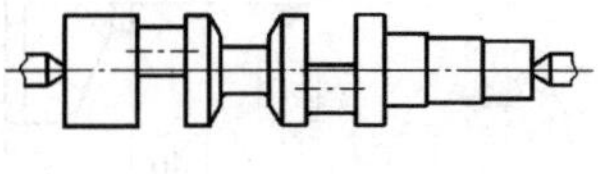
（1）粗车 M24 × 1.5—6g 螺纹大径、$\phi27_{-0.021}^{0}$ mm 及 $\phi30_{+0.002}^{+0.015}$ mm 的外圆，各留 2 mm 余量，长度留 1 mm 余量 （2）精车曲柄臂 $\phi46$ mm 至图样要求 （3）半精车及精车 $\phi27_{-0.021}^{0}$ mm 和 $\phi30_{+0.002}^{+0.015}$ mm 的外圆及其长度至图样要求，倒钝锐边 C0.5 mm （4）半精车及精车主轴颈 $\phi20_{-0.021}^{0}$ mm × $20_{0}^{+0.1}$ mm（注意其轴向位置） （5）车圆角 R2 mm，倒角 5 mm × 30° 至图样要求，倒钝锐边 C0.5 mm		
9. 掉头，用两顶尖支承主轴颈中心孔	掉头后完成主轴颈 $\phi30_{+0.002}^{+0.015}$ mm 的车削	
（1）半精车及精车主轴颈 $\phi30_{+0.002}^{+0.015}$ mm 及其长度至图样要求 （2）倒角 C1 mm，倒钝锐边 C0.5 mm		

续表

操作步骤	工艺要点	加工简图
10. 用两顶尖支承曲柄颈中心孔（鸡心夹头安装在左端）	最后完成双拐曲轴曲柄颈外圆和侧面的精加工	
（1）半精车及精车曲柄颈 $\phi20_{-0.021}^{\ 0}$ mm × $20_{\ 0}^{+0.1}$ mm 至图样要求 （2）车圆角 $R2$ mm，倒角 5 mm × 30° 至图样要求，倒钝锐边 $C0.5$ mm		
11. 用两顶尖支承另一曲柄颈中心孔		
（1）半精车及精车另一曲柄颈 $\phi20_{-0.021}^{\ 0}$ mm × $20_{\ 0}^{+0.1}$ mm 至图样要求 （2）车圆角 $R2$ mm，倒角 5 mm × 30° 至图样要求，倒钝锐边 $C0.5$ mm		
12. 掉头，用两顶尖支承主轴颈中心孔	车削螺纹	
（1）车螺纹大径至图样要求 （2）车退刀槽，倒角 $C1$ mm （3）车螺纹 M24 × 1.5—6g 至图样要求		

2. 车削三拐曲轴（见图 3—20）

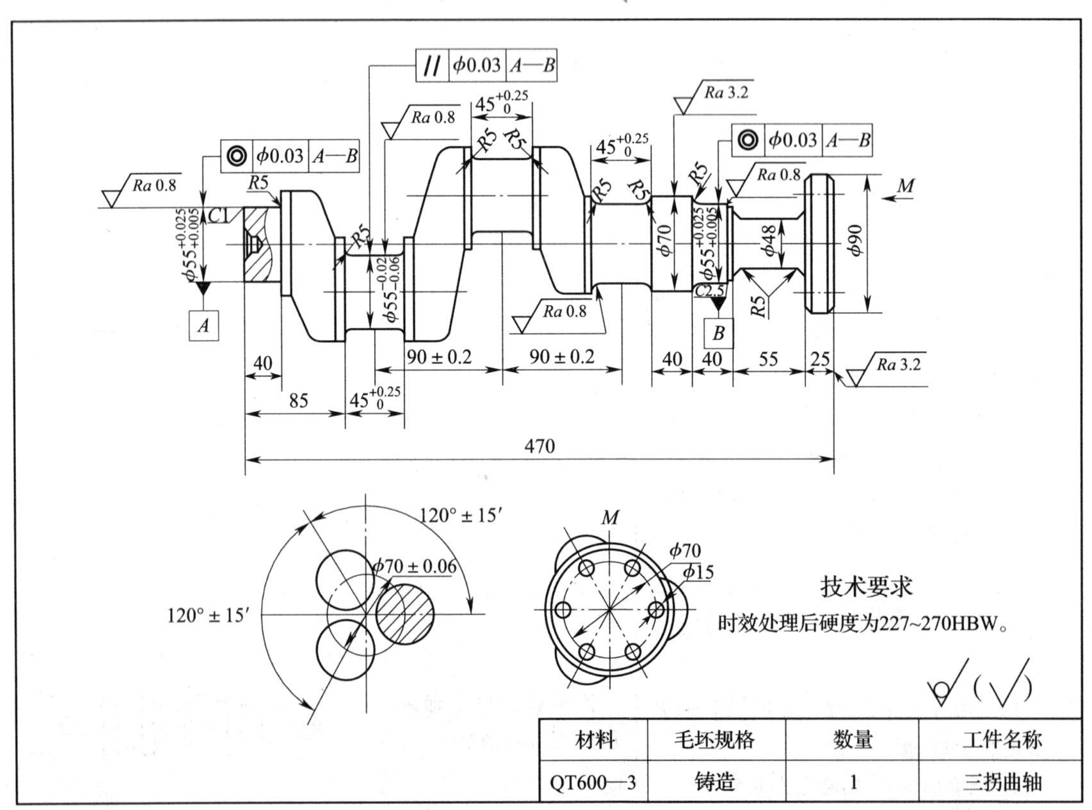

图 3—20 三拐曲轴

(1) 图样分析

1) 工件材料为 QT600—3，人工时效后硬度为 227 ~ 270HBW。

2) 两主轴颈同轴度公差为 ϕ0.03 mm。

3) 三个曲柄颈轴线分别对主轴颈轴线的平行度公差为 ϕ0.03 mm。

4) 曲柄颈偏心距为（35 ±0.03）mm，轴线夹角互成 120° ±15′。

(2) 工艺分析

1) 三拐曲轴形状复杂，加工技术要求较高，采用偏心卡盘一夹一顶的装夹方法，偏心卡盘的偏心距为（35 ±0.01）mm。

2) 右端法兰盘上与曲柄颈同轴的三个 ϕ15 mm 孔应提高加工精度：孔径尺寸为 ϕ15H7，偏心距为（35 ±0.01）mm，偏心夹角为 120° ±5′，孔口锪 60°圆锥角，钻削、镗削三个定心孔时最好使用坐标镗床。

3) 粗、精车分开进行，一般遵守粗车时先加工对刚度影响较小的部位；精车时先加工最容易引起变形的轴颈，这样有利于提高加工精度。

4) 切削用量不宜选得太大，精车的切削速度 v_c 小于 5 m/min，进给量 f = 0.08 ~ 0.1 mm/r，背吃刀量 a_p = 0.05 ~ 0.1 mm。

5) 车削时，有可能出现静不平衡和动不平衡现象，应采用平衡块进行平衡，且主轴转速不宜过高。

(3) 制定机械加工工艺过程

三拐曲轴的机械加工工艺过程见表 3—5。

表 3—5　　三拐曲轴的机械加工工艺过程

工序号	工序名称	工艺内容	工艺装备
1	铸	铸造（左端 $\phi55^{+0.025}_{+0.005}$ mm 处铸造尺寸为 ϕ75 mm）	
2	清砂	清砂	
3	热处理	人工时效	
4	清砂	细清砂	
5	涂防锈漆	非加工表面涂红色防锈漆	
6	划线	按毛坯外形找正，照顾各加工面，划外形尺寸线	
7	铣	以两主轴颈部分定位压紧分别铣两个端面，保证总长尺寸 472 mm，钻左端中心孔 B4	X6132（端铣）
8	粗车	夹右端法兰盘外圆，找正两轴颈外圆，顶左端中心孔，粗车各主轴颈外圆，留半精加工余量 3 mm，其中将图样上两处 $\phi55^{+0.025}_{+0.005}$ mm 外圆车至 $\phi58^{\ 0}_{-0.1}$ mm	CA6150
9	粗车	掉头夹住工件左端 $\phi58^{\ 0}_{-0.1}$ mm 外圆，用中心架托住右端 $\phi58^{\ 0}_{-0.1}$ mm外圆，车法兰盘右端面至总长 470 mm，钻右端中心孔 B4	
10	车	用两顶尖装夹（两次安装），将图样上左、右两端的 $\phi55^{+0.025}_{+0.005}$ mm 外圆车至 $\phi57^{\ 0}_{-0.016}$ mm	

续表

工序号	工序名称	工艺内容	工艺装备
11	划线	在法兰盘右端面上划线，使六个 ϕ15 mm 孔均布，其中三个孔轴线要与曲柄颈同轴	
12	镗	在坐标镗床上钻、镗六个 ϕ15 mm 孔，其中三个与曲柄颈同轴的孔确保 ϕ15H7，偏心距为（35 ±0.01）mm，孔口锪 60°圆锥孔	坐标镗床
13	粗车	用偏心卡盘夹住左端外圆，偏心距为 35 mm，右端用后顶尖分别顶住三个 60°偏心圆锥孔，粗车曲轴三个曲柄颈及曲柄颈两个侧面，留半精加工余量 3 mm	CA6150 偏心卡盘
14	半精车	采用同样方法装夹工件，半精车曲轴三个曲柄颈外圆及曲柄颈两个侧面，留磨削余量 0.8 ~1 mm	CA6150
15	半精车	夹住工件左端，顶住右端中心孔，车工件右端各部位尺寸，留磨削余量 0.8 ~1 mm	
16	半精车	掉头，采用两顶尖装夹工件，将图样上左端 $\phi55^{+0.025}_{+0.005}$ mm 外圆车至 $\phi55^{+1}_{+0.8}$ mm，倒角 $R5$ mm	
17	检验	检查曲轴偏心距	
18	曲轴磨	在曲轴磨床上，以两中心孔定位装夹工件，磨曲柄颈三处外圆至图样尺寸 $\phi55^{+0.025}_{+0.005}$ mm，靠磨曲柄颈两侧及圆角	M8240
19	外圆磨	以两中心孔定位装夹工件，磨左端主轴颈 $\phi55^{+0.025}_{+0.005}$ mm 至图样尺寸	
20	外圆磨	掉头，用同样的装夹方法，磨右端主轴颈 $\phi55^{+0.025}_{+0.005}$ mm 至图样尺寸	
21	探伤	磁粉探伤	
22	检 验	按图样检验工件各部位尺寸精度	

课题 3　平面矩形槽及其配合的加工

学习目标

1. 了解车削平面矩形槽刀具的结构。
2. 熟悉车削平面矩形槽刀具的刃磨。
3. 掌握平面矩形槽的加工方法。
4. 熟悉平面矩形槽的配合。

一、车削平面矩形槽刀具的结构及刃磨

在平面上车削矩形槽时，车刀的几何形状是外圆车刀与内孔车刀的综合，车槽刀的

左侧刀尖相当于在车内孔，右侧刀尖相当于在车外圆，如图 3—21 所示。为了防止平面槽刀的副后面与槽壁相碰，平面槽刀的左侧副后面必须按平面槽的圆弧大小刃磨成圆弧形，并带有一定的后角，如图 3—22 所示。在装夹平面槽车刀时，主切削刃与工件中心等高，主切削刃必须垂直于工件轴线，以保证车削的矩形槽底面与工件轴线垂直。

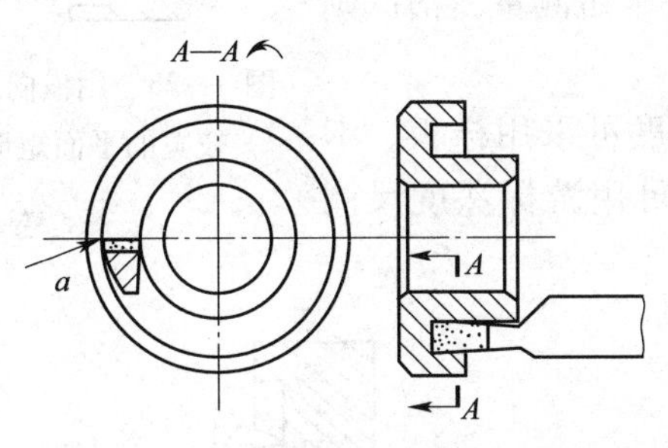

图 3—21　车削平面矩形槽

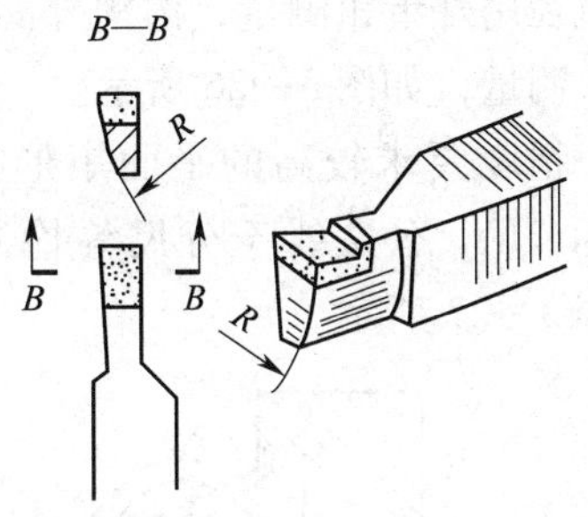

图 3—22　平面槽车刀

平面矩形槽刀具的刃磨可参考外圆直槽刀的刃磨要求，严格控制副偏角和副后角的大小；否则会影响平面矩形槽刀具的强度。

二、平面矩形槽的加工

1．平面矩形槽车刀的安装

平面矩形槽车刀的安装主要是控制车刀的位置，其控制方法如下：测量零件的实际外径尺寸 D，然后减去矩形槽外圆直径尺寸 d，其差值的一半即为矩形槽车刀外侧刀尖与零件外径之间的距离 L，如图 3—23 所示。

2．平面矩形槽的车削方法

对于精度要求不高、宽度较窄、深度较浅的平面矩形槽，通常采用等宽的车槽刀用直进法一次进给车出。

当沟槽精度要求较高时，则采用先粗车（槽壁两侧留有精车余量）、后精车的方法加工。

车削宽度较大的平面矩形槽时，可采用多次直进法车削，然后精车至尺寸要求，如图 3—24 所示。

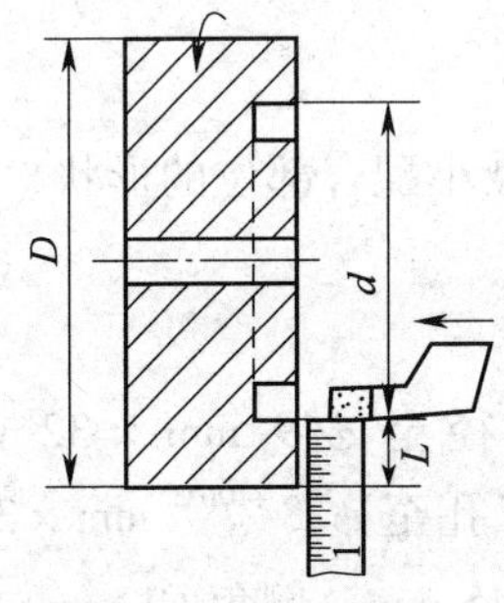

图 3—23　平面矩形槽车刀的安装

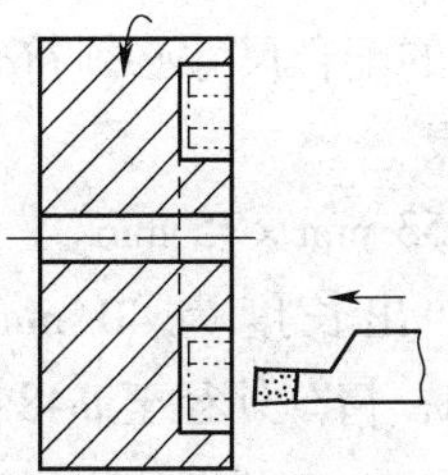

图 3—24　用多次直进法车较宽的平面矩形槽

车削宽度很大的平面矩形槽时，则常采用小圆头或尖头的车刀横向进给车削，然后用车槽刀或正、反偏刀精车至尺寸要求，如图 3—25 所示。

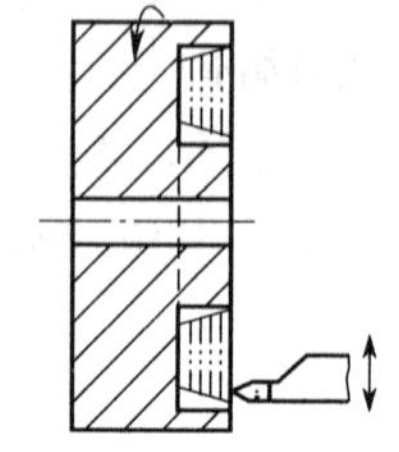
图 3—25　用横向进给车较宽的平面矩形槽

3．平面矩形槽的检测

对于精度要求低的平面矩形槽，其宽度一般用卡钳测量，沟槽内圈直径用外卡钳测量，沟槽外圈直径用内卡钳测量，槽深则用钢直尺测量，如图 3—26 所示。

对于精度要求较高的平面矩形槽，其宽度可采用样板、卡板、游标卡尺、公法线千分尺等检测，槽深可用游标深度尺测量，如图 3—27 所示。

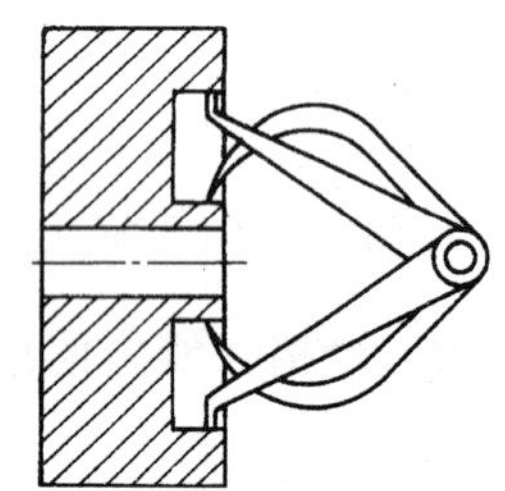
图 3—26　低精度平面矩形槽的检测

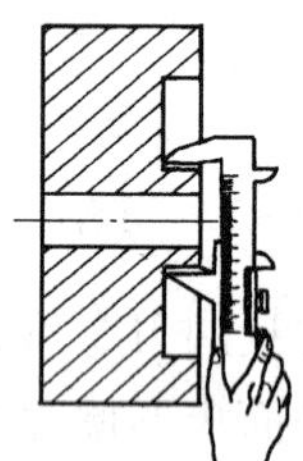
图 3—27　高精度平面矩形槽的检测

三、平面矩形槽的配合

平面槽的配合，其实质就是外圆与内孔的配合。车削时，零件按最小实体尺寸进行加工，即内孔尺寸加工至最大极限尺寸，外圆尺寸加工至最小极限尺寸，并且要求轴线与基准轴线重合或平行。另外，要严格保证配合部位的形状和位置精度要求，尽可能减小各配合表面之间的形状和位置误差。

四、技能训练

如图 3—28 所示，完成矩形平面槽的车削及配合。

1．图样分析

零件的外径、内径尺寸精度较高，平面矩形槽公差较小，两零件装配后的总长为（50 ±0.10）mm，倒角 $C1$ mm。

2．工艺分析

平面矩形槽的配合尺寸必须符合要求，同时，应尽量减小配合部位的形状、位置误差。

3．加工步骤

（1）备料 $\phi53$ mm×75 mm。

（2）材料伸出长度为 40 mm，车平端面，粗车外径至 $\phi49$ mm × 32 mm，钻孔 $\phi26$ mm×35 mm；精车外径至 $\phi48_{-0.025}^{\ 0}$ mm × 32 mm，精车孔至 $\phi28_{\ 0}^{+0.033}$ mm × 35 mm；车平面槽至 $5_{-0.12}^{\ 0}$ mm × $10_{\ 0}^{+0.06}$ mm，控制槽宽、槽深及尺寸 $\phi45$ mm；倒角 $C1$ mm、$C0.5$ mm；切断，零件总长为 30.5 mm；掉头，控制总长（30 ±0.10）mm。

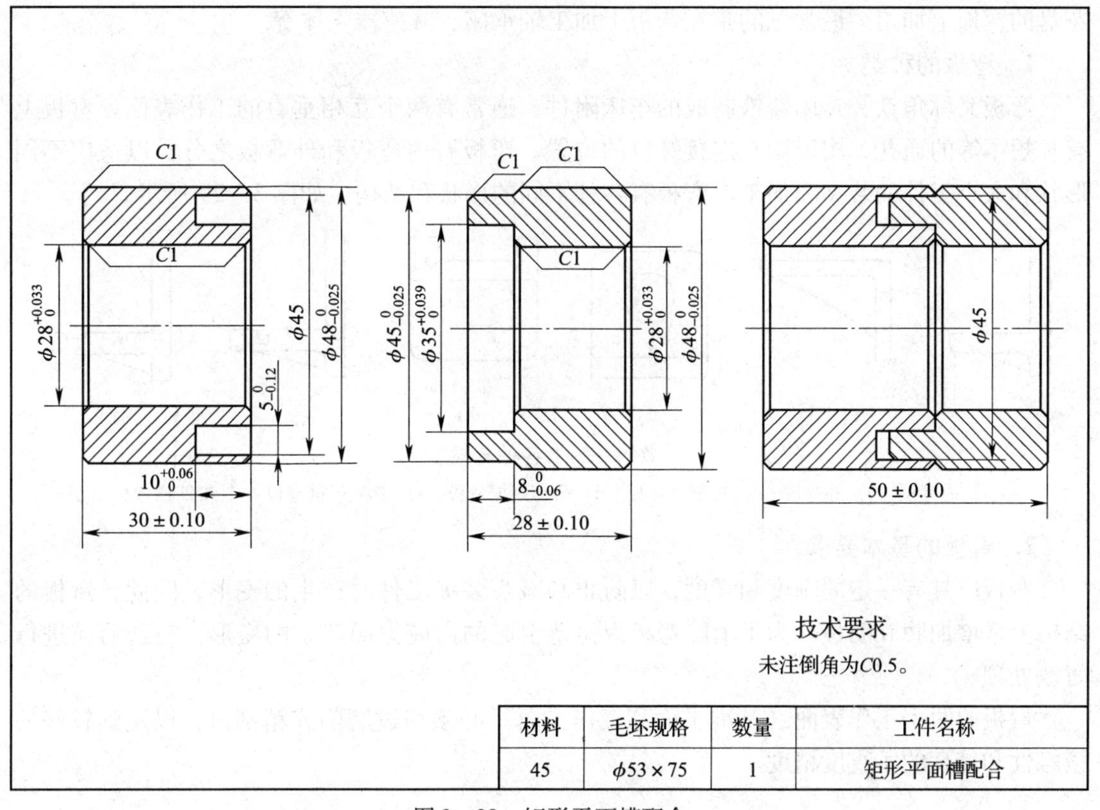

材料	毛坯规格	数量	工件名称
45	$\phi53\times75$	1	矩形平面槽配合

图 3—28　矩形平面槽配合

（3）材料伸出长度为 30 mm，车平端面，钻 $\phi26$ mm 通孔，粗车外径至 $\phi49$ mm × 30 mm、$\phi46$ mm ×7. 5 mm；精车外径 $\phi45^{\ 0}_{-0.025}$ mm ×$8^{\ 0}_{-0.06}$ mm、$\phi48^{\ 0}_{-0.025}$ mm ×30 mm；精车 $\phi28^{+0.033}_{\ 0}$ mm 通孔、$\phi35^{+0.039}_{\ 0}$ mm ×$8^{\ 0}_{-0.06}$ mm 台阶孔；切断，零件总长为 28. 5 mm；掉头，控制总长（28 ±0. 10）mm。

课题 4　轴承座加工

学习目标

1. 了解弯板的种类和基本要求。
2. 掌握弯板在花盘上的装夹方法。
3. 掌握轴承座中心高度的检测方法。

轴承座加工的关键技术是轴承座的装夹。轴承座需要用弯板配合花盘进行装夹。

一、弯板的种类和要求

被加工表面的回转轴线与基准面相互平行（或相交），外形复杂的工件，可以安装在花盘的弯板上加工。最常见的是在弯板上加工轴承座、减速器壳体等。

1. 弯板的种类

弯板又称角铁，是用铸铁制成的车床附件，通常有两个互相垂直的工作表面。弯板上有长短不等的通孔，用以调整连接螺钉的位置。弯板有内弯板和外弯板之分，以适应不同形状和大小工件的装夹和加工。弯板有各种不同的形状和结构，如图 3—29 所示。

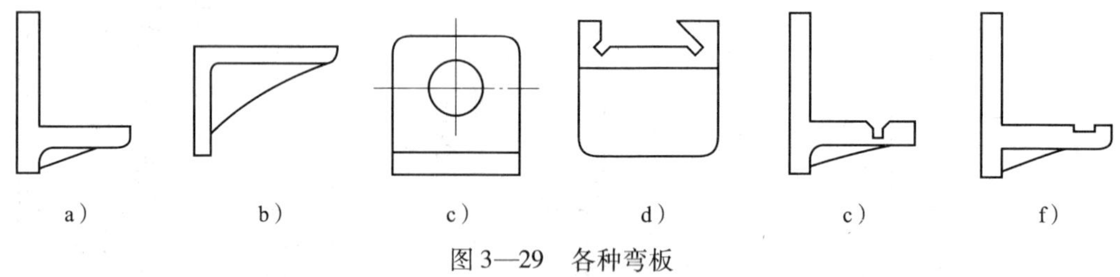

图 3—29 各种弯板

a）内弯板 b）外弯板 c）带圆孔弯板 d）带燕尾槽弯板 e）带 V 形槽弯板 f）带凹槽弯板

2. 弯板的基本要求

弯板应具有一定的刚度和强度，以防止和减少装夹工件时产生的变形，因此，弯板的结构上常增加肋和肋板。为了消除弯板因铸造引起的内应力而产生的变形，铸造后应进行时效处理。

弯板的两个工作表面（基准平面和工作平面）必须经过磨削或精刮研，以达到较好的接触性和较高的垂直度精度。

二、弯板在花盘上的装夹

1. 根据工件的形状、大小，选择合适的弯板，并考虑其在花盘上的装夹位置，通过目测或用钢直尺测量，使所需要加工的孔或外圆的轴线基本在花盘的中心，这样可以减少校正的工作量。

2. 弯板装夹在花盘上后，首先用百分表检查弯板的工作平面与主轴轴线的平行度，检查方法如图 3—30 所示。先将百分表支座放置在中滑板或床鞍上，使百分表测头垂直并轻轻接触弯板的测量平面，然后慢慢移动床鞍，观察百分表读数的变化，其最大值与最小值之差即为平行度误差。如果测得的平行度误差超出工件公差的 1/2，当工件数量较少时，就可在弯板与花盘的接触平面间垫上合适的铜皮或薄纸加以调整；当工件数量较多时，就应重新修刮弯板，直至测得的结果符合要求为止。

3. 弯板在花盘上装夹必须牢固、可靠。弯板与花盘之间至少要有一个螺栓通过它们的螺孔直接紧固。为保证弯板装夹稳固，可在弯板旁安装一个定位板，如图 3—31 所示。

4. 装夹弯板时应注意操作安全。为防止弯板在装夹时滑落而碰伤床面或伤人，可先在弯板装夹位置下方装夹一块矩形压板，如图 3—32 所示。这样装夹和校正弯板时既有力又安全。

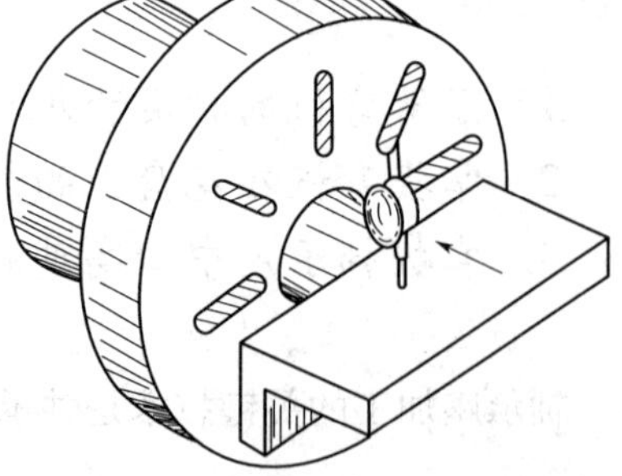

图 3—30 用百分表检查弯板工作平面与主轴轴线的平行度

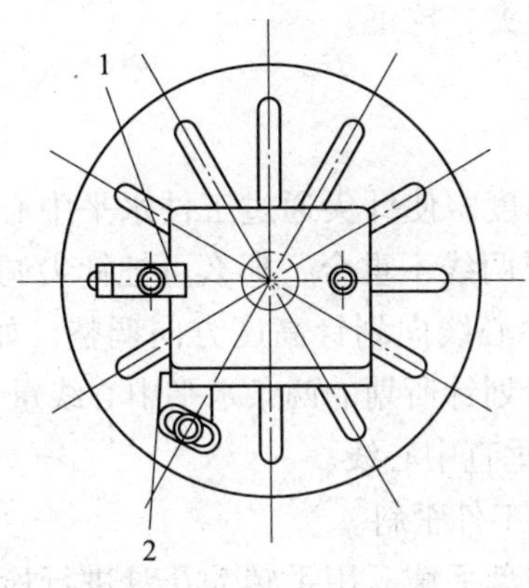

图 3—31 弯板的装夹要求

1—压板 2—定位板

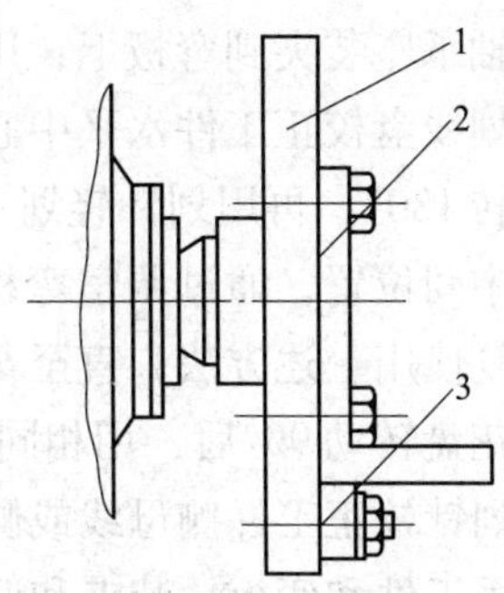

图 3—32 在弯板位置下方装夹压板

1—花盘 2—弯板 3—压板

三、技能训练

1. 车削轴承座（见图 3—33）

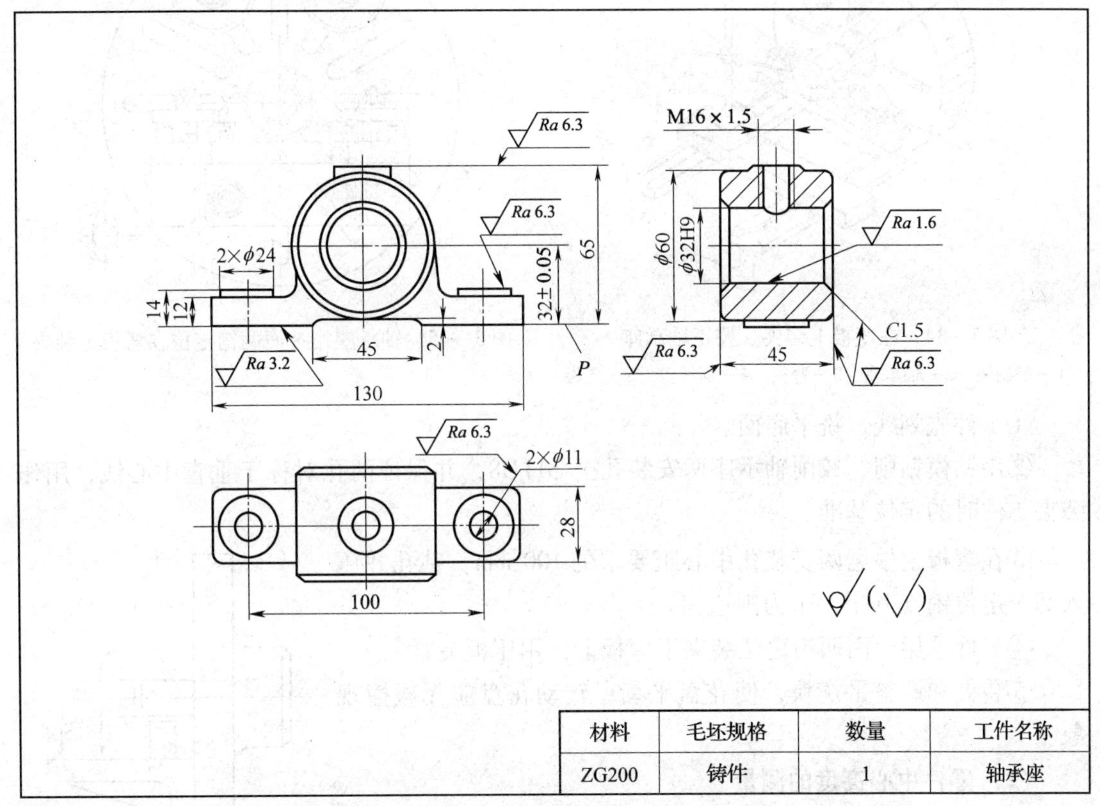

材料	毛坯规格	数量	工件名称
ZG200	铸件	1	轴承座

图 3—33 轴承座

(1) 在弯板上装夹、找正轴承座

由于需加工的 ϕ32H9 内孔的设计基准和定位基准是轴承座的底平面 P，因此，应先对工件划线并铣削（或刨削）出基准面 P，再进行装夹、校正。

1）单件生产时装夹和校正步骤

①将轴承座装夹到弯板上，用压板轻压。

②用划线盘校正工件水平中心线，调整划针高度，使针尖通过工件水平中心线，然后将花盘旋转 180°，再用划针轻划一条水平线。如果两线不重合，那么可把针尖调整到两条水平线的中间位置，通过调整弯板，使工件水平中心线向划针高度方向调整，如图 3—34 所示。反复使用上述方法，直至花盘旋转 180°前后划针所划的两条水平中心线重合为止。

③将花盘转动 90°后，用相同方法校正工件的垂直中心线。

④用划针校正工件侧母线或侧面基准线，防止工件歪斜。

⑤紧固工件和弯板，装夹和调整平衡块，使花盘平衡，用手转动花盘进行检查，应无碰撞现象。

2）工件数量较多时装夹和校正步骤。当工件数量较多时，可采用如图 3—35 所示的方法装夹，具体步骤如下：

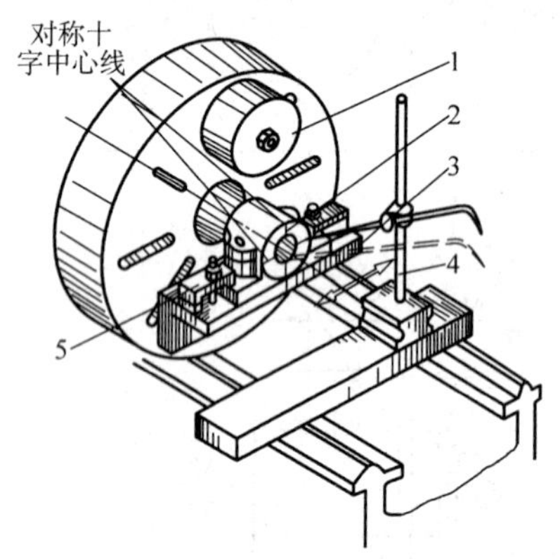

图 3—34　在弯板上装夹、校正轴承座

1—平衡块　2—轴承座　3—弯板　4—划线盘　5—压板

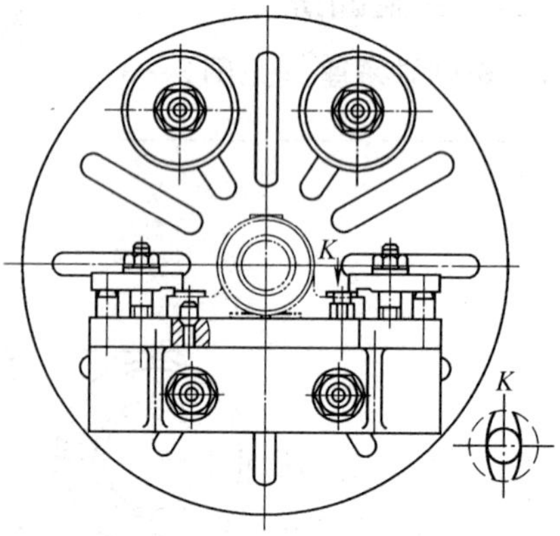

图 3—35　轴承座用一面两销定位在弯板上装夹

①工件先划线，铣平底面。

②用钻模钻削、铰削轴承座两安装孔至 ϕ11H8，并保证两孔对称于垂直中心线，用作装夹工件时的定位基准。

③在弯板上根据两安装孔中心距要求的 100 mm，钻孔并压入两个定位销（其中一个为削边销）。

④工件采用一面两销定位装夹于弯板上，用压板夹紧。

⑤装夹和调整平衡块，使花盘平衡，转动花盘应无碰撞现象。

（2）零件中心高度的测量

对于位置精度要求较高的工件，如图 3—33 所示轴承座的中心高为（32 ±0.05）mm，用划线校正的方法满足不了要求，可改用百分表或量块校正。

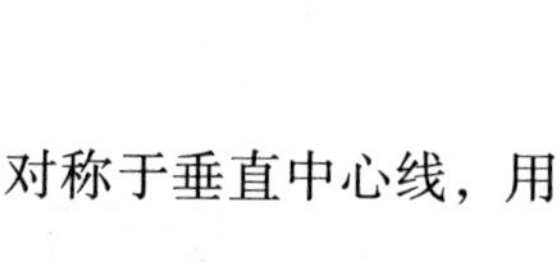

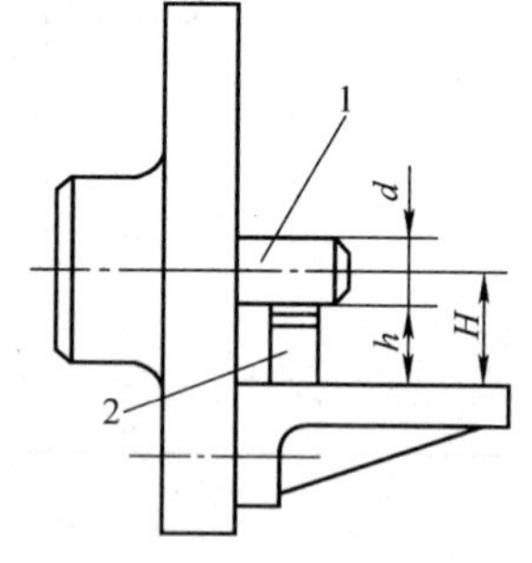

图 3—36　弯板平面至主轴轴线距离的测量

1—专用心轴　2—量块组

如图 3—36 所示，先在车床主轴锥孔中装入一根预先加工好的专用心轴，再用量块测量心轴与弯板工作平面之间的距离，测量值按下式计算：

$$h = H - d/2$$

式中 h——量块尺寸，mm；

H——工件孔中心至弯板工作平面的距离（中心高），mm；

d——专用心轴的实际直径尺寸，mm。

（3）加工工艺

1）工艺分析。轴承座底面 P 为加工基准，故先进行铣削加工；以零件的 P 面定位车削平面和 ϕ32H9 的孔，倒角 C1 mm；掉头后车平面，控制长度45 mm，倒角 C1 mm；最后铣削两处 ϕ24 mm 台面，控制高度 14 mm，铣削顶部，控制高度 65 mm；攻螺纹 M16 × 1.5。

2）加工步骤。铣削底平面 P，控制底部厚度尺寸 12 mm；安装轴承座，精车 ϕ32H9 通孔，车平面，距底座中心线 22.5 mm，倒角 C1 mm；零件掉头装夹，车平面，控制 45 mm 的尺寸，倒角 C1 mm；铣削 ϕ24 mm 台面及顶部，分别控制高度尺寸 14 mm、65 mm；攻螺纹 M16 ×1.5。

2. 车削三孔垫铁（见图 3—37）

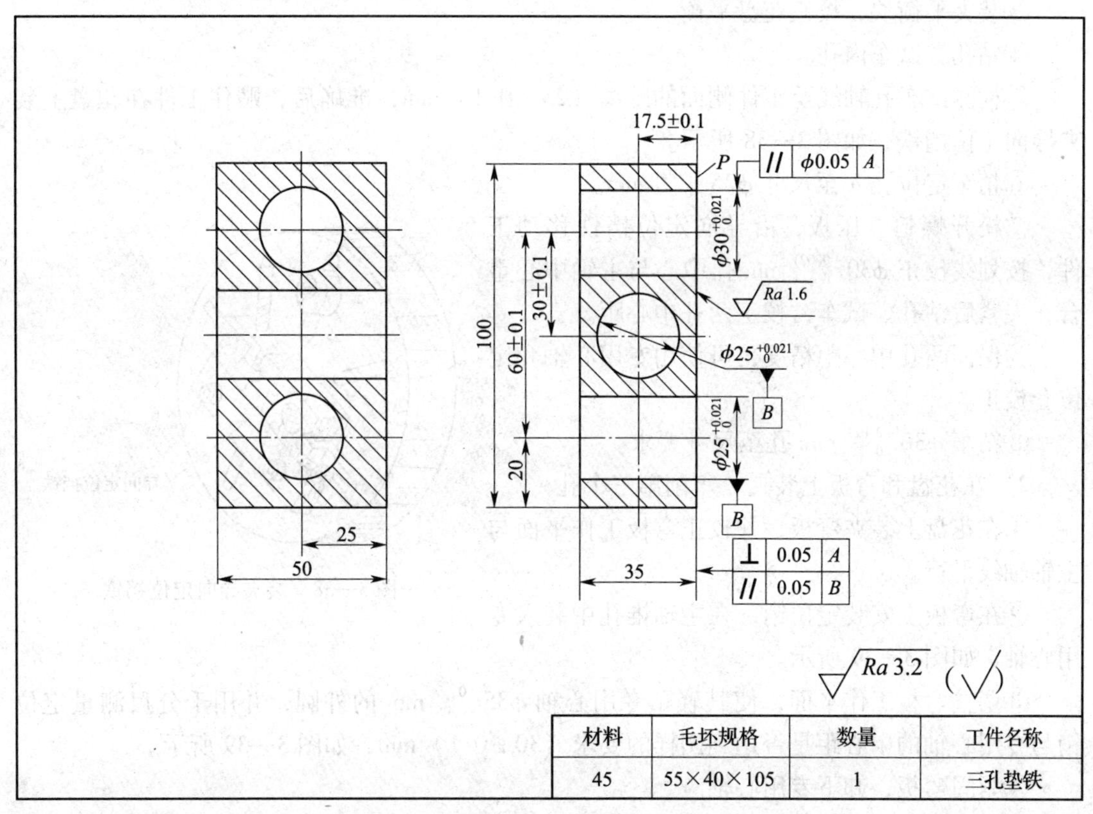

图 3—37 三孔垫铁

（1）工艺分析

1）工件上待加工的三个孔精度等级为 IT7 级，轴线平行的两孔有孔距要求，公差为

±0.1 mm，两孔轴线平行度公差为 $\phi 0.05$ mm；基准孔 A 对基准平面的垂直度公差为 0.05 mm。

2）第三个孔（基准孔 B）与孔 $\phi 30^{+0.021}_{0}$ mm 的轴线交错垂直，距离为（30±0.1）mm，且其轴线与基准平面的平行度公差为 0.05 mm，到基准平面的距离公差为 ±0.1 mm。

在车床上车孔前的工艺准备内容包括：铣削→精铣或铣削→磨长方体外形至 50 mm × 35 mm × 100 mm，基准平面 P 的表面粗糙度 Ra 值达 1.6 μm，并做标记，划线。

准备及制作一带锥柄（与主轴锥孔配）的专用心轴，直径为 $35^{0}_{-0.05}$ mm，以及一外径为 $\phi 25^{0}_{-0.013}$ mm 的定位套。

轴线垂直于基准平面 P 的两平行孔在花盘上装夹车削；轴线平行于基准平面 P 的 $\phi 25^{+0.021}_{0}$ mm 孔在花盘、弯板上装夹车削。

（2）加工步骤

1）在花盘上装夹、车削两轴线平行的孔

①装花盘，检查并按需修整花盘平面。

②将工件基准平面 P 贴在花盘平面上，按划线校正位置，使基准孔 A 的轴线与主轴轴线重合，夹紧工件。

③装夹平衡块，校正花盘平衡。

④钻孔，试车内孔。

⑤检测试车孔轴线至工件侧面的距离（25±0.1）mm，准确后，贴住工件在花盘上装夹导向定位挡铁，如图 3—38 所示。

⑥精车定位孔 A 至尺寸 $\phi 25^{+0.021}_{0}$ mm。

⑦松开螺钉、压板，沿导向定位挡铁移动工件，按划线校正 $\phi 30^{+0.021}_{0}$ mm 孔中心与主轴中心重合，夹紧后钻孔、试车，校正两孔中心距。

为保证两孔中心距精度，可使用专用心轴和定位套校正。

⑧精车 $\phi 30^{+0.021}_{0}$ mm 孔至尺寸要求。

2）在花盘和弯板上装夹、车削第三个孔

①在花盘上装夹弯板，并校正弯板工作平面与主轴轴线平行。

②在弯板上安装定位销，在主轴锥孔中装入专用心轴，如图 3—39 所示。

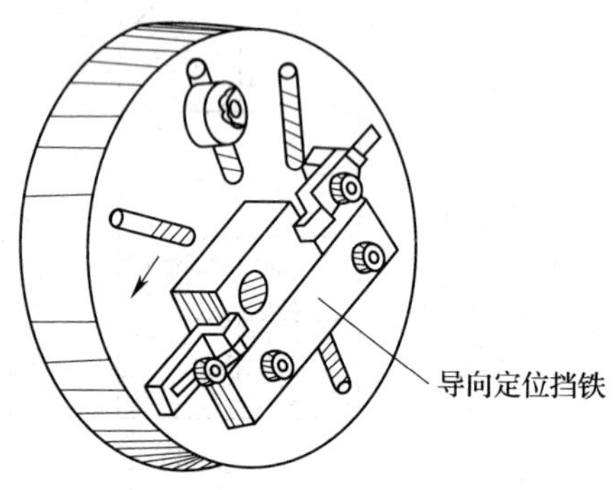

图 3—38 装夹导向定位挡铁

③调整弯板工作平面，使其轻贴专用心轴 $\phi 35^{0}_{-0.05}$ mm 的外圆，并用千分尺测量定位销与专用心轴的中心距是否达到图样的要求（30±0.1）mm，如图 3—39 所示。

④紧固弯板，卸下专用心轴。

⑤将工件装夹在弯板上（基准面 P 与弯板工作平面贴合），以定位销定位，并用百分表校正工件端平面，如图 3—40 所示，然后紧固工件；装夹平衡块，平衡花盘。

⑥钻孔、车孔至 $\phi 25^{+0.021}_{0}$ mm。

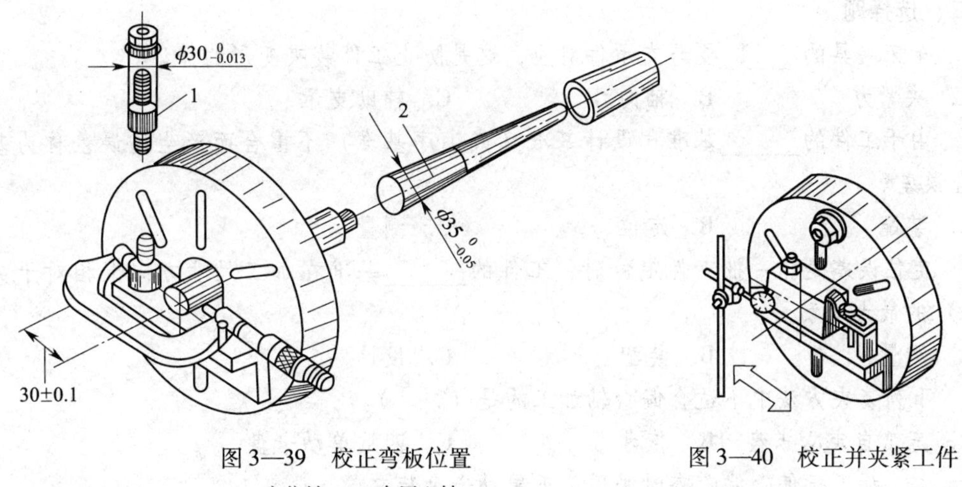

图 3—39　校正弯板位置

1—定位销　2—专用心轴

图 3—40　校正并夹紧工件

课后练习

一、判断题

(　　) 1. 夹具定位基准与设计基准或测量基准重合，是保证工件达到图样所规定的精度和技术要求的关键。

(　　) 2. 为防止工件装夹变形，夹紧力要与支承件对应，不能在工件悬空处夹紧。

(　　) 3. 夹紧机构的制造误差、间隙及磨损也会造成工件的基准位移误差。

(　　) 4. 当工件数量较多、长度较短时，可采用四爪单动卡盘装夹偏心工件。

(　　) 5. 在双重卡盘上车削偏心工件的方法是把四爪单动卡盘夹在三爪自定心卡盘上，并偏移一个偏心距。

(　　) 6. 根据零件的结构、形状和技术要求，正确选择零件加工时的定位基准，对零件的装夹方法和确定各工序的安排次序都有决定性影响。

(　　) 7. 偏心距较大的工件不能采用直接测量法测出偏心距，这时可用百分表和千分尺采用间接测量法测出偏心距。

(　　) 8. 由于偏心卡盘的偏心距可用量块或百分表测得，因此可以获得很高的偏心精度。

(　　) 9. 用偏心套夹具装夹偏心轴工件时，夹具中需预先加工一个偏心距等于两倍于工件偏心距的偏心孔。

(　　) 10. 曲轴毛坯不准有裂纹、气孔、砂眼、分层、夹渣等铸造和锻造缺陷。

(　　) 11. 曲轴的车削或磨削加工，主要是解决如何把主轴颈轴线校正到与车床或磨床主轴旋转轴线相重合的问题。

(　　) 12. 当曲轴直径较大、偏心距不大时，可采用一夹一顶进行装夹。

(　　) 13. 在偏心夹板上装夹曲轴的方法适用于偏心距较大、无法在端面钻偏心孔的曲轴。

二、选择题

1. 车床夹具的______要与支承件对应，这是防止工件装夹变形的保证。

A. 夹紧力　　B. 轴向力　　C. 辅助支承

2. 由于工件的______基准和设计基准（或工序基准）不重合而产生的误差称为基准不重合误差。

A. 装配　　B. 定位　　C. 测量

3. 定位误差是指一批工件定位时，工件的______基准在加工尺寸方向上相对于夹具（机床）的最大变动量。

A. 测量　　B. 装配　　C. 设计

4. 下列装夹方法中不适合偏心轴加工的是（　　）。

A. 三爪自定心卡盘　B. 花盘　　C. 四爪单动卡盘

5. ____加工三偏心偏心套时采用四爪单动卡盘装夹。

A. 批量　　B. 单件　　C. 大批量

6. 在双重卡盘上适合车削______的偏心工件。

A. 小批量生产　　B. 单件生产　　C. 大批量生产

7. ______主要用于大型轴类工件及不便于轴向装夹的工件。

A. V 形架　　B. 圆锥定位夹具　　C. 半圆弧定位体

8. 车削加工中，如连杆、套筒、齿轮、盘盖等工件常以加工好的______作为定位基准。

A. 平面　　B. 外圆　　C. 内孔

9. ______适用于小批量且定心精度要求较高的精加工。

A. 间隙配合圆柱心轴B. 过盈配合圆柱心轴C. 圆锥心轴

三、简答题

1. 什么是定位误差？它包括哪两部分？

2. 曲轴的装夹方法有哪几种？各适合什么场合？

3. 工件以内孔定位有什么优点？

模块四 箱体孔加工

学习目标

1. 了解箱体零件的功用、结构特点和主要技术要求。
2. 掌握箱体孔工件的加工工艺。
3. 熟悉箱体孔工件的测量。

一、箱体零件的功用和结构特点

箱体零件是机器及其部件的基础件，它将机器及其部件中的轴、轴承、套、齿轮等零件按一定的相互位置关系装配在一起，按一定的传动关系协调地运动，以传递转矩或改变转速来完成规定的运动。因此，箱体的加工质量，不但直接影响箱体的装配精度及运动精度，而且还会影响机器的工作精度和使用寿命。

箱体类零件有各种不同的结构，虽然结构不同，但有一些共同的特点。如图 4—1 所示为某车床主轴箱简图。由图可见，箱体零件有一对或数对要求严、加工难度大的轴承支承孔；有一个或数个基准面及一些支承面；结构一般比较复杂，壁薄且不均匀；还有许多精度要求不高的紧固孔。

二、箱体零件的主要技术要求

箱体类零件的技术要求需根据其用途、工作条件等因素而定，其主要技术要求有：孔和平面的精度及表面粗糙度要求；支承孔的尺寸精度、几何形状精度和表面粗糙度；孔与孔轴线之间的相互位置精度；装配基准面与加工定位基准面的平面度和表面粗糙度；各支承孔轴线和各平面对基准面的尺寸精度、平行度和垂直度。这些技术要求是保证机器与设备的性能与精度的重要因素。

三、箱体孔工件的加工

箱体件在车床上主要是加工平面和孔。通常平面的加工精度较易保证，而精度要求较高的支承孔以及孔与孔间、孔与平面间的相互位置精度则较难保证，因此其往往成为车削过程中的关键。在车削加工时应将如何保证孔的精度作为重点考虑。制定箱体零件加工工艺的基本要求有：

6×M10
0.05
Ra 3.2
Ra 6.3
φ30
φ24
40
75
120
665
160
79
122
150
234.5
3
Ra 0.8
A—A展开
0.01/100 A—C
0.03 D
0.02 A
Ra 1.6
φ52J7
φ62J7
φ64
0.01 A
φ95K6
φ90K6
φ120K8
φ42H7
φ42J7
0.02 B
50
310
φ28H7
60
φ25H7
32
0.02/100 A—C

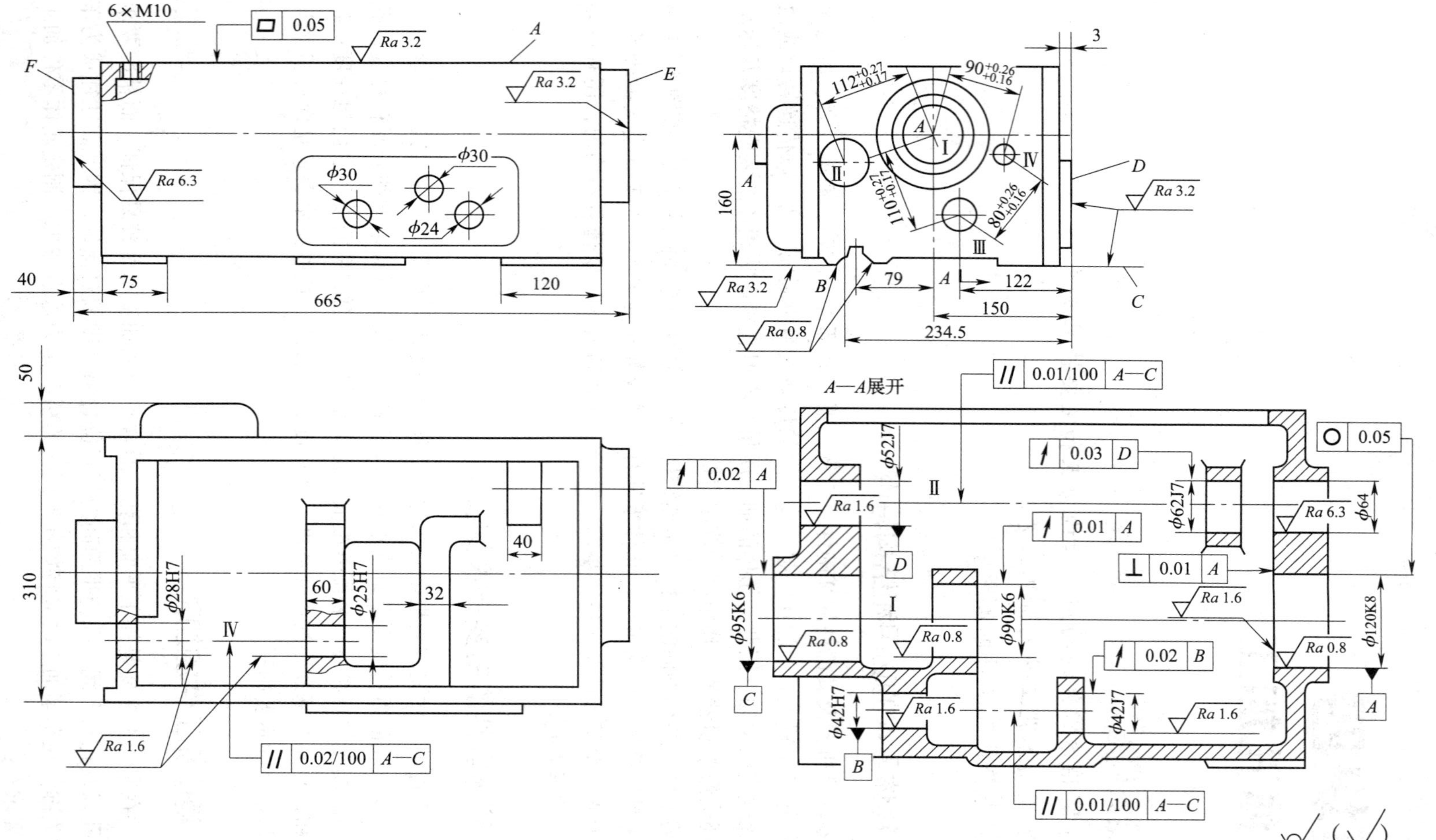

图 4—1 车床主轴箱

1. 加工顺序的确定

箱体零件的加工顺序为先加工平面，然后以加工好的平面定位，再加工孔。这是箱体零件加工的一般规律。因为箱体孔的精度高，加工难度大，先以孔为粗基准加工好平面，再以平面为精基准加工孔，这样既能为孔的加工提供可靠的精基准，同时可以使孔的加工余量均匀。由于箱体上的孔大都分布在箱体的平面上，因此先加工好平面，钻孔时钻头就不易引偏，扩孔或铰孔时刀具也不易崩刃。

2. 加工阶段的划分

箱体的结构复杂，壁厚不均，刚度不好，而加工精度要求又高，故箱体重要加工面都划分为粗、精加工两个阶段。这也是一般箱体加工的规律之一。这样可避免粗加工时产生的内应力和切削热等对加工精度的影响。粗、精加工分开也能够及时发现毛坯缺陷，避免更大的浪费。同时还能根据粗、精加工的不同要求合理地选用设备，有利于提高生产效率。

单件小批量生产的箱体，如果从工序上也分开安排粗、精加工，那么机床、夹具数量要增加，往往会增加制造成本。这种情况下，常将粗、精加工放在一道工序内完成。但是从工步上讲，粗、精车还是分开的。在车削加工时，应采取以下措施来保证加工精度。

（1）粗加工后应松开工件，使工件弹性变形得以恢复，内应力相应减小，然后再以较小的夹紧力将工件夹紧，进行精加工。

（2）减小切削用量，增加进给次数，以减小切削力和切削热的影响。

（3）充分使工件冷却后再进行精加工。

3. 定位基准的选择

在车床上加工箱体孔工件时，根据基准的选择原则，应合理地选择工件的定位方法。对于立体交错孔的车削，一般情况下，多以一个平面（在前道工序已加工）为基准，先加工出一个孔，再以这个孔的端面为基准，或者以孔和原来基准平面为定位基准，加工其他交错孔。

为了保证箱体件的加工质量，有时还需要以已加工的孔为基准，对平面进行刮研，以提高定位精度。

（1）粗基准的选择

粗基准的作用主要是决定不加工面与加工面的位置关系以及加工余量的均匀等，所以一般宜选取箱体上重要孔的毛坯孔作粗基准。

（2）精基准的选择

箱体上孔与孔、孔与平面及平面与平面之间都有较高的尺寸精度和相互位置精度要求，这些要求的保证与精基准的选择有很大关系。在选择精基准时，首先要考虑“基准统一”的原则，有相互位置精度要求的加工表面大部分工序尽可能用同一组基准定位，以避免因基准转换带来的基准不重合误差，也有利于保证箱体各主要表面的相互位置精度；同时，由于多道工序采用同一组基准，使所用夹具具有相似的结构形式，可以减少夹具设计与制造的工作量，对加快生产准备工作、降低生产成本很有益处。

4. 安排合理热处理工序

箱体结构复杂，壁厚不均匀，铸造时的残余应力较大。为了减少加工后的变形，保证其加工后精度的稳定性，毛坯铸造之后要安排一次人工时效处理，以消除内应力。对于一些高精度箱体或形状特别复杂的箱体，在粗加工之后还要安排一次人工时效处理，以消除粗加工造成的残余应力。一些要求不高的箱体，有时不安排时效处理，而是利用粗、精加工工序间的停放或运输时间，使之自然时效。

5. 箱体件的装夹与夹紧

在车床上进行箱体零件内孔的车削时，装夹方法及夹紧部位的选择相当重要，它是保证箱体工件车削精度的重要因素。

车削箱体件交错孔，一般情况下，必须使用车床附件及弯板来装夹，否则很难保证加工精度。必要时应设计制造专用车床夹具以保证加工质量，特别是批量生产时，这更为重要。

无论是用花盘、弯板装夹或使用专用车床夹具都必须考虑合理选择夹紧力的作用点。选择夹紧部位时，应考虑以下原则：

（1）夹紧力方向尽量与基准平面垂直。

（2）夹紧力作用点尽量靠近工件的加工部位，这样可以减小夹紧力与切削力之间产生的扭矩。如无法靠近时，可采用辅助支承，以提高工件的刚度。

（3）夹紧力作用点应在实处，切忌径向压在箱体薄壁处，以防止工件变形和不稳固。

另外装夹工件时，还要考虑加工时的偏重和平衡、花盘平面的找正、弯板平面的垂直度找正等，以避免加工中发生事故和质量缺陷。

四、箱体孔工件的测量

1. 表面粗糙度的测量

各加工表面粗糙度一般用目测评定，必要时使用标准样块对比确定。

2. 尺寸测量

（1）孔直径的测量

一般精度的孔径可用游标卡尺测量；对尺寸精度要求高的孔径可用光面塞规（塞规的结构形式有套式塞规、单头全形塞规、双头不全形塞规、带柄不全形塞规等）测量。对于需要记录具体误差数值的孔径，可用内测千分尺，内径千分尺或用内径百分表（千分表）等量具测量。

（2）孔深度尺寸的测量

对于一般精度的孔深可用I型游标卡尺的深度尺或用深度游标卡尺测量；精度要求较高的孔深可用深度千分尺测量。

（3）两孔轴线距的测量

当两平行孔轴线距的精度要求不高时，可直接用普通游标卡尺测量，如图4—2a所示；当两平行孔轴线距精度要求较高时，可用测量心轴和外径千分尺配合测量，如图4—2b所示。轴线距 A 的计算公式为：

$$A = l_1 + \frac{d_1 + d_2}{2} \quad 或 \quad A = l_2 - \frac{d_1 + d_2}{2}$$

如果两孔轴线垂直交错，那么两孔轴线距可用测量心轴、百分表（千分表）及量块组合测量，测量方法如图4—3所示。将箱体装于测量平板的可调支承座上，把测量心轴套入箱体孔内，用百分表找正测量心轴上素线与测量平板平行，使可调整量规面与测量心轴上素线等高。然后用杠杆百分表找出上孔下素线（注意孔轴线应与平板平行），记录百分表读数，用计算后量块组置于可调整量规面上，在量块面上移动百分表，判断百分表读数与前者百分表读数差是否在轴线距公差范围内。

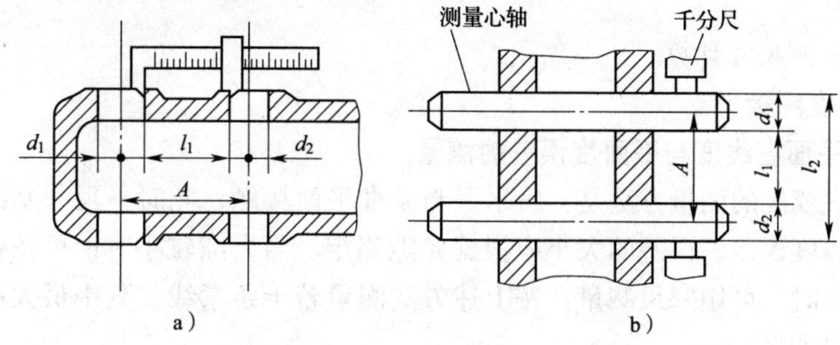

图 4—2　两平行孔轴线距的测量

a）用游标卡尺测量　b）用测量心轴及外径千分尺配合测量

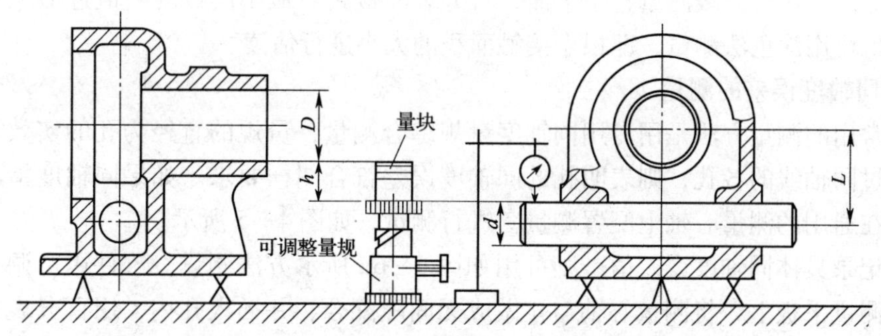

图 4—3　用测量心轴、百分表、量块组合测量两垂直交错孔轴线距

量块组尺寸计算公式为：

$$h = L - \frac{D + d}{2}$$

其中 D、d 用实测尺寸计算。

（4）孔轴线与基准面距离的测量

测量方法如图 4—4 所示，用杠杆百分表找出孔的下素线，并记录读数，用计算后量块组置于测量平板上，在量块面上移动百分表，这时百分表读数与前者百分表读数之差即是轴线与基准面距离的加工误差。

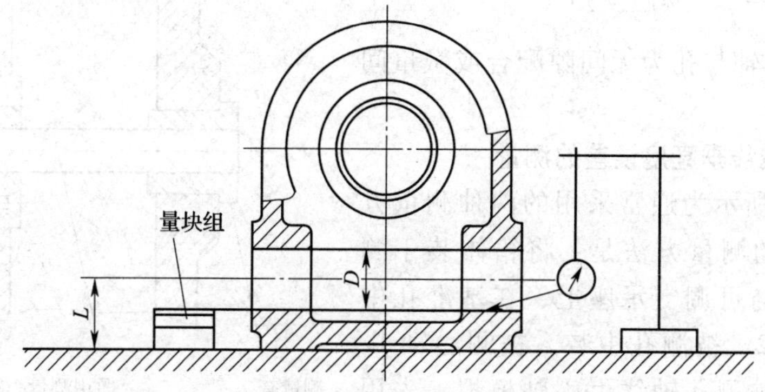

图 4—4　孔轴线与基准面距离的测量

量块组尺寸计算公式为：

$$h = L - \frac{D}{2}$$

其中 D 用实测尺寸计算。

3. 形位精度测量

(1) 基准平面直线度与平面度误差的测量

基准平面直线度的测量方法是：将平尺与基准平面接触，此时平尺与基准平面间的最大间隙即为直线度误差，误差的大小应根据光隙测定。当光隙较小时，可按标准光隙来估读；当光隙较大时，可用塞尺测量。按上述方法测量若干条素线，其中最大的误差值即为基准平面的直线度误差。

基准平面平面度的测量方法是：将箱体件支承在测量平板上，调整平面最远三点，使其与平板等高。用百分表测量整个平面，百分表的最大与最小读数的差值近似地作为平面度误差。也可用涂色法测量，即根据接触面积的大小进行估读。

(2) 同轴度误差的测量

一般常用的测量方法是用专用同轴度量规综合测量，量规的直径为孔的实效尺寸，如能自由通过同轴线的各孔，则表明孔的同轴度误差符合图样要求。如果同轴度精度要求较低，就可在通用的测量心轴上配置测量套进行测量，如图 4—5 所示。

若要记录具体同轴度误差值，则可用如图 4—6a 所示方法测量。工件用可调支承座支承后置于测量平板上，将测量心轴与孔做成无间隙配合，并插入孔内，用百分表找正基准轴线与平板平行。在靠近被测孔端 A、B 两点测量，并求出该两点分别与高度（$L + d/2$）的差值 f_{AX} 和 f_{BX}。然后把工件翻转 90°，按上述方法测取 f_{AY} 和 f_{BY}，则 A 点处同轴度误差为 $f_A = \sqrt{(f_{AX})^2 + (f_{AY})^2}$，$B$ 点处同轴度误差为 $f_B = \sqrt{(f_{BX})^2 + (f_{BY})^2}$，取其中较大值作为被测孔的同轴度误差。若箱体内腔空间较大，也可使用如图 4—6b 所示方法进行测量。

(3) 孔轴线与基准面平行度误差的测量

测量方法如图 4—7 所示。将箱体置于测量平板上，并在孔内插入测量心轴，被测轴线由测量心轴模拟。百分表在测量心轴两端距离为 L_2 的位置上测得读数分别为 M_1 和 M_2，则平行度误差为：

$$f = \frac{L_1}{L_2} | M_1 - M_2 |$$

其中测量心轴与孔为无间隙配合或微量间隙的配合。

(4) 两孔轴线垂直度误差的测量

如图 4—8 所示为通常采用的两种测量方法。图 4—8a 的测量方法是：将箱体装于测量平板的固定与可调支承座上，在基准孔中装入基准心轴 2，被测孔中装入被测心轴 1，基准孔轴线和被测孔轴线由心轴模拟。先用直角尺找正基准心轴 2，使其轴线与平板面

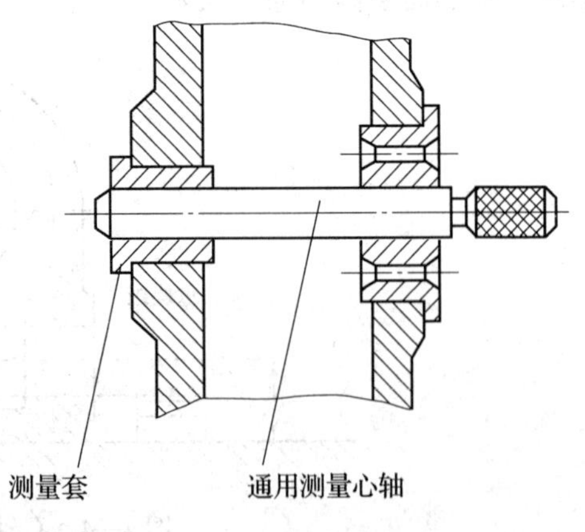

图 4—5 配置测量套测量同轴度误差

垂直，用百分表在被测心轴上距离为L_2的两个位置上测得的数值分别为M_1和M_2，则垂直度误差为：

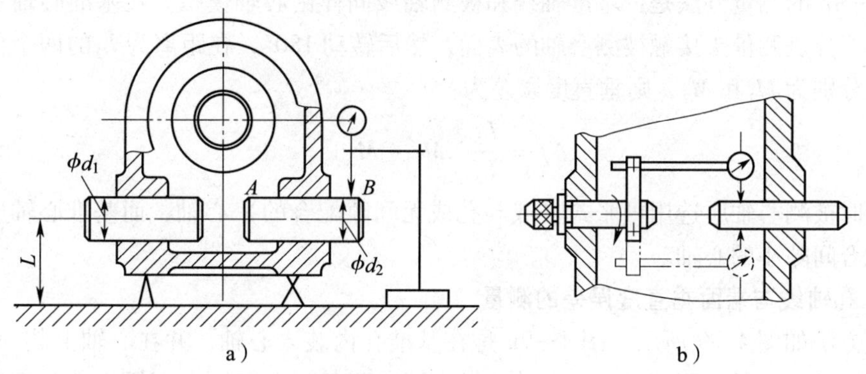

图4—6　同轴度误差的测量

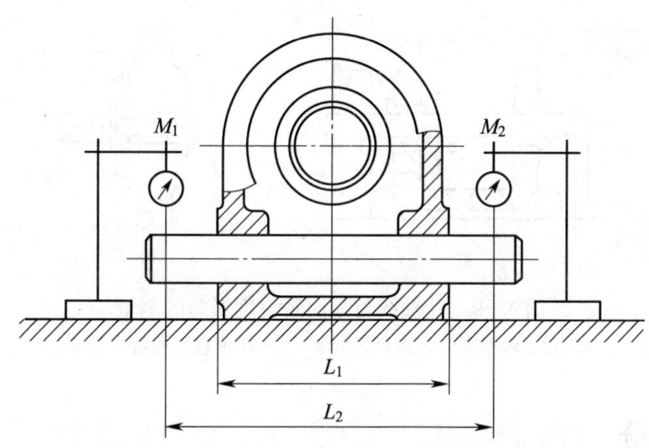

图4—7　轴线与基准面平行度误差的测量

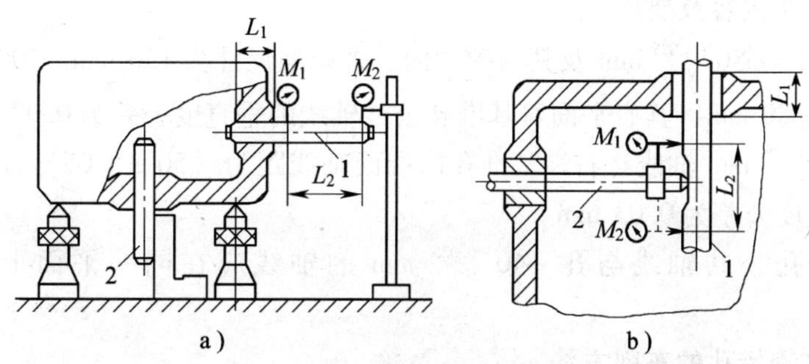

图4—8　两孔轴线垂直度误差的测量

1—被测心轴　2—基准心轴

$$f = \frac{L_1}{L_2} | M_1 - M_2 |$$

测量时，应选用可胀式（或与孔成无间隙配合的）心轴。

图4—8b的测量方法是：基准轴线和被测轴线同样由心轴模拟。在基准心轴上装一百分表，使百分表测量头接触被测心轴的表面，然后转动180°，在距离为L_2的两个位置上测得的数值分别为M_1和M_2，则垂直度误差为：

$$f = \frac{L_1}{L_2} | M_1 - M_2 |$$

测量时被测心轴应选用可胀式（或与孔成无间隙配合的）心轴，而基准心轴应选用可转动但配合间隙小的心轴。

（5）孔轴线与端面垂直度误差的测量

测量方法如图4—9所示。图4—9a是在基准孔内装入心轴，并在心轴上装一百分表，使百分表测量头接触被测端面，将心轴旋转一周，即可测出直径D范围内孔与端面的垂直度误差；图4—9b是将带有测量圆盘的心轴插入基准孔内，用着色法测量圆盘与端面的接触情况，或者用塞尺测量圆盘与端面的间隙Δ，即可确定孔轴线与端面的垂直度误差。

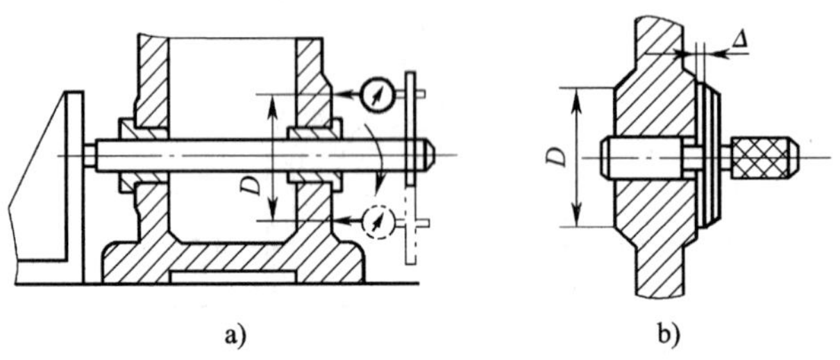

图4—9 孔轴线与端面垂直度误差的测量

a）用心轴及百分表测量垂直度 b）用垂直规测量垂直度

五、技能训练

1．车削如图4—10所示箱体。该箱体是两孔立体交错，且两轴线在同一平面内的箱体孔工件。

（1）工件加工内容及要求

1）基准孔$2 \times \phi 50^{+0.025}_{0}$ mm及其两端的内、外端面尺寸为120 mm、$100^{+0.1}_{0}$ mm。

2）外肩圆$\phi 80$ mm，其肩平面对基准孔公共轴线的垂直度公差为0.03 mm。

3）孔$\phi 40^{+0.025}_{0}$ mm轴线与右端基准孔内端面轴线距为（50 ± 0.05）mm，并对两基准孔公共轴线垂直度公差为0.03 mm。

4）两基准孔公共轴线与孔$\phi 40^{+0.025}_{0}$ mm的轴线应在同一平面上，允许误差为0.03 mm。

（2）两立体交错孔的车削方法

1）为了车削时能准确找正工件的轮廓外形，一般先进行划线，即划出框面尺寸线、两基准孔公共轴线、$\phi 40^{+0.025}_{0}$ mm孔轴线及C向图平面尺寸线118 mm。

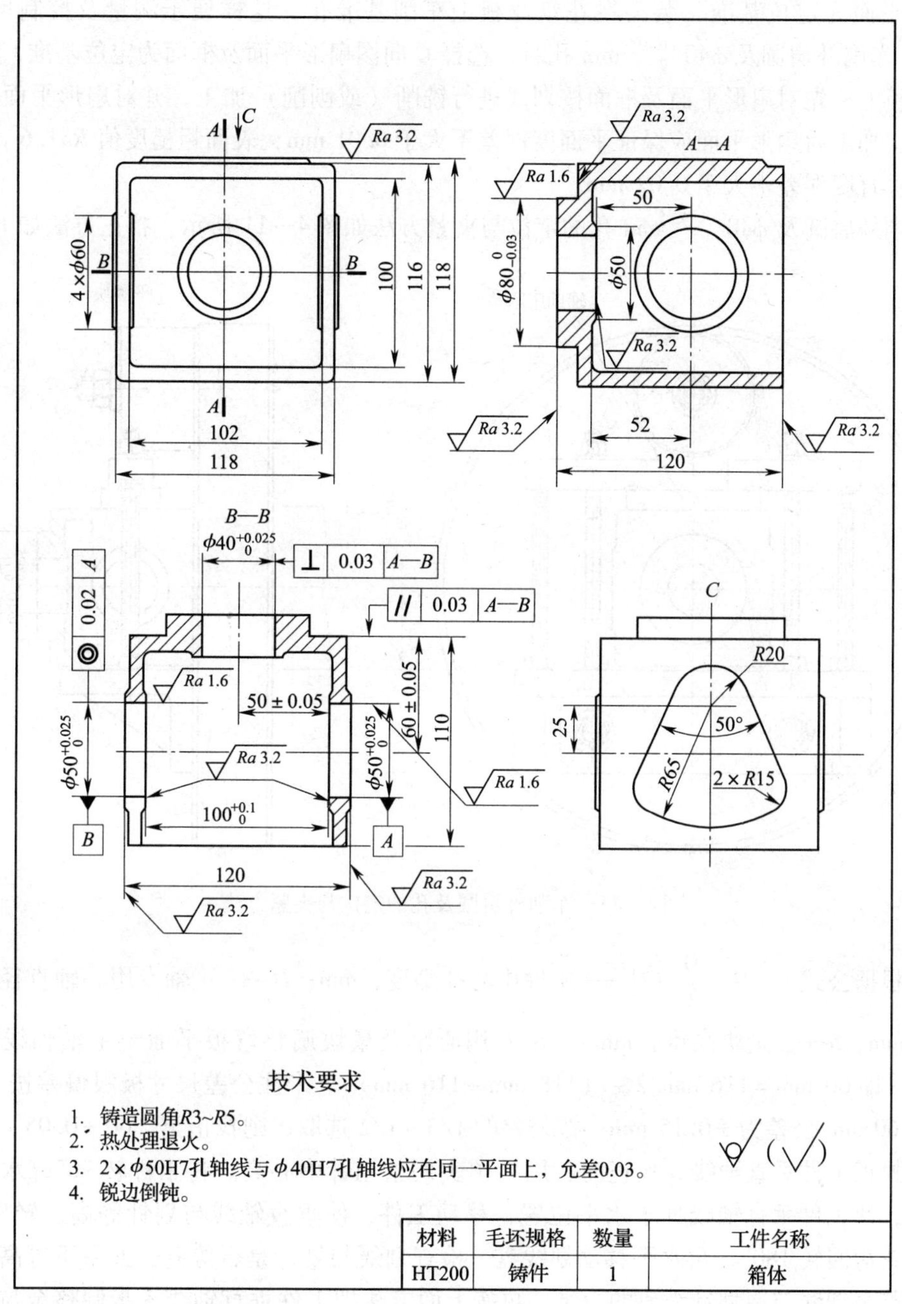

材料	毛坯规格	数量	工件名称
HT200	铸件	1	箱体

图4—10　箱体

2）根据图样要求，应先以框面为基准面，装夹在花盘弯板上车削基准孔 $2\times\phi50^{+0.025}_{0}$ mm，然后以基准孔及框面为精基准，装夹于花盘弯板上车削外肩圆 $\phi80^{0}_{-0.03}$ mm及孔 $\phi40^{+0.025}_{0}$ mm。但用这种方法定位，虽符合定位基准与设计基准统一的原则，但对测量尺寸 $100^{+0.1}_{0}$ mm 及控制装夹尺寸（50±0.05）mm 比较困难，难以保证加工质量，所以采用基准互换原则，先车削外肩圆及 $\phi40^{+0.025}_{0}$ mm 孔，再以外肩圆及肩平面为定位基准，装夹在花盘弯板上车削基准孔，这样便于测量及控制尺寸。

3）车削外肩圆及 $\phi40^{+0.025}_{0}$ mm 孔时，选择 *C* 向图扇形平面及框面为定位基准，装夹在花盘弯板上。先对扇形平面及框面按划线进行铣削（或刨削）加工，并对扇形平面进行平磨加工，加工后扇形平面应保证平面度误差不大于 0. 01 mm，表面粗糙度值 *Ra*1. 6 μm，并与框面垂直度误差不大于 0. 02 mm。

车削外肩圆及 $\phi40^{+0.025}_{0}$ mm 孔的定位与夹紧方法如图 4—11 所示，找正方法如下：

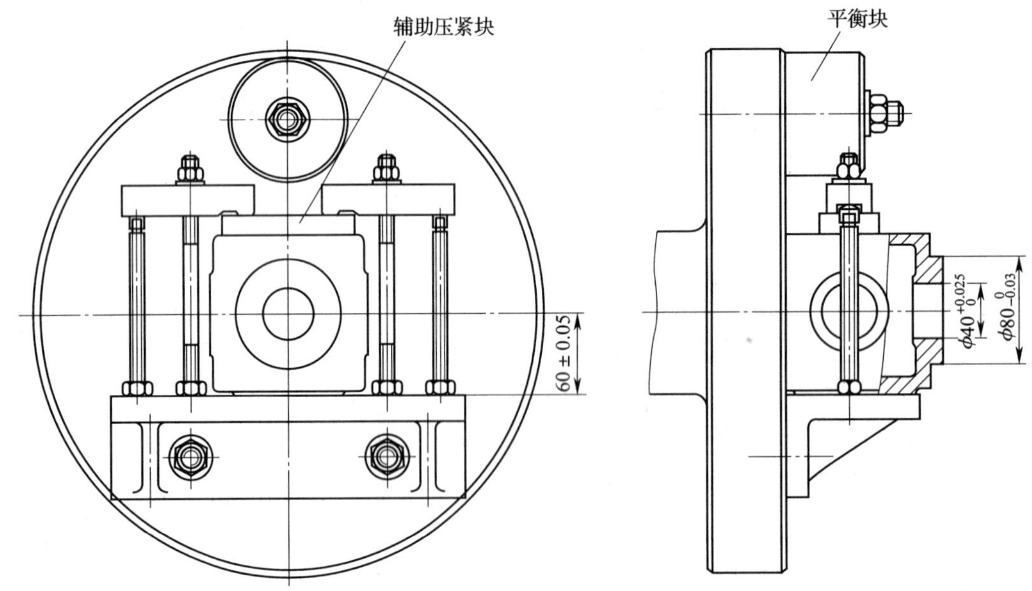

图 4—11　车削外肩圆及孔的定位与夹紧方法

①根据公式 $h=H-\dfrac{D}{2}$（*H*——工件中心孔高度，mm；*D*——主轴专用心轴直径的实际尺寸，mm；*h*——量块高度，mm），用专用心轴及量块调整弯板平面至主轴轴线距离为 60 mm［即 60 mm = 116 mm/2 +（118 mm − 116 mm）］。未注公差尺寸极限偏差按 IT12 加工，则 60 mm 公差为 ±0. 15 mm，按公差的 1/3 ~ 1/2 选取，则找正至（60 ±0. 05）mm。

②找正工件垂直轴线。找正时，用后顶尖调整划针中心高。将工件转 90°，水平移动划线盘，使工件垂直轴线处于水平位置，移动工件，使垂直轴线与划针等高，轻压工件，然后把花盘回转 180°，再水平移动划线盘，检查划线与划针是否等高，如果不等高，可把划针调整至划线与原划针距离的一半，再按上面方法把工件垂直轴线逐步调整至与主轴轴线等高，用压板压紧工件。

为防止工件装夹变形，应使压板压紧点垂直作用在工件壁上，所以在压板与工件之间增加一辅助压紧块，使压板压紧在辅助压紧块上。

如果工件加工数量为多件，那么工件找正后，可在花盘或弯板上装一定位销（块）紧靠工件侧面，以后车削第二个工件时，不需再找正。

4）在一次装夹中车削下列各面：

①车端面，尺寸 120 mm。

②车外肩圆 $\phi80_{-0.03}^{0}$ mm 至尺寸，控制尺寸 110 mm。

③粗、精车孔 $\phi40_{0}^{+0.025}$ mm 至尺寸。

④用内沟槽车刀车内端面至尺寸 20 mm［即 20 mm = （120 mm - 110 mm） + （60 mm - 50 mm）］。

⑤锐边倒钝。

5）车削基准孔 $2\times\phi50_{0}^{+0.025}$ mm 时，工件以外肩圆 $\phi80_{-0.03}^{0}$ mm 及肩平面为定位基准，装夹于花盘弯板上，如图 4—12 所示。弯板在花盘面上的中心位置的找正方法如下：

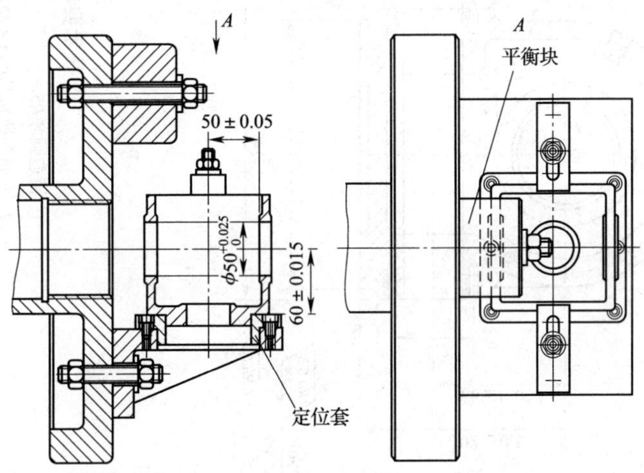

图 4—12　箱体装夹在花盘弯板上车孔方法

①先在弯板面上装一定位套（定位套内孔精度为 IT6，与工件外肩圆为间隙配合），并用螺钉固定，检查定位套端面与弯板平面平行度误差不大于 0.005 mm，若达不到要求，应进行修正。

②根据公式 $h = H - \dfrac{D}{2}$（H——工件中心孔高度，mm；D——主轴专用心轴直径的实际尺寸，mm；h——量块高度，mm），用专用心轴及量块调整弯板上定位套端面至主轴轴线距离（60 ± 0.015）mm。并在弯板底平面装一平尺（图中未画出），以调整定位套轴线与主轴轴线在同一平面上。

③找正定位套轴线与主轴轴线在同一平面上的方法是：将弯板转 90°，使定位套轴线呈水平位置，用百分表检查并记录读数。转动花盘 180°，用同样方法使定位套轴线呈水平位置，观察百分表读数与上次读数是否相同，如果读数不相同，就应反复找正直至百分表读数相同，并固定弯板位置。

④装上工件，用直角尺找正工件侧面外形与花盘垂直，用压板固定工件，使用平衡块平衡后即可车削下列各部尺寸：

车端面至尺寸 60 mm→粗、精车孔 $2\times\phi50_{0}^{+0.025}$ mm 至尺寸→用内沟槽直槽车刀车右端孔内端面至尺寸（50 ± 0.05）mm→把内沟槽直槽车刀刀头装于刀杆内，车左端孔内、外端面至尺寸 $100_{0}^{+0.01}$ mm、120 mm→锐边倒钝。

2. 车削如图 4—13 所示蜗轮箱体。蜗轮箱是两孔轴线垂直且偏心的箱体件，工件材料为 HT250 灰铸铁，加工数量为单件或小批量。蜗轮箱体工件的加工内容及车削方法如下：

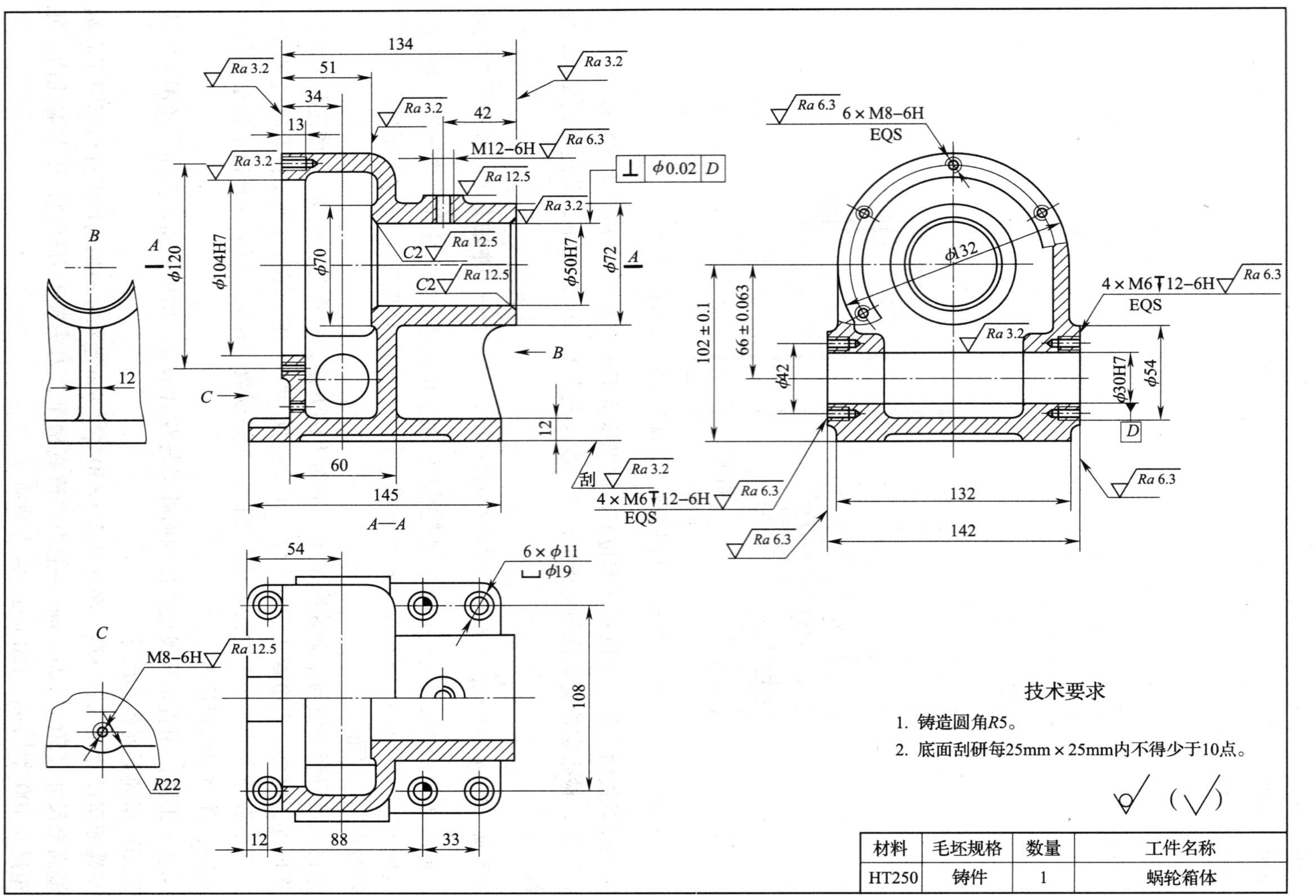

材料	毛坯规格	数量	工件名称
HT250	铸件	1	蜗轮箱体

图 4—13　蜗轮箱体

（1）蜗轮箱体的图样分析

1）145 mm×132 mm 底平面，并每 25 mm×25 mm 内应刮研不得少于 10 点。

2）基准孔 2×ϕ30H7。

3）孔 ϕ104H7、ϕ50H7 公共轴线对底平面轴线距为（102±0.1）mm、对基准孔轴线距为（66±0.063）mm，两轴线垂直度公差为 ϕ0.02 mm。

（2）蜗轮箱体孔的装夹与车削方法

1）车削前应先完成下列工序：

①清理铸件，并将不加工表面涂防锈漆。

②划线，划出底平面尺寸线。

③根据划线铣削（或刨削）底平面。

④刮研底平面，每 25 mm×25 mm 内不少于 10 点。

⑤划钻底平面孔 6×ϕ11 mm，锪平 ϕ19 mm 至尺寸，工艺要求中间两孔钻至 $\phi11^{+0.1}_{0}$ mm（图 4—13 中标有记号的孔），中心距尺寸至（108+0.05）mm，备定位用。

2）工艺分析，应先车削孔 ϕ104H7 及 ϕ50H7，定位基准选用底平面及中间两孔，即一面两销定位（一个圆柱销、一个削边圆柱销）。装夹在花盘弯板上，装夹方法如图 4—14 所示。弯板在花盘面上装夹位置的找正方法如下：

①根据公式 $h=H-\dfrac{D}{2}$（H——工件中心孔高度，mm；D——主轴专用心轴直径的实际尺寸，mm；h——量块高度，mm），用专用心轴及量块调整弯板平面至主轴轴线距离至（102±0.02）mm，并在弯板底平面装一平尺（图中未画出），用于找正弯板水平位置移动时，作为定位基准使用。

②找正弯板上两定位销孔对车床主轴轴线的对称，方法是先在弯板上两定位销孔内装上两根测量棒（量棒的一端做成小锥度，保证与孔无间隙配合；另一端做成等直径尺寸，供测量用）。

③转动花盘，使弯板面与主轴轴线垂直，用百分表找正测量棒呈水平位置，并记录百分表读数。

④百分表不动，将床鞍退出，转动花盘 180°，按上面方法使另一测量棒呈水平位置，记录百分表读数，比较两者读数是否一致，如不一致应逐步找正至读数一致，并固定弯板。

⑤把量棒从弯板销孔中取出，装上两定位销（注意削边圆柱销削边方向）。装上工件后，用压板固定工件，为保证车削时稳定，不易产生振动，用两只滚花螺钉支承蜗轮箱体外形，装平衡块平衡后车削。

3）工件的车削步骤如下：

①根据划线，粗、精车 ϕ132 mm 端面。

②车孔 ϕ50 H7 内端面至尺寸 51 mm。

③粗、精车孔 ϕ104 H7（$^{+0.035}_{0}$）至尺寸。

④车孔 ϕ50 H7 至 $\phi49.8^{+0.005}_{0}$ mm。

⑤孔口倒角 C2。

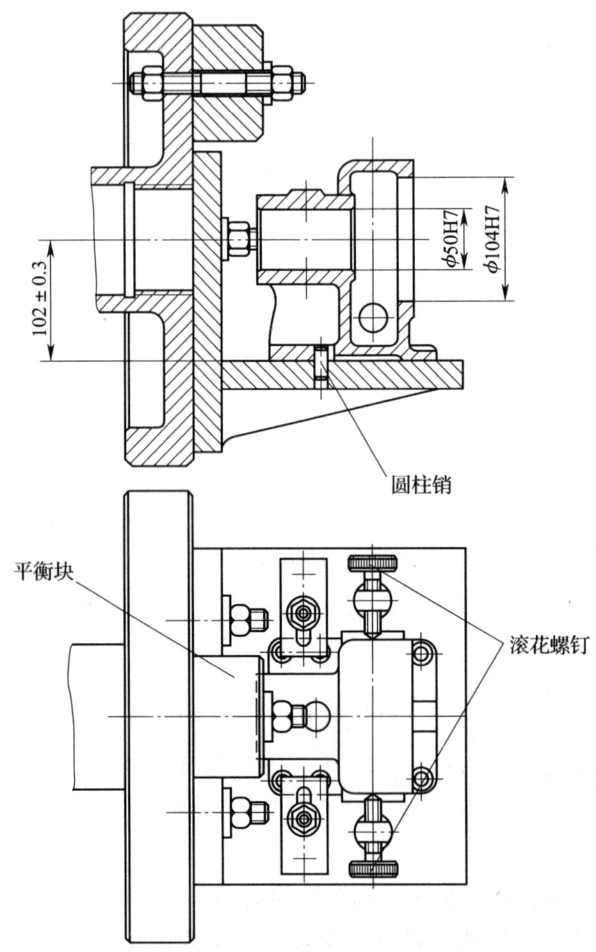

图 4—14　在花盘弯板上用一面两销定位方法装夹蜗轮箱体

⑥用可浮动铰刀铰孔 ϕ50H7（$^{+0.025}_{0}$）至尺寸。

⑦卸下工件，改用软卡爪装夹孔 ϕ104 H7，车毛坯外圆 ϕ72 mm 端面至尺寸 134 mm。

4）车孔 ϕ30 H7 的定位与夹紧。工件以 ϕ132 mm 端面及孔 ϕ50 H7 为定位基准，装于弯板心轴上，装夹方法如图 4—15 所示。找正弯板在花盘面上位置的方法如下：

①根据公式 $h = H - \dfrac{D}{2}$（H——工件中心孔高度，mm；D——主轴专用心轴直径的实际尺寸，mm；h——量块高度，单位：mm），用专用心轴及量块找正弯板平面至主轴轴线距离 34 mm。未注公差尺寸极限偏差按 IT12 加工，则 34 mm 公差为 ±0. 125 mm，按公差尺寸的 1/3 ~1/2 选取，则找正至（34 ±0. 04）mm。在弯板底平面装一平尺，用以找正定位心轴轴线与主轴轴线距时移动弯板。

②根据公式 $M = L + \dfrac{D+d}{2}$（L——两孔中心距，mm；D——主轴专用心轴直径的实际尺寸，mm；d——定位心轴被测部分直径的实际尺寸，mm；M——千分尺的读数，mm），用专用心轴及外径千分尺找正定位心轴轴线与主轴轴线距离尺寸为（66 ±0. 02）mm。

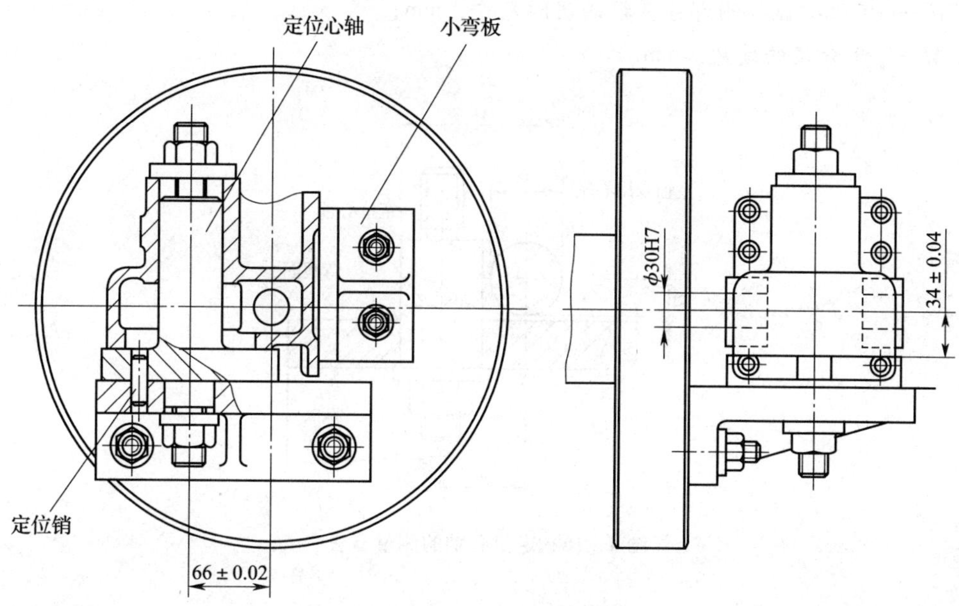

图 4—15　在花盘弯板上车削蜗轮箱体孔

③装上工件，根据六点定位原则，一个端面与较长心轴的定位，已属重复定位，但端面与孔在一次装夹中车出，对提高定位精度有利。工件的旋转自由度可在花盘面上装一小弯板来限制。用平衡块平衡后，即可车削。

5）工件的车削步骤如下：

①车端面、尺寸 54 mm。

②钻孔 ϕ28 mm 钻通。

③车孔至 $\phi 29.8^{+0.05}_{0}$ mm。

④用自磨刮面刀，刮削左端面，尺寸 142 mm。

⑤两端孔口倒角 C0.5。

⑥铰孔 ϕ30H7（$^{+0.021}_{0}$）至尺寸。

蜗轮箱体还有另一种加工方法是：装夹在花盘弯板上先车削孔 2 × ϕ30H7，然后以孔及底平面为定位基准，车削孔 ϕ104H7、ϕ50H7。

知识卡片

在花盘和弯板上找正工件内孔中心高度和中心距的方法，如图 4—16 所示。

$$h = H - \frac{D}{2}$$

$$M = L + \frac{D + d}{2}$$

式中　h——量块高度，mm；

H——工件中心孔高度，mm；

D——主轴专用心轴直径的实际尺寸，mm；

d——定位心轴被测部分直径的实际尺寸，mm；

M——千分尺的读数，mm。

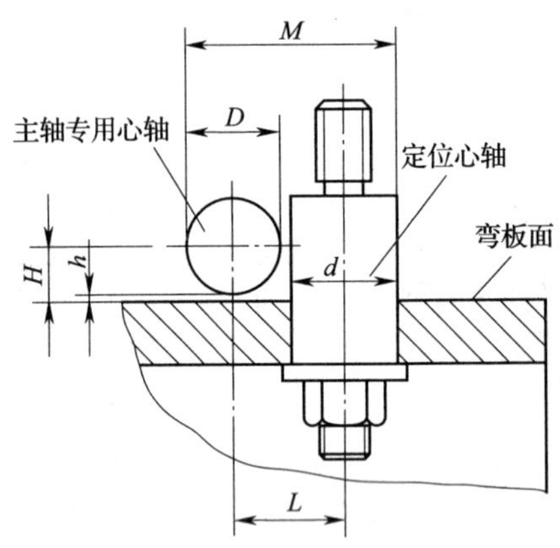

图 4—16　定位心轴的测量方法

课后练习

一、判断题

(　　) 1. 一般情况下箱体件铸造之后，在机械加工前应进行一次人工时效处理。

(　　) 2. 先孔后面的加工顺序是箱体工件车削的相关工艺知识之一。

(　　) 3. 箱体件是基础工件，所以它的加工质量对整台机器的精度、性能和使用寿命都没有直接的影响。

(　　) 4. 在车床上加工的箱体一般结构形状比较简单、形体尺寸较小。

(　　) 5. 箱体件在车床上主要是加工平面和孔，通常孔的加工精度较易保证，而精度要求较高的平面较难保证。

(　　) 6. 在一般情况下加工箱体件多以一个平面为基准，先加工出一个孔，再以这个孔和其端面为基准，或者以孔和原来基准面为定位基准，加工其他交错孔。

(　　) 7. 在车床上进行箱体件孔的车削时，装夹方法的选择相当重要，但对夹紧力部位的选择并不重要。

(　　) 8. 在车床上车削箱体件时，夹紧力方向尽量与基准平面平行。

(　　) 9. 在车床上车削箱体件时，夹紧力作用点尽量靠近工件加工部位。

(　　) 10. 在车床上车削箱体件时，若被加工表面的旋转轴线与基准面相互垂直，可装夹在弯板式夹具上车削。

(　　) 11. 在车床上车削箱体件时，若被加工表面的旋转轴线与基准面相互平行，可装夹在花盘式夹具上车削。

(　　) 12. 箱体件的两平行孔轴线距精度要求较高时，可用测量心棒和外径千分尺配合测量。

(　　) 13. 箱体件的两孔轴线垂直交错时的轴线距可用测量心轴、百分表（或千分表）及量块组配合测量。

(　　) 14. 箱体件基准平面直线度误差的测量方法是将平尺与基准平面接触，此时平尺与基准平面间的最大间隙即为直线度误差。

(　　) 15. 车削箱体孔工件时，产生孔圆度误差超差的原因之一是车床主轴的回转精度超差。

(　　) 16. 车削箱体孔工件时，产生两孔同轴度误差超差的原因之一是床身导轨的平直度误差超差。

(　　) 17. 加工箱体类零件上的孔时，车削过程中，箱体位置发生变动，对平行孔的孔距误差没有影响。

(　　) 18. 在车床上车削减速器箱体上与基准面平行的孔时，应使用花盘弯板进行装夹。

(　　) 19. 加工箱体类零件上的孔时，车削过程中，箱体位置发生变动，会使同轴线上两孔的同轴度产生误差。

(　　) 20. 箱体加工时一般都要用箱体上重要的孔作精基准。

二、选择题

1. 将两半箱体通过定位部分或定位元件合为一体，用检验心棒插入基准孔和被测孔，如果检验心棒能自由通过，则说明（　　）符合要求。

A. 圆度　　B. 圆柱度　　C. 平行度　　D. 同轴度

2. 加工箱体类零件上的孔时，如果定位孔与定位心轴的配合精度超差，对垂直孔轴线的（　　）有影响。

A. 尺寸　　B. 形状　　C. 表面粗糙度　　D. 垂直度

3. 检验箱体工件上立体交错孔的垂直度时，先用直角尺找正基准心棒，使基准孔与检验平板垂直，然后用百分表测量测量心棒两处，其差值即为（　　）内两孔轴线的垂直度误差。

A. 测量长度　　B. 标准长度

C. 基准平面长度　　D. 测量棒长度

4. 车削箱体类零件上的孔时，仔细测量是保证孔的________的基本措施。

A. 尺寸精度　　B. 形状精度

C. 位置精度　　D. 表面粗糙度

5. 多平行孔工件车削的关键是如何保证多个平行孔的________和孔轴线平行度的要求。

A. 表面粗糙度　B. 尺寸精度　　C. 位置精度　　D. 中心距

6. 车削对开箱体同轴内孔时，应将两个箱体（　　）。

A. 分别加工　　B. 加工后组装　　C. 组装后加工　　D. 以上均可

7. 箱体加工时一般都要用箱体上重要的孔作________。

A. 工件的夹紧面　　B. 精基准

C. 粗基准　　D. 测量基准面

8. 加工箱体类零件上的孔时，如果车削过程中，箱体位置发生变动，会影响平行孔的________。

A. 尺寸精度　　B. 形状精度　　C. 粗糙度　　D. 平行度

9. 加工箱体类工件，以毛坯表面作为定位基准时，应使用________作为定位元件与工件平面相接触。

A. 调节支承　　B. 毛坯表面　　C. 支承钉

10. 装夹箱体零件时，夹紧力的作用点应尽量靠近________。

A. 加工表面　　B. 基准面　　C. 毛坯表面　　D. 定位表面

11. 加工箱体类零件上的孔时，如果花盘弯板精度低，会影响平行孔的________。

A. 尺寸精度　　B. 形状精度　　C. 粗糙度　　D. 平行度

12. 车削具有立体交错孔的箱体类工件时，仅在卡盘上装夹，车削时无法保证两立体交错孔轴线的________。

A. 平行度　　B. 垂直度　　C. 位置度　　D. 对称度

13. 车削减速器箱体时，________应适当降低，以防切削抗力和切削热使工件移动或变形。

A. 刀具刚度　　B. 夹紧力　　C. 切削用量　　D. 工件硬度

14. 使用________装夹箱体类工件，装夹后，必须要经过平衡。

A. 花盘　　B. 三爪自定心卡盘　　C. 四爪单动卡盘　　D. 中心架

15. 车削箱体类零件上的孔时，如果车刀磨损，车出的孔会产生________误差。

A. 轴线的直线度　　B. 圆柱度

C. 圆度　　D. 同轴度

16. 为了消除机床箱体的铸造内应力，防止加工后的变形，需要进行________处理。

A. 淬火　　B. 时效　　C. 退火

17. 在花盘弯板上车削具有平行孔系的箱体类零件时，若箱体调整不到位，则会造成________误差。

A. 孔的平行度　　B. 孔与端面的垂直度　　C. 孔距

18. 车削箱体上同一轴线的两个孔时，若刀杆强度不够，将会造成孔的________误差。

A. 圆柱度　　B. 圆度　　C. 径向圆跳动

19. 由于箱体铸造内应力大，为消除内应力，减少变形，一般情况下在________之后应进行一次人工时效处理。

A. 铸造　　B. 半精加工　　C. 精加工

20. 车削箱体零件，选择夹紧力部位时，夹紧力方向尽量与基准平面________。

A. 平行　　B. 倾斜　　C. 垂直

三、简答题

1. 箱体孔工件的主要技术要求有哪几方面？

2. 在花盘、弯板、专用夹具上装夹箱体孔工件时，应如何选择夹紧力的部位？

3. 单件小批量车削箱体件时，一般采用粗、精加工合并进行，这时应采取哪些措施来保证加工精度？

4. 使用花盘、弯板、车床专用夹具装夹箱体件时，选择夹紧力部位时，应考虑哪些原则？

5. 箱体零件的主要检验项目有哪些?
6. 简述加工箱体零件时粗基准的选择原则。
7. 简述加工箱体零件时精基准的选择原则。
8. 试述涡轮减速箱中垂直立体交叉孔的加工要求。
9. 如何选择涡轮减速箱的定位基准?
10. 试述箱体孔零件两平行孔轴线距的测量方法。

模块五
组合件加工

课题1　对称平分两半体零件加工

学习目标

1. 了解对称平分组合零件的结构特点。
2. 掌握校正平分线的方法。
3. 掌握轴衬对称平分误差的检验。
4. 能制定对称平分组合零件的加工工艺规程。

典型的对称平分两半体零件是上、下轴衬。它的结构特点是在轴衬半瓦经锡焊或点焊加工后，尺寸公差符合精度要求的同时，外形要求对称平分。因此，对称平分两半体零件加工的难点是在加工中不但要校正工件端面上的平分线，还要校正工件侧母线平分线对车床导轨的平行度。

一、上、下轴衬的图样分析

如图5—1所示为轴衬半瓦，零件经粘接后进行加工，外槽直径为6级过渡配合公差；内孔为7级间隙配合公差，且内孔需拉削油槽；主要部位的表面粗糙度为 $Ra1.6$ μm。因此，上、下轴衬的加工精度较高。

二、校正平分线的方法

轴衬经粘接组合后，划线进行平分线校正，一般工件只需校正端面十字线和侧母线，但加工对称工件时需准确对半平分内孔余量。因此，校正时一般在导轨上放一平板，将划线盘放在平板上，将平板与划线盘一块推动，沿工件周围找正平分线，在端面找正十字线；将工件旋转180°后，再转圈找正平分线，找正对分误差。一般对称平分工件都为铸造毛坯，工件较大，对分平面经铣削后都留有残缺不齐的残边，上、下半体合上后，这些带有平面的突出的残边露在外面，可利用它找正，用两个划线盘或游标高度尺在工件前、后面找正对分平面，划线盘和游标高度尺只在一面移动，如图5—2所示为在工件两侧放找正工具的示意图。工件旋转180°后，再对准对分平面（或平分线），如有误差，用四爪单动卡盘找正对分平面，用锤子敲击找正水平侧母线，反复进行多次。使用两套找正工具找正比较准，将减小因工具的挪动而带来的误差。

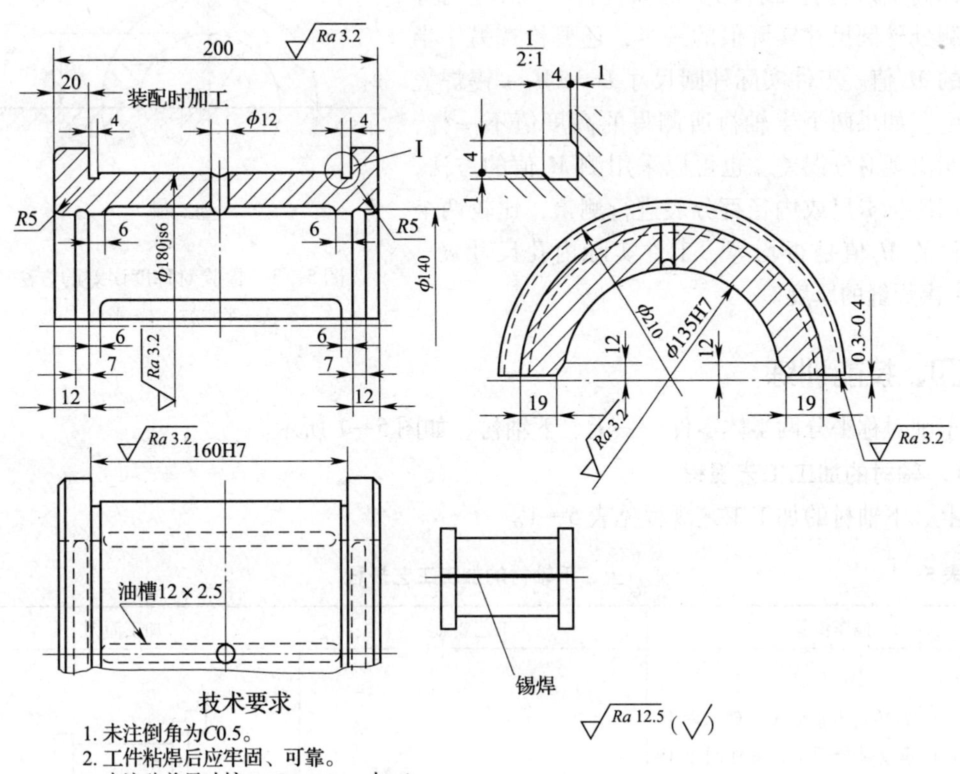

图 5—1　上、下轴衬

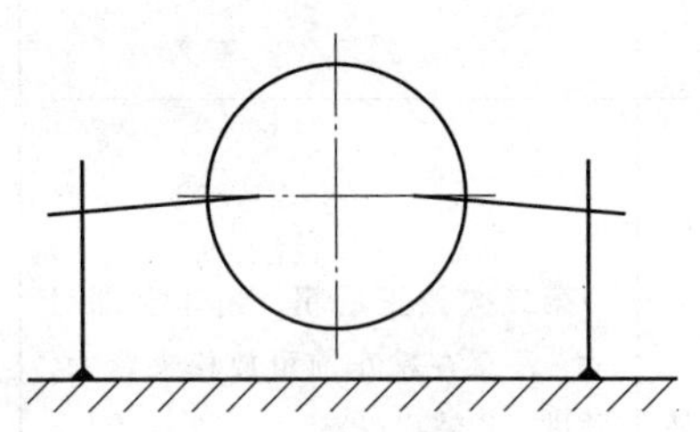

图 5—2　在工件两侧放找正工具的示意图

三、轴衬对称平分误差的检验

1. 检验项目

检验组合件中两半体对分误差。

2. 工具和量具

平台，游标高度尺 0.02 mm/（0～300 mm），游标卡尺 0.02 mm/（0～200 mm），千分尺 0.01 mm/（50～75 mm），内径百分表 0.01 mm/（50～100 mm）。

3. 检验方法

如图 5—3 所示为检验对称度误差的方法。打开轴衬后，将半轴衬 1 的平面放在平台 2 上，用游标高度尺检验工件两头的 M_1 值，M_1 值应约等于所测处外圆尺寸实际值的一半，还要检查另一半轴衬的 M_1 值。工件实际外圆尺寸 $D=2M_1+$ 锡焊缝的厚度。如果两个半轴衬所测得的高度值不一样，就表明出现对分误差。也可以采用测 M_2 值的方法，通过用游标卡尺或内径百分表进行测量，比较两个半轴衬的 M_2 值是否均等。工件实际内孔尺寸 $d=2M_2+$ 锡焊缝的厚度。

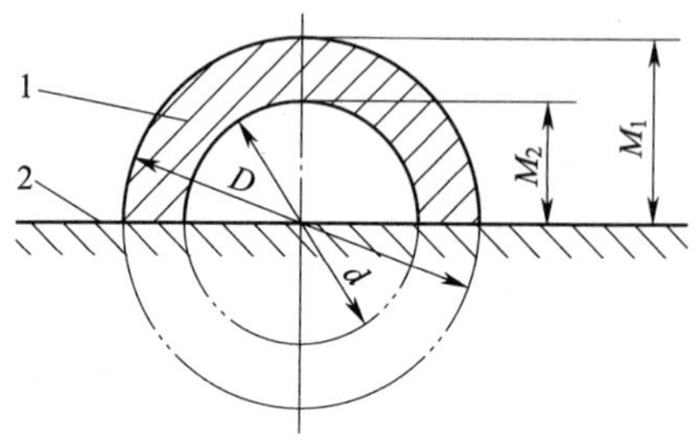

图 5—3　检验对称度误差的方法
1—半轴衬　2—平台

四、技能训练

车削对称平分两半体零件——上、下轴衬，如图 5—1 所示。

1. 轴衬的加工工艺规程

上、下轴衬的加工工艺规程见表 5—1。

表 5—1　　上、下轴衬的加工工艺规程

操作步骤	工艺要点	加工简图
1. 用四爪单动卡盘装夹工件，两个卡爪夹在垂直对分面上，另外两个卡爪夹在对分面上，要夹匀	第一次找正后车出对分界线痕迹	
(1) 粗车端面及外圆		
(2) 粗车后对称平分线清晰可见，再次找正平分线 (3) 粗车内孔 (4) 精车内孔、内沟槽、外圆、外沟槽	第二次找正后粗、精车全部尺寸，注意在精车前可放松夹紧力，并进一步精找正	
2. 掉头车去多余长度	掉头时工件端面靠在卡盘面上，以提高刚度	

2. 注意事项

(1) 装夹工件时不能用力太大，否则容易变形；也不能太小，否则可能因振动而使工件开焊。

(2) 加工中为防止开焊，可用一个铁夹子将两半工件夹在中间，或用两块夹板夹紧工件。加工外圆时，夹板可变换位置以夹紧工件。

课题2 组合轴、套件加工

学习目标

1. 了解组合件的类型。
2. 熟悉组合件加工工艺的编制。
3. 掌握组合件的加工。
4. 熟悉组合件的检验和质量分析。

组合件是指两个或两个以上车削零件，按照图样要求相互配合所组成的组件。与单一零件的车削加工相比较，组合件的车削不仅要保证组合件中各零件的加工质量，而且还需要保证各零件按规定组合装配后的技术要求。因此，组合件车削是车削技能的综合应用。常见的组合件类型有内外圆柱配合、内外圆锥配合、偏心配合和内外螺纹配合，如图5—4所示。

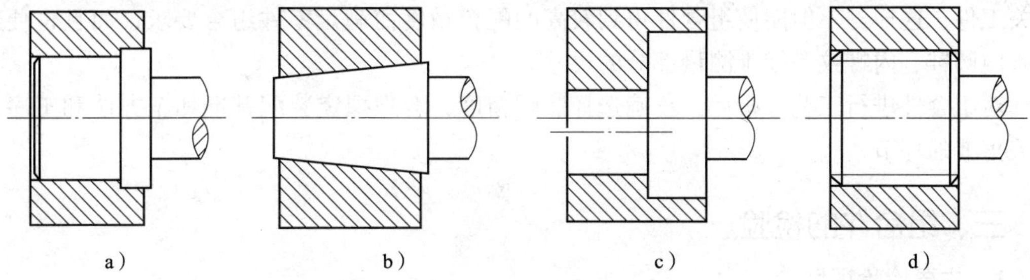

图5—4 常见的几种组合件类型

a）内外圆柱配合 b）圆锥配合 c）偏心配合 d）螺纹配合

组合件的装配精度和参与组合的各零件的加工精度关系密切，而组合件中的关键零件——基准零件的加工精度对组合件的装配精度的影响尤为重要。

一、编制组合件加工工艺

组合件加工工艺是完成组合件车削的重要环节。在制定工艺时，除一般要求外，还需注意以下几个方面：

1. 仔细消化和分析组合件的装配关系与装配要求，确定基准零件，也就是直接影响组合件装配精度、影响各零件相互位置精度的主要零件。

2. 组合件加工时，应先车削基准零件，然后根据装配关系的顺序，依次车削组合件中的其余零件。

3. 组合件中其余零件的车削，一方面应按图样要求进行加工，另一方面更应按基准零件和其他零件的实测结果做相应调整，充分使用配车、组合加工等手段，以保证组合件的装配精度要求。

二、组合件加工

组合件加工与其他件加工的不同，主要是配合问题。所以在加工组合件时要注意以下几个方面：

1. 影响零件间配合精度的尺寸，应尽量控制在两极限尺寸的中间值，且加工误差应控制在图样允许误差值的一半；各表面的几何精度误差和各表面之间的相对位置精度误差应尽可能小，一般为尺寸公差的1/3。

2. 锥度配合时，内外锥体的圆锥角误差要小，车刀的刀尖要严格对准车床的旋转轴线，避免出现“双曲线”误差，影响配合精度。

3. 偏心配合时，偏心部分的偏心距误差要一致，且加工误差应控制在图样允许误差值的一半，偏心轴线应平行于零件基准轴线。

4. 螺纹配合时，螺纹尽可能车削成形，一般不允许使用板牙、丝锥加工，保证配合部分的同轴度要求。多线螺纹配合，要保证内外螺纹的分线精度，保证配合尺寸的一致性，并且具有互换性。

5. 零件的各加工表面应清理毛刺，锐边应倒钝，保证装配的顺利。

在加工组合件时，可利用加工好的装配基准件作为量规或塞规，用来检验与之组合的相关工件，这样，不但能使组合件得到较高的配合精度而满足零件组合要求，而且也便于控制内圆锥、内螺纹等较难测量部分的尺寸。

对组合件进行工艺分析后，正确选择装配精度，合理拟定装配基准加工方法和工序是至关重要的环节。

三、组合件的检验

1. 主要检验项目

组合件的主要检验项目包括偏心距、同轴度误差、径向及端面圆跳动误差以及螺纹牙型、牙型角和分度精度。

2. 工具和量具

平板或平台、磁座百分表、螺纹量规、螺距规、牙型样板、螺距分线样板、塞尺及其他常用量具，带两顶尖的检验工具，V形架和其他常用工具。

3. 检验方法

（1）偏心轴的偏心距可在两顶尖之间用磁座百分表进行检验，百分表的测杆应垂直于工件轴线，百分表读数最大差值的一半就是偏心距。

（2）检验螺纹牙型时，可用样板通过透光的方法进行检验。

（3）检验螺纹分线精度和螺距时，可用特制的螺距规结合塞尺进行检验。

（4）检验偏心套的偏心距时应以孔为基准，用锥度心轴定位，然后在两顶尖之间用磁座百分表进行检验。

（5）检验内孔和外圆的同轴度误差时，应以外圆为基准，在V形架上定位，然后用杠杆百分表进行检验。

（6）检验各外圆间的同轴度误差时，应以基准轴颈在等高的V形架上定位，然后用磁座百分表进行检验。

（7）检验内螺纹时，应该用螺纹塞规进行综合检验。

（8）工件组装后的径向圆跳动误差应在两顶尖间用磁座百分表进行检验。

四、组合件的质量分析

车削组合件产生的常见质量问题有各零件组装不上及组装精度太差。其主要原因分析如下。

1. 各零件组装不上的原因

（1）零件没擦净或毛刺没去除干净。

（2）个别零件配合尺寸不合格，产生过盈。

（3）零件形位误差过大。

（4）零件有磕伤、拉毛、夹扁等缺陷。

2. 组装精度太差的主要原因

（1）零件直径尺寸不合格，使配合间隙过大。

（2）没有进行尺寸链计算，配合后使长度尺寸误差过大。

五、技能训练

1. 车削轴套组合件（见图5—5）

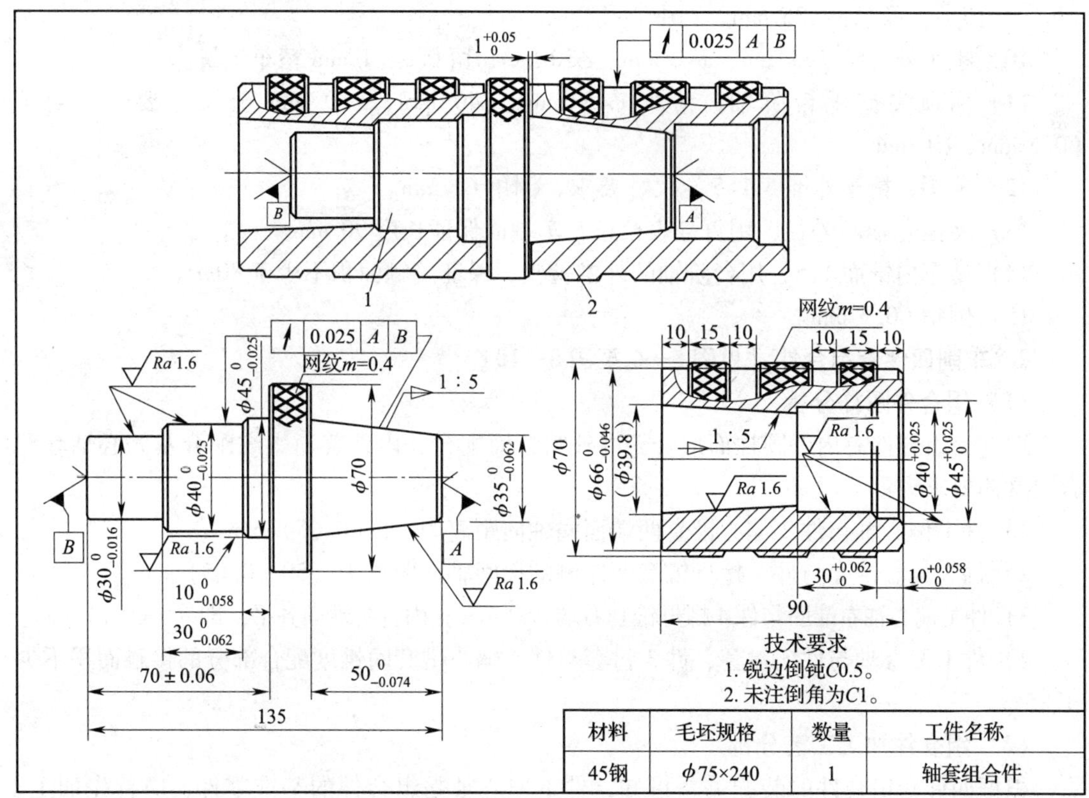

材料	毛坯规格	数量	工件名称
45钢	ϕ75×240	1	轴套组合件

图5—5　轴套组合件

(1) 组合件图样分析

组合件有内外台阶面的配合和内外圆锥面的配合，组合后有轴向配合间隙 $1^{+0.05}_{0}$ mm 和以中心孔为基准的径向圆跳动 0.025 mm 的要求；台阶轴外径 ϕ40 的柱面和 1:5 的锥面以中心孔为基准，允许径向跳动误差不大于 0.025 mm；另外，两零件均有较高的尺寸精度和表面粗糙度要求。

(2) 组合件加工工艺分析

1) 组合件以台阶轴为基准件进行组合，因此先加工台阶轴，再依据台阶轴的实际尺寸加工套的孔径和锥度。

2) 内外锥面的接触面积不小于 80%，否则会影响组合精度。

3) 台阶轴两端中心孔是检测径向圆跳动的基准，因此，台阶轴应在两顶尖间精加工。

(3) 组合件的主要加工步骤

1) 车端面，钻中心孔。

2) 一夹一顶车锥套外径和外沟槽至尺寸要求，滚花 m = 0.4 mm。

3) 钻孔 ϕ32 mm × 90 mm。

4) 精车内台阶孔 ϕ45 mm、ϕ40 mm 至尺寸要求，倒角 C1 mm。

5) 切断，长度 90.2 mm。

6) 车端面，钻中心孔，毛坯伸出 80 mm。

7) 粗车外锥度大径 ϕ47 mm × 49.5 mm。

8) 车外径 ϕ70 mm × 25 mm，滚花 m = 0.4 mm。

9) 掉头，取总长 135 mm，钻中心孔。

10) 粗车外台阶 ϕ45 mm、ϕ40 mm、ϕ30 mm，留 0.5 ~ 1 mm 精车余量。

11) 两顶尖支承台阶轴，精车 ϕ45 mm、ϕ40 mm、ϕ30 mm 至尺寸要求，倒角 C0.5 mm、C1 mm。

12) 掉头，精车外锥度 1:5 至尺寸要求，倒角 C1 mm。

13) 夹锥套 ϕ66 外径，用百分表校正，车端面保证长度 90 mm。

14) 精车内锥面 1:5，用台阶轴的外锥检验，保证接触面积不少于 80%。

15) 倒角 C0.5 mm。

2. 车削四件套组合件（见图 5—6 至图 5—10）

(1) 组合件图样分析

四件套组合件有内外圆柱面配合、内外圆锥面配合、内外普通螺纹配合及偏心轴套配合，具体要求为：

1) 件 1 偏心轴与件 2 偏心锥套两端面间轴向距离为（5 ± 0.05）mm。

2) 件 2 偏心锥套与件 4 螺母锥套两左侧端面间轴向距离为（50 ± 0.05）mm。

3) 件 1 偏心轴右端面与件 4 螺母锥套右端 ϕ50 mm 孔内台阶端面齐平，即（0 ± 0.1）mm。

4) 件 1 偏心轴与件 3 衬套、件 3 衬套与件 2 偏心锥套间锥度配合部分的接触面积不少于 85%。

(2) 组合件加工工艺分析

根据四件套组合件的装配关系可知，件 1 偏心轴是组合件的基准零件，应首先加工。然后，依次加工件 2、件 3 和件 4。

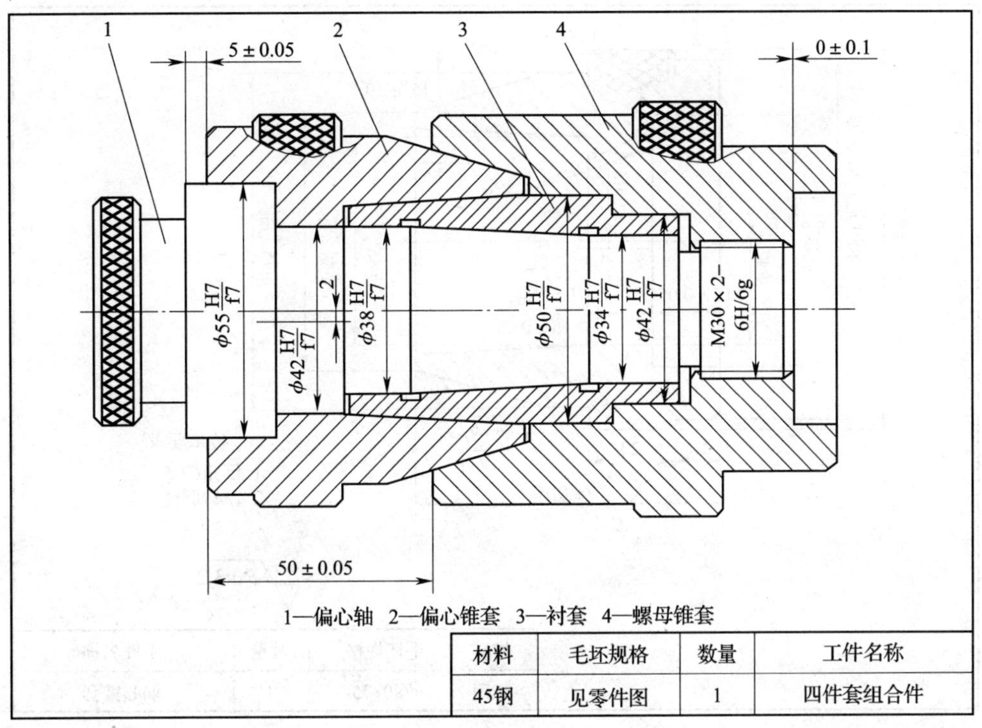

图 5—6 装配图样

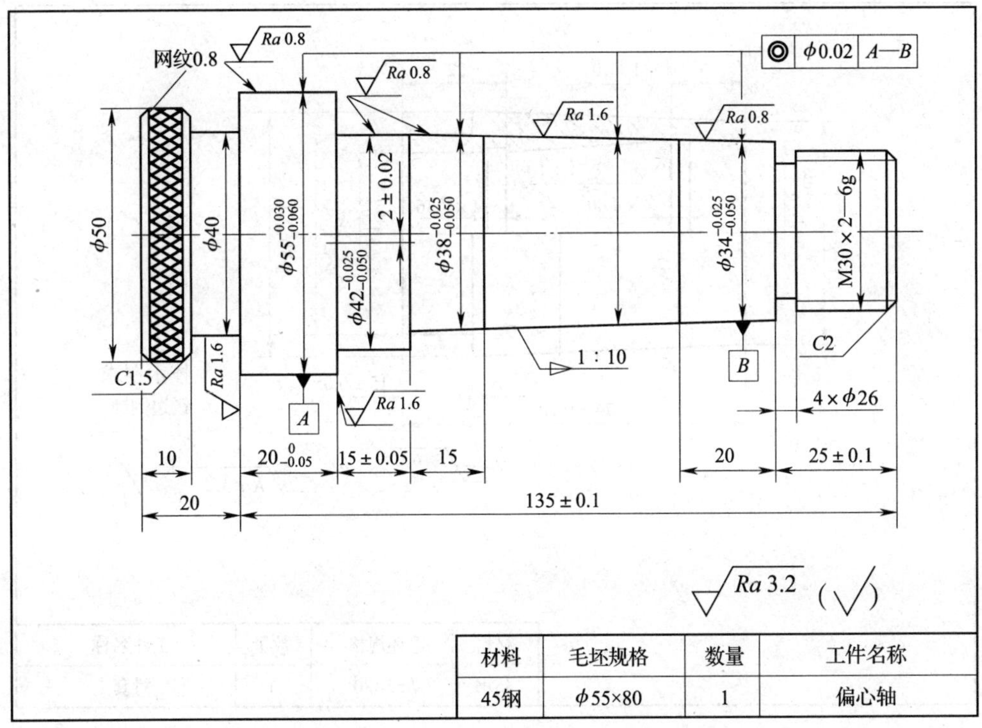

图 5—7 偏心轴

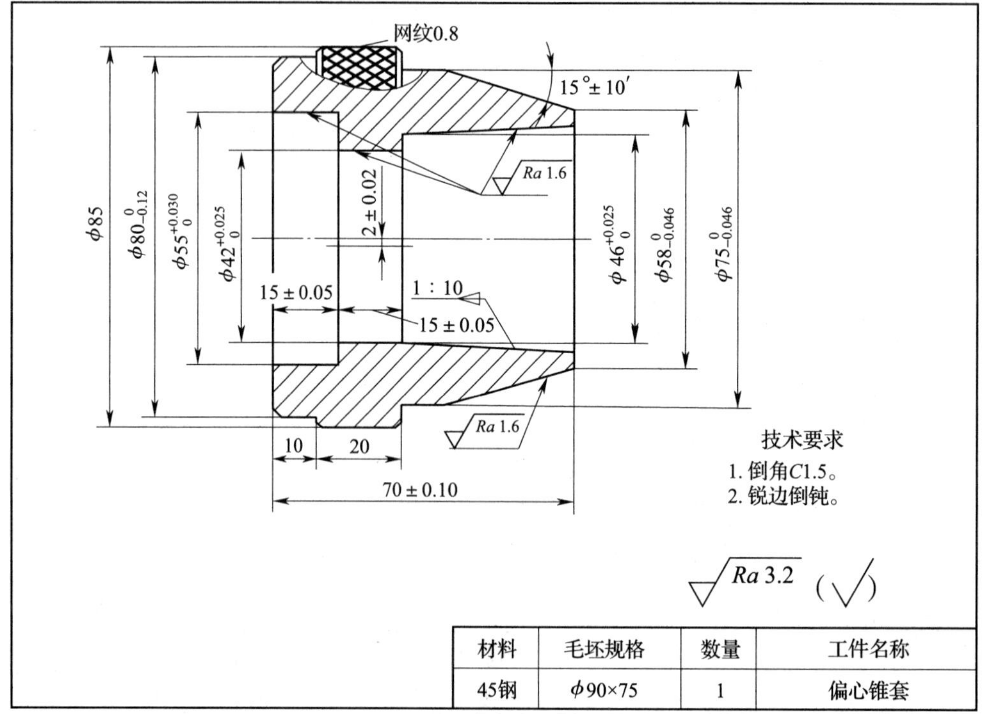

材料	毛坯规格	数量	工件名称
45钢	ϕ90×75	1	偏心锥套

图 5—8　偏心锥套

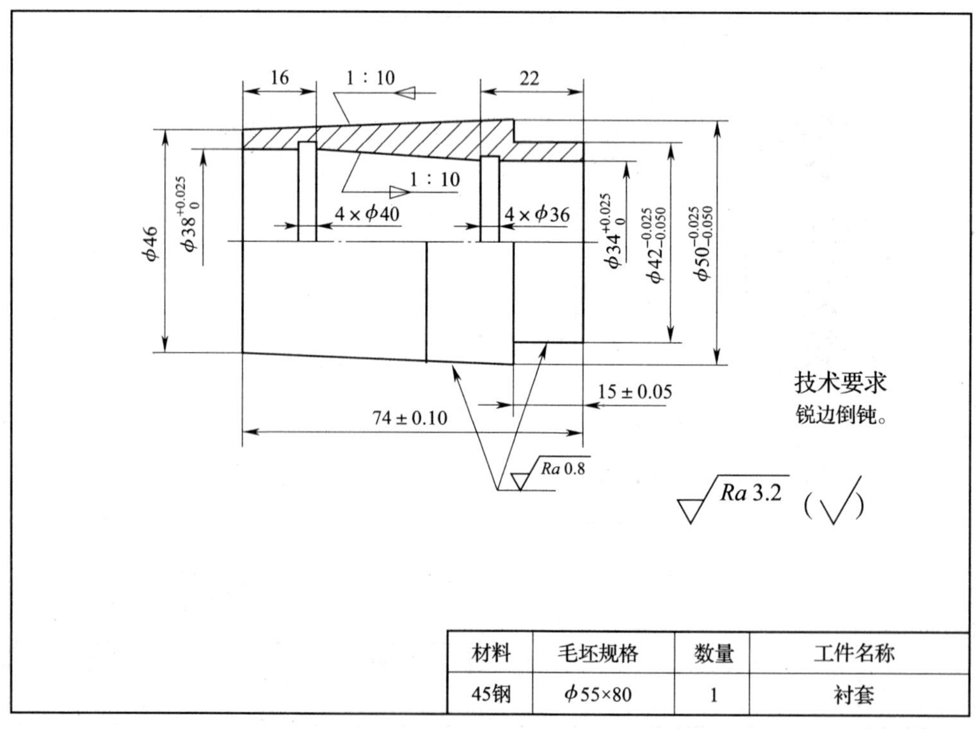

材料	毛坯规格	数量	工件名称
45钢	ϕ55×80	1	衬套

图 5—9　衬套

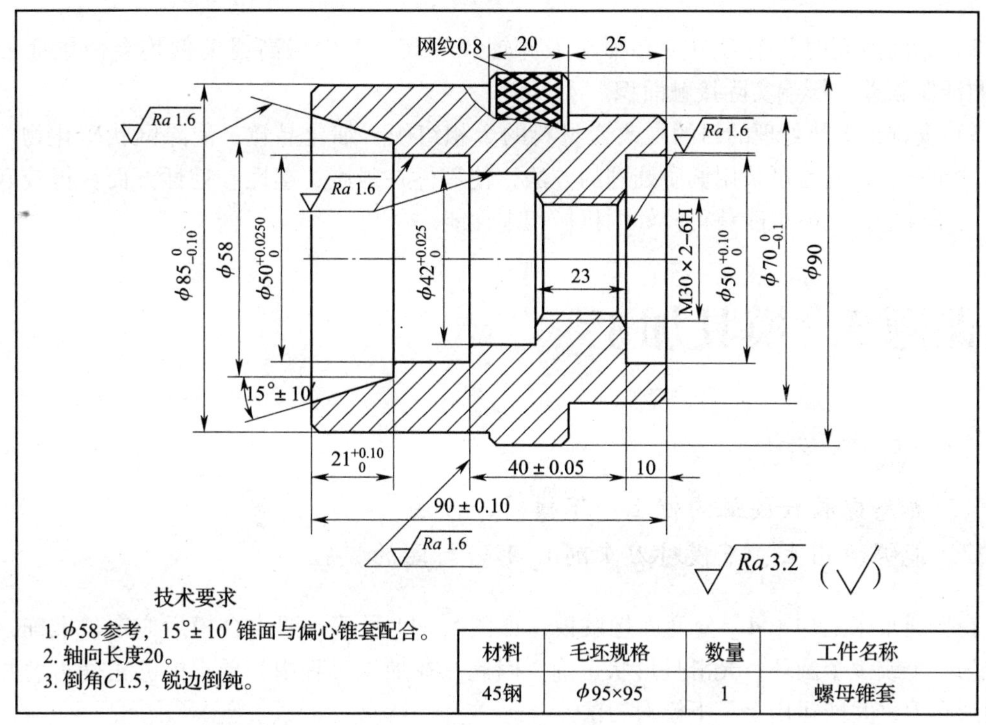

图 5—10　螺母锥套

1）件 1 偏心轴的工艺路线：

备料（ϕ55 mm × 140 mm）→正火→粗车→精车［保证偏心（2 ± 0. 01）mm；螺纹 M30 ×2 -6g 用环规检测；其他尺寸符合图样规定要求；锐边倒钝］→检查。

2）件 2 偏心锥套的工艺路线：

备料（ϕ90 mm ×75 mm）→正火→粗车→粗镗孔→精镗孔［保证偏心（2 ±0. 01）mm；内锥面锥度 1∶10；ϕ55 mm 内孔与件 1 偏心轴配合尺寸（5 ±0. 05）mm］→精车（保证外锥面的圆锥半角 15° ±10′达到图样规定要求）→检查。

3）件 3 衬套的工艺路线：

备料（ϕ55 mm ×80 mm）→正火→粗车外圆以及内孔→精车内孔（保证内锥面锥度 1∶10与件 1 偏心轴配合，接触面积达 85% 以上）→精车外圆（保证外锥面锥度 1∶10 与件 2 偏心锥套配合，接触面积达 85% 以上）→检查。

4）件 4 螺母锥套的工艺路线：

备料（ϕ95 mm ×95 mm）→正火→粗车外圆及内孔→精车内孔［保证内锥面的圆锥半角为 15° ±10′，与件 2 偏心锥套配合轴向长度达 20 mm，端面间轴向距离（50 ±0. 05）mm；内螺纹 M30 ×2 -6H 用螺纹塞规或件 1 偏心轴检测，保证与件 1、件 2、件 3 总成后 ϕ50 孔内台阶端面与件 1 偏心轴右端面齐平，即（0 ±0. 1）mm；其他尺寸符合图样规定要求；锐边倒钝］→检查。

（3）操作要点

1）装夹工件时，要防止装夹变形，以免车削后圆度误差过大和配合接触面积达不到规定要求。

2）车削锥面时，车刀刀尖必须与工件轴线等高，刀尖偏高或偏低均会使锥面形成“双曲线”误差，影响实际接触面积。

3）安排正火热处理的目的是改变材料的金相组织、细化晶粒，消除网状碳化物。对于中碳钢材料，通常可采用调质处理的方法，使零件在强度、塑性和韧性方面获得较好的综合力学性能，同时也能获得较好的机械切削性能。

课题 3　模具加工

学习目标

1. 熟悉橡胶模圆弧沟槽上、下模对刀方法。
2. 能够运用上、下模对刀车削 O 形密封圈的模腔。

在普通车床上加工 45°分型面橡胶模，如图 5—11 所示。要求合模后应定位准确，型腔成为一个或多个圆环，光滑且形状正确。因此，在加工过程中，要求能够正确刃磨并安装圆弧车刀，并能运用上、下模对刀法。

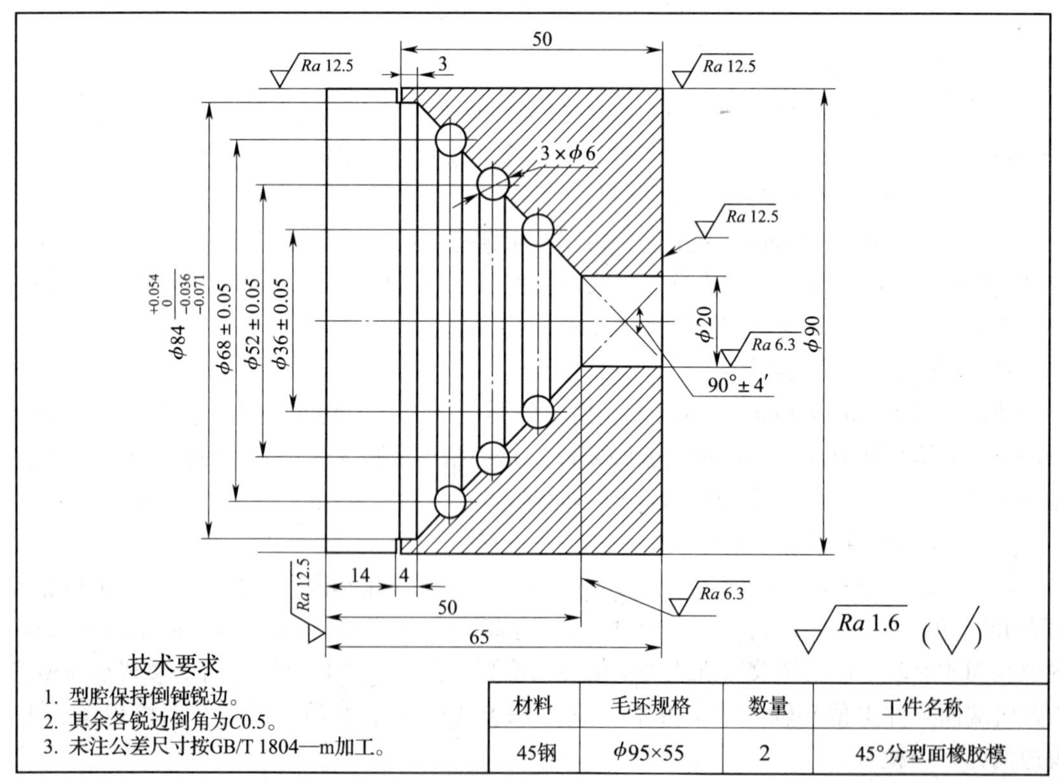

材料	毛坯规格	数量	工件名称
45钢	ϕ95×55	2	45°分型面橡胶模

图 5—11　45°分型面橡胶模

一、45°分型面橡胶模的图样分析

45°分型面橡胶模在加工时，外锥体与内锥面上的圆弧尺寸要一致，形状要准确，表面要光滑，要精确计算刀具的车削路线，要使用 *R* 样板正确刃磨圆弧车刀，合模后定位正确。

二、橡胶模圆弧沟槽上、下模对刀方法

车削上模或下模圆弧（*R*）沟槽时，应先在45°锥面上划出（*R*）沟槽两边的界线（如同车梯形螺纹时划出牙顶宽线一样），然后用圆弧刀垂直于圆锥面在界线之内按样板车出圆弧（*R*）沟槽。圆弧（*R*）沟槽的界线是通过计算求出的，如图 5—12 所示为确定圆弧（*R*）沟槽两侧界线值的示意图。

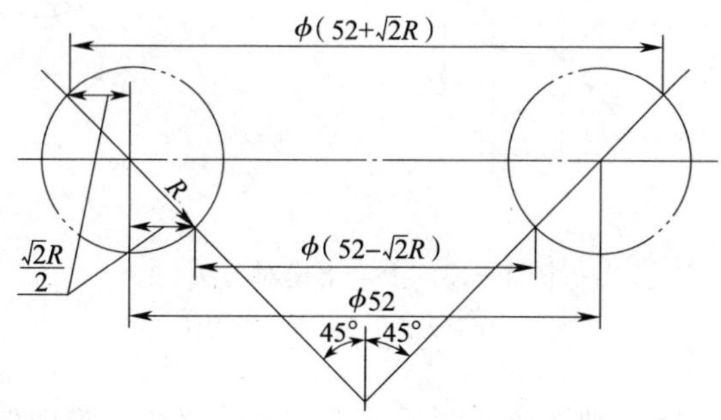

图 5—12　确定圆弧（*R*）沟槽两侧界线值的示意图

例如，以 ϕ（52 ± 0.005）mm 为中心，从图上可以看出，圆弧（*R*）沟槽的上限为 ϕ（$52+\sqrt{2}$R）mm，下限为 ϕ（$52-\sqrt{2}$R）mm。将车刀刀尖调准尺寸后，摇出这两个尺寸，在锥面上划出界线。为了使上、下模合模后两圆弧（*R*）沟槽的中心线重合，可采取对刀方法车削，只要对刀精确，就比较容易满足工件要求。

如图 5—13 所示为上、下模对刀法。图 5—13a 为上模对刀法，这种对刀法是在工件锥度和小滑板转过的角度都正确的情况下采取的。开反车将圆弧车刀反向在锥面上任何地方对刀，然后按箭头摇回，横向摇中滑板，其移动距离为（*R*）槽中心距 $+\sqrt{2}R$，摇 ϕ（$36+\sqrt{2}\times3$）mm，开正车，然后摇小滑板按箭头方向向前车出（*R*）槽。同样道理，反向对刀后，摇任何一个（*R*）槽中心距 $+\sqrt{2}R$，都能精确地车削任何一个（*R*）槽。图 5—13b 为下模对刀法，开正车将圆弧车刀在任何地方正向对刀，然后横向摇动中滑板，其移动距离为（*R*）槽中心距 $-\sqrt{2}R$，再开反车，摇小滑板就能车出任何一个（*R*）槽。

三、技能训练

车削如图 5—11 所示的 45°分型面橡胶模。

1. 操作要点

（1）用百分表或量块纠正车床中滑板刻度盘移动距离的误差。

（2）车圆弧沟槽前应先划线，然后以划线为参考对刀加工。

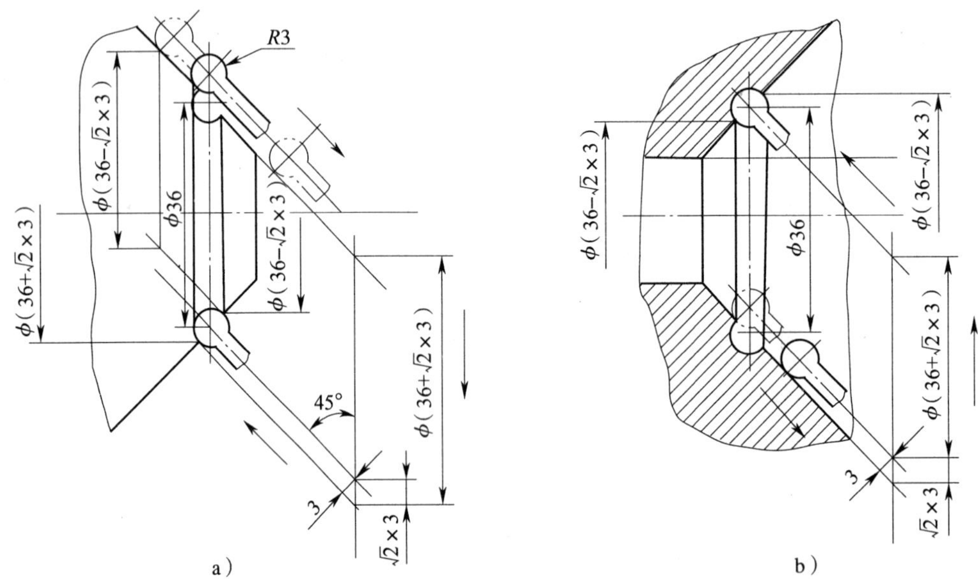

图 5—13　上、下模对刀法

a）上模对刀法　b）下模对刀法

（3）车圆弧沟槽时，应特别注意使圆弧车刀的进给路线与锥面保持垂直关系。

（4）圆弧沟槽的铣边不能车掉或用油石蹭掉，必须保留型腔边的尖角状，这样加工出的橡胶圈才能最大限度地保持圆整，不出现毛边。

2. 加工工艺

45°分型面橡胶模的加工工艺见表 5—2。

表 5—2　　45°分型面橡胶模的加工工艺

序号	名称		准备事项
1	材料		45 钢，尺寸为 $\phi95\times55$ mm 的棒料共两件
2	设备		CA6140 型车床（三爪自定心卡盘）
3	工艺准备	刃具	90°外圆车刀，45°弯头车刀，60°内孔车刀，90°内孔车刀，R3 mm 的圆弧车刀，$\phi18$ mm 的麻花钻
4		量具	游标卡尺 0.02 mm/（0～150 mm），千分尺 0.01 mm/（0～25 mm），内径百分表 0.01 mm/（18～35 mm），万能角度尺 2′/（0°～320°），内卡钳
5		工具	顶尖及钻夹具、划线盘、活扳手、旋具等常用工具

3. 加工步骤

45°分型面橡胶模的加工步骤见表 5—3。

表 5—3　　45°分型面橡胶模的加工步骤

操作步骤	工艺要点	加工简图
1. 夹住工件外圆车上模		
（1）车端面 （2）车外圆	车夹头	
2. 掉头夹住外圆		
（1）车外圆、端面 （2）车锥面及小端 $\phi 20$ mm 的孔，按万能角度尺或样板对角度，偏差为 ±4′，透光检查锥角 （3）车圆弧（R）沟槽 ϕ（68 +0.05）mm，ϕ（52 +0.05）mm 和 ϕ（36 ±0.05）mm （4）车去长度方向的多余部分	车上模锥面的圆弧沟槽，用样板检查时边做记号边修形，切削速度低于 5 m/min，充分润滑	
3. 夹住工件外圆车下模		
（1）车端面 （2）车外圆	车夹头	
4. 掉头夹住外圆		
（1）车端面，车去长度方向的多余部分 （2）接刀车外圆 （3）钻 $\phi 18$ mm 的孔 （4）车内孔 $\phi 20$ mm （5）车锥面，按万能角度尺或样板对角度并与上模配研 （6）车圆弧（R）沟槽 ϕ（68 +0.05）mm，ϕ（52 +0.05）mm 和 ϕ（36 ±0.05）mm	车下模锥面的圆弧沟槽，用样板透光检查锥面与沟槽，用样板检查时边做记号边修形，切削速度低于 5 m/min，充分润滑	

课后练习

一、选择题

1. 将两半箱体通过定位部分或定位元件合为一体，用检验心轴插入基准孔和被测孔，如果检验心轴能自由通过，就说明________符合要求。

A. 圆度　　B. 圆柱度　　C. 平行度　　D. 同轴度

2. 车削两半箱体同轴孔的关键是：将两半箱体合起来成为一个整体，再加工同心孔。

因为两同心孔是在一次装夹中加工出来的，所以能够保证________。

A. 位置度　　B. 圆度　　C. 同轴度　　D. 直线度

3. 车削两半箱体同心的孔，组装后将两个工件同轴的孔同时加工，拆开后再次组装，工件的位置精度将________。

A. 下降　　B. 不变　　C. 提高　　D. 不能判断

4. 如果两半箱体的同轴度要求不高，就可以在两被测孔中插入检验心轴，将百分表固定在其中一个心轴上，百分表测头触在另一孔的心轴上，百分表转动一周，________，就是同轴度误差。

A. 所得读数差的一半　　B. 所得读数差

C. 所得读数差的二倍　　D. 以上均不对

5. 车削两半箱体同心的孔，________将影响工件的位置精度。

A. 孔的尺寸精度　　B. 孔的位置精度

C. 定位元件的精度　　D. 不能判断

6. 车削对开箱体同轴内孔时，应将两个箱体________。

A. 分别加工　　B. 加工后组装

C. 组装后加工　　D. 以上均可

二、简答题

1. 试述沿工件周围找正对称平分工件平分线的方法。
2. 在车削上、下模圆弧沟槽时，为什么要在锥面上划出沟槽两边的界线？
3. 在组合件中，车削基准零件应注意哪些问题？
4. 车削组合件的关键技术有哪些？
5. 组合件中滚花部位应何时加工？
6. 组合件中配车的具体技术有哪些？
7. 车削带有锥度配合的组合件时应注意哪些问题？
8. 试述组合件中内、外圆同轴度误差的检验方法。

模块六

车床维护、保养与调整

课题1　润滑油的供给

学习目标

1. 了解车床润滑的作用及常用润滑方式。
2. 熟悉车床润滑系统和润滑要求。
3. 能对油泵供油润滑系统进行维护和保养。

一、车床的润滑作用

为了维持车床的正常运转，减少传动件之间的磨损，保证车床的加工精度，延长车床的使用寿命，应对车床的所有摩擦部位进行润滑并注意定期的维护、保养。

二、车床常用润滑方式

车床的润滑有很多形式，常用的方式见表6—1。

表6—1　　车床常用润滑方式

润滑方式	图例与说明
浇油润滑	浇油润滑通常用于外露的滑动表面，如床身导轨面和滑板导轨面等
溅油润滑	溅油润滑通常用于密闭的箱体中。如车床的主轴箱，它利用箱中齿轮的转动将箱内下方的润滑油溅射到箱体上部的油槽中，然后经槽内油孔流送到各润滑点进行润滑
油绳导油润滑	油绳导油润滑常用于车床进给箱和溜板箱的油池中，它利用毛线既易吸油又易渗油的特性，通过毛线把油引入润滑点，间断地滴油润滑
弹子油杯注油润滑	弹子油杯注油润滑通常用于尾座、中滑板摇手柄和丝杠、光杠、操纵杆支架的轴承处。注油时，用油枪端头油嘴压下油杯上的弹子，注入润滑油。撤去油嘴，弹子回复原位，封住油杯的注油口，以防尘屑入内
黄油杯润滑	黄油杯常用于交换齿轮箱挂轮架的中间轴或不便经常润滑的地方。在黄油杯中事先装满钙基润滑脂，需要润滑时，拧进油杯盖，将杯中的油脂挤压到润滑点（如轴承套）中去。使用油脂润滑比加注机油方便，且存油期长，不需要每天加油

续表

润滑方式	图例与说明
油泵输油润滑	油泵输油润滑常用于转速高、需要大量润滑油连续强制润滑的场合，如车床主轴箱内许多润滑点就采用这种方式润滑

三、车床的润滑系统和润滑要求

车床的润滑系统可以通过车床的润滑系统标牌进行识读。

如图 6—1 所示为 CA6140 型卧式车床的润滑系统标牌，可以了解车床的润滑部位、润滑周期、润滑要求及润滑机油的牌号。CA6140 型卧式车床润滑系统的润滑要求，见表 6—2。

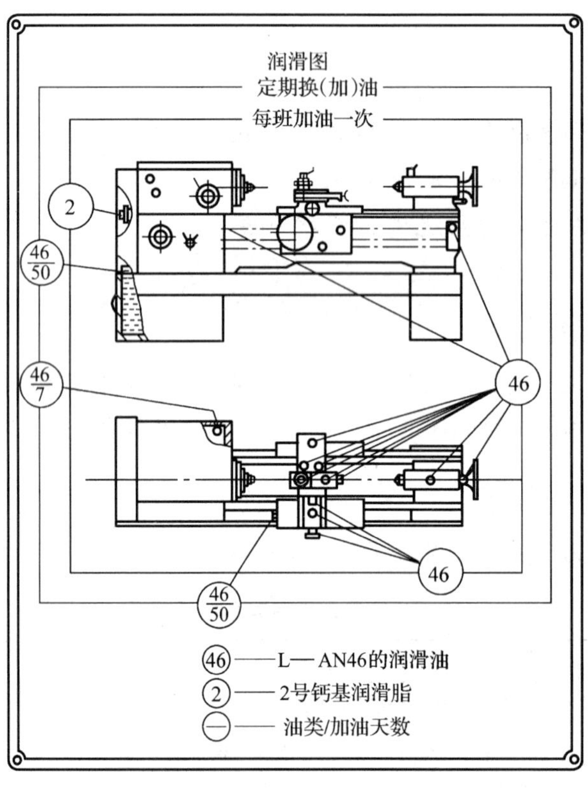

图 6—1　CA6140 型卧式车床的润滑系统标牌

表 6—2　**CA6140 型卧式车床润滑系统的润滑要求**

润滑周期	数字	意义	符号	含义	润滑部位	数量
每班	整数形式	“○”中数字表示润滑油牌号，每班加油 1 次	②	用 2 号钙基润滑脂进行脂润滑，每班拧进油杯盖 1 次	交换齿轮箱的中间齿轮轴	1 处
			㊻	使用牌号为 L—AN46 的全损耗系统用油，每班加油 1 次	多处，见图 6—1	13 处

续表

润滑周期	数字	意义	符号	含义	润滑部位	数量
经常性	分数形式	“(分子/分母)”中分子表示润滑油牌号，分母表示两班制工作时换（添）油间隔的天数（每班工作时间为 8 h）	(46/7)	分子“46”表示使用牌号为 L—AN46 的全损耗系统用油，分母“7”表示加油间隔为 7 天	主轴箱后面电气箱内的床身立轴套	1 处
			(46/50)	分子“46”表示使用牌号为 L—AN46 的全损耗系统用油，分母“50”表示换油间隔为 50 天	左床角内的油箱和溜板箱	2 处

L—AN 油是由精制矿油制得的，也可加入少量降凝剂，按其在 40℃运动黏度的中心值分为 5～150 十个黏度等级。润滑机油的牌号，一般表示机油的黏度值，牌号越小，其黏度越低。L—AN 机械油一般用于无特殊要求的机械设备，负荷轻、转速快的机械设备可选用低黏度机械油；负荷重、转速慢的机械设备，可选用高黏度的机械油。一般机床设备冬天选用 32 号机械油，夏天选用 46 号机械油。

四、技能训练

1. 检查油泵供油润滑系统。
2. 更换润滑油。

操作要点：

(1) 检查油泵供油润滑系统时必须切断机床总电源。
(2) 用煤油清洗主轴箱和齿轮进给箱。
(3) 通过油标观察润滑油面的位置，不得低于油标的中线。
(4) 注入新润滑油时要用滤网过滤。

课题 2　安全离合器的调整

学习目标

1. 熟悉安全离合器的工作原理。
2. 熟悉超越离合器的结构及其工作原理。
3. 掌握安全离合器的调整方法。

一、安全离合器的作用

主轴箱通过长丝杠或光杠将旋转运动传递给溜板箱，变换溜板箱外的手柄位置，可以调整箱内的机构，使车刀作纵向或横向机动进给。安全离合器就是在机动进给过程中，当进给抗力过大或刀架运动受阻碍时，能自动停止进给运动，避免传动机构零件损坏，因此又称为进给过载保护机构。

二、安全离合器的工作原理

安全离合器的结构如图 6—2 中的 M_9所示。它由端面带螺旋形齿爪的左右两半部 14 和 13 组成，其左半部 14 用键装在超越离合器 M_6的星轮 3 上，与轴Ⅱ空套，右半部 13 与轴Ⅱ用花键连接。安全离合器正常传动情况如图 6—3a 所示，在弹簧 3 的压力作用下，两半部相互啮合在一起；当过载时，将使离合器的轴向分力增大而超过弹簧 3 的压力，使离合器的右半部向右移动（见图 6—3b），于是两端面齿爪之间打滑（见图 6—3c），因此断开了传动，从而保护机构不损坏。过载排除后，在弹簧 3 的压力作用下，离合器又恢复原状。

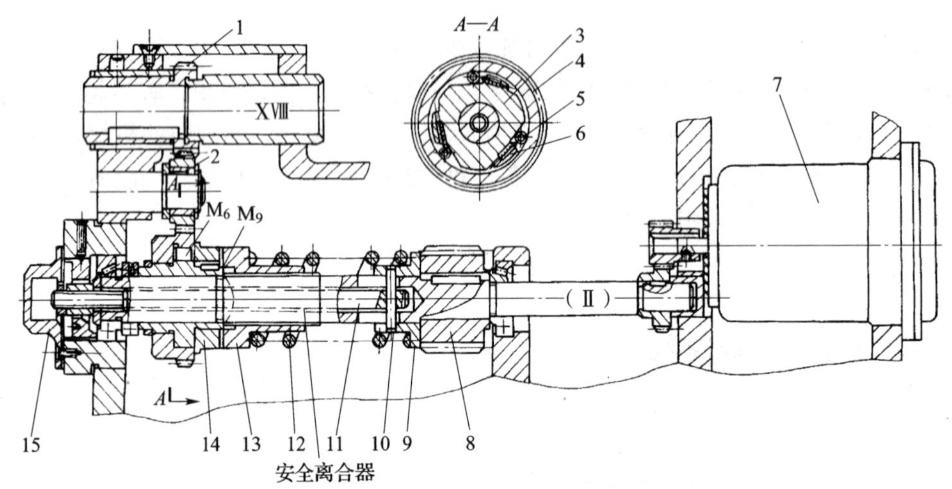

图 6—2　超越离合器和安全离合器的结构

1、2、4—齿轮　3—星轮　5—滚柱　6、12—弹簧　7—快速进给电动机　8—蜗杆　9—弹簧座　10—横销　11—拉杆　13—离合器右半部　14—离合器左半部　15—螺母

三、超越离合器的结构及其工作原理

超越离合器主要用在有快、慢两种速度交替传动的轴上，以实现运动的自动转换。CA6140 型车床的溜板箱中装有超越离合器，它的结构原理如图 6—4 所示。

超越离合器由星形体 4、三个滚柱 3、三个弹簧销 7 以及齿轮 2 右端的套筒 m 组成。齿轮 2 空套在轴Ⅱ上，星形体 4 用键与轴Ⅱ连接。

当慢速运动由轴Ⅰ经齿轮副 1、2 传来，套筒 m 逆时针转动，依靠摩擦力带动滚柱 3 向楔缝小的地方运动，并楔紧在星形体 4 和套筒 m 之间，从而使星形体和轴Ⅱ一起转动。

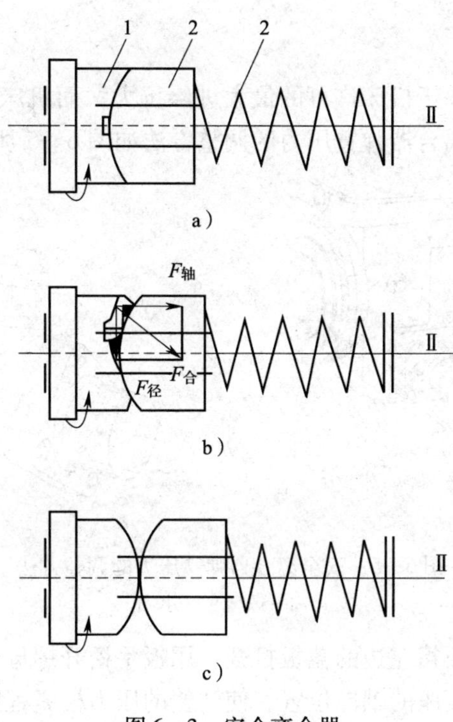

图6—3 安全离合器

a）正常传动 b）过载 c）传动断开

1—离合器左半部 2—离合器右半部 3—弹簧

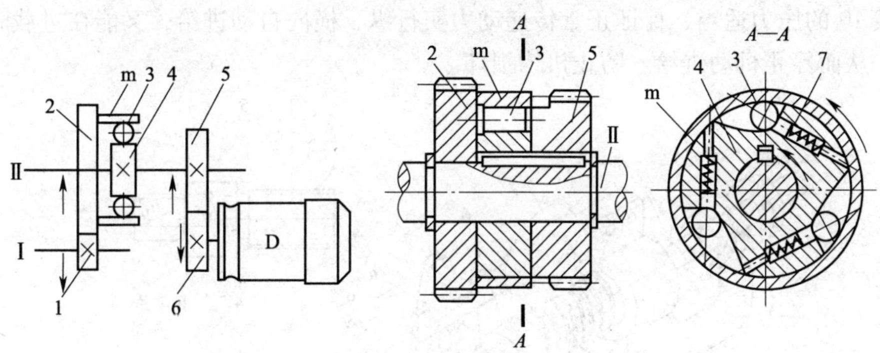

图6—4 超越离合器

1、2、5、6—齿轮 3—滚柱 4—星形体

7—弹簧销 m—套筒 D—快速电动机

若此时启动快速电动机D，快速运动经齿轮副6和5传给轴Ⅱ，带动星形体逆时针转动。由于星形体的转速超越齿轮套筒的转速好多倍，因此使得滚柱压缩弹簧销退出了楔缝，于是套筒与星形体之间的运动联系便自动断开。快速电动机一旦停止转动，超越离合器又自动接合，仍然由齿轮套筒带动星形体实现慢速转动。这种结构的超越离合器，由于传入的快速和慢速运动都只能单方向传递，因此也称为单向超越离合器。

四、技能训练

安全离合器的调整

安全离合器的调整取决于机床许可的最大进给抗力，而机床许可的最大进给抗力又决定于弹簧的压缩量。安全离合器弹簧压力的调整方法如图 6—5 所示。

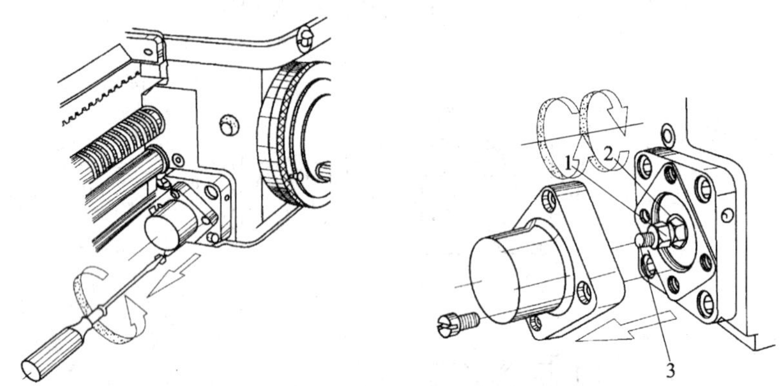

图 6—5　安全离合器弹簧压力的调整方法

1、2—螺母　3—拉杆

调整时先用旋具将溜板箱左边的盖板打开，用扳手松开螺母 1，然后拧紧螺母 2，通过拉杆 3 和箱内横销调整弹簧座的轴向位置，使弹簧的压力松紧程度适当，即当进给过载时，进给运动能迅速停止，然后将螺母 1 锁紧并盖上盖板。

对于采用“脱落蜗杆”机构进行过载保护的车床，其“脱落蜗杆”的结构如图 6—6 所示，弹簧 10 的压力大小决定脱落蜗杆的负载能力。因此，通过改变螺母 11 的轴向位置，可使弹簧 10 的压力适当，保证正常传递动力实行纵、横向自动进给，又能在过载时使离合器脱落，从而停止机动进给，防止机构损坏。

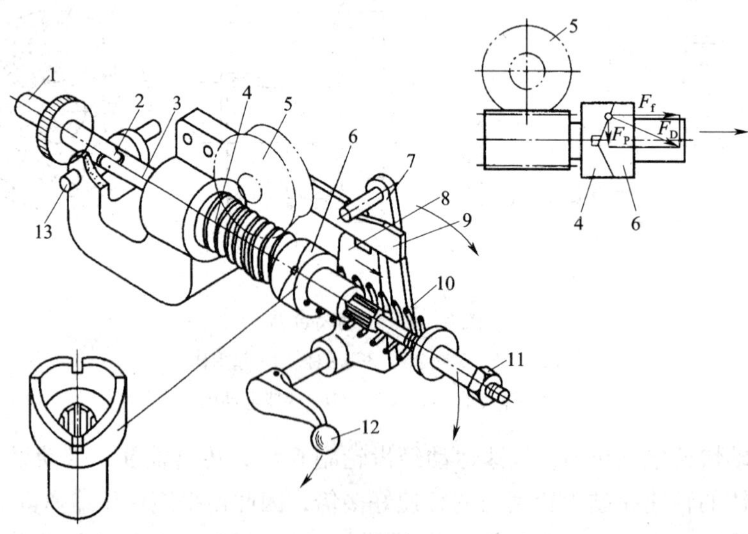

图 6—6　脱落蜗杆结构图

1—传动轴　2—万向接头　3—轴　4—蜗杆　5—蜗轮

6—离合器　7—压杆　8—杠杆　9—控制板　10—弹簧　11—螺母　12—手柄

课题3　车床精度检验、故障分析和排除

学习目标

1. 熟悉卧式车床精度检验项目，并掌握检测方法。
2. 掌握车床精度对加工质量的影响。
3. 掌握车床发生故障的原因及解决措施。

一、车床精度检验

在车床上加工工件时，影响加工质量的因素很多，如工件的装夹方法、车刀的几何形状、切削用量、加工方法的选择等。若将这些因素排除后，车床本身的精度是影响工件质量的一个重要因素。如果机床精度较差或机床某些部件损坏，机床间隙没有调整好，对加工精度的影响就很大。

卧式车床精度检验内容包括几何精度检验和工作精度检验两部分。下面以工件最大回转直径 $D_a \leqslant 800$ mm 的车床为例介绍车床精度的内容及检验方法。

1. 几何精度检验

车床的几何精度是指机床某些基础零件本身的几何形状精度、相互位置精度及其相对运动的精度。车床的几何精度是保证加工精度的最基本条件。车床几何精度要求的项目及检验方法如下。

(1) 床身导轨调平

1）纵向导轨在垂直平面内的直线度。

如图6—7所示，检验前应将机床装在适当的基础上，在床脚紧固螺栓孔处设置可调楔铁，用水平仪将机床调平。检验时，将框式水平仪纵向放置在溜板上靠近前导轨处（图6—7a 中位置 A），从主轴箱一端的极限位置开始，从左向右移动溜板，每次移动距离应近似等于规定的局部误差测量长度。依次记录溜板在每一测量长度位置时的水平仪读数。将这些读数依次排列，用适当的比例画出导轨在垂直平面内的直线度误差曲线。水平仪读数为纵坐标，溜板在起始位置时的水平仪读数为起点，由坐标原点起作一折线段，其后每次读数都以前折线段的终点为起点，画出相应折线段，各折线段组成的曲线，即为导轨在垂直平面内的直线度曲线。曲线相对其两端连线的最大坐标值，就是导轨全长的直线度误差；曲线上任一局部测量长度内的两端点相对曲线两端点的连线坐标差值，就是导轨的局部误差。

例如检验一台最长加工长度为1 000 mm 的车床，用刻度值为0. 02 mm/1 000 mm 的框式水平仪检验导轨在垂直平面内的直线度误差。水平仪垫铁长度为250 mm，分4段测量，用绝对读数法（水准器气泡在中间位置时读作0。以零线为基准，气泡向任意一端偏离零线的格数，就是实际偏差的格数。在测量中，习惯把气泡向右移动作为“+”，向左移动

作为“-”），每段测得水平仪读数为+1.8、+1.4、-0.8、-1.6格。根据这些误差在纵、横坐标轴向按一定比例画出误差曲线，如图6—8所示。

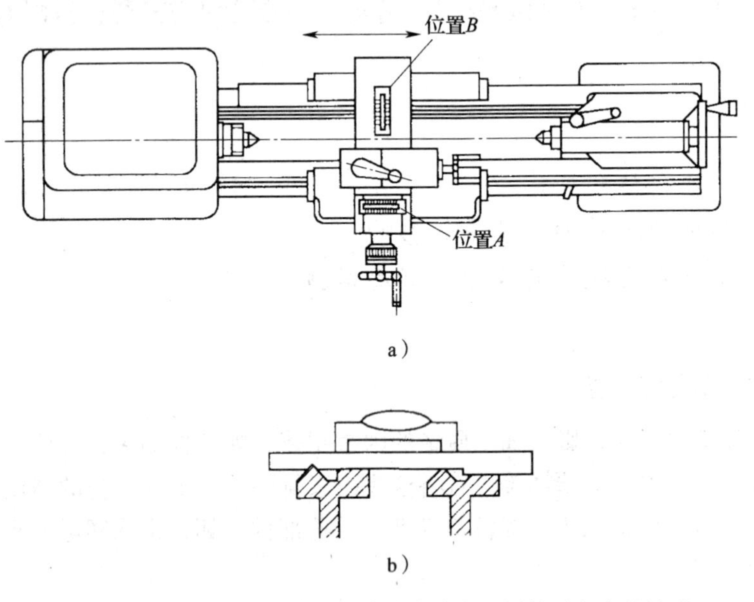

a）

b）

图6—7　床身导轨在垂直平面内的直线度和导轨平行度的检验

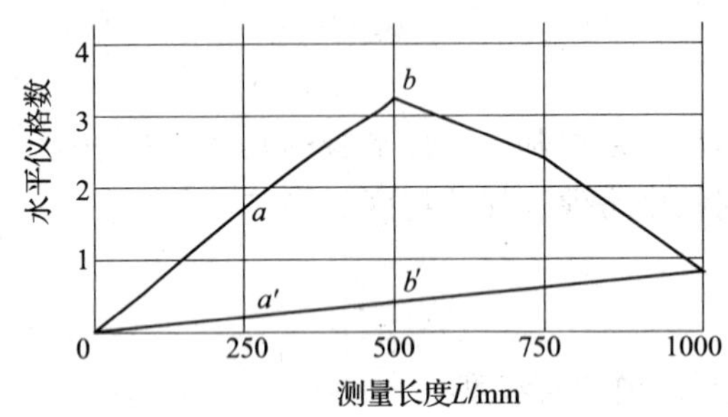

图6—8　导轨在垂直平面内直线度误差曲线图

导轨直线度误差的确定方法是：作出曲线后再将曲线的首尾（两端点）连线，并经曲线的最高点作垂直于水平轴线方向的垂线，与连线相交的那段距离 h（即 bb'），即为导轨的直线度误差的格数。从误差曲线图可以看到，导轨在全长范围内呈现出中间凸的状态，且最大凸起值在导轨500 mm长度处。

将水平仪测量的偏差格数换算成标准的直线度误差值 δ，可按下式计算：

$$\delta = nil$$

式中　n——误差曲线中的最大误差格数；

i——水平仪刻度值；

l——每段测量长度，mm。

按误差曲线图，根据上面公式导轨全长的直线度误差 $\delta_{全}$ 为：

$$\delta_{全} = bb' \times 0.02\ \text{mm}/1\,000\ \text{mm} \times 250\ \text{mm}$$

$$= 2.8 \times 0.02\ \text{mm}/1\,000\ \text{mm} \times 250\ \text{mm} = 0.014\ \text{mm}$$

导轨直线度的局部误差 $\delta_{局}$ 为：

$$\delta_{全} = (aa' - 0) \times 0.02\ mm/1\ 000\ mm \times 250\ mm$$
$$= 1.6 \times 0.02\ mm/1\ 000\ mm \times 250\ mm = 0.008\ mm$$

规定最大工件长度 750 mm、1 000 mm 直线度允差为 0.02 mm（只许凸），局部允差在任意 250 mm 测量长度上为 0.007 5 mm；长度 1 500 mm 及 2 000 mm 直线度允差分别为 0.025 mm 和 0.03 mm，局部允差在任意 500 mm 测量长度上为 0.015 mm。

根据上述计算，车床的直线度全程允差为 0.02 mm，局部公差为 0.007 5 mm，而在导轨两端 *DC*/4（*DC* 为最大工件长度）测量长度上局部公差可以加倍，所以该车床床身导轨在垂直平面内的直线度检验合格。

车床导轨中间部分使用机会较多，比较容易磨损，因此规定导轨中间只允许凸起。

2）导轨在垂直平面内的平行度

导轨在垂直平面内的直线度检验结束后，将水平仪转位 90°，即与导轨垂直，放在溜板上（图 6—7a 中位置 *B*），纵向等距离移动溜板。移动距离与检验导轨在垂直平面内的直线度相同，记录溜板在每一位置时水平仪的读数。水平仪在全部测量长度上读数的最大代数差值，就是导轨（横向）的平行度误差。也可将水平仪放在专用平板上（见图 6—7b）对导轨进行检验。平行度误差允差为 0.04 mm/1 000 mm。

（2）溜板移动在水平面内的直线度（在两顶尖轴线和刀尖所确定的平面内检验）

检验方法如图 6—9 所示。将百分表磁性表座吸于溜板上，使表的测量头触及两顶尖间的检验棒侧素线上，调整尾座，使百分表在检验棒两端的读数相等。然后移动溜板，在全行程上检验。百分表在全行程上读数的最大代数差值，就是水平面的直线度误差。

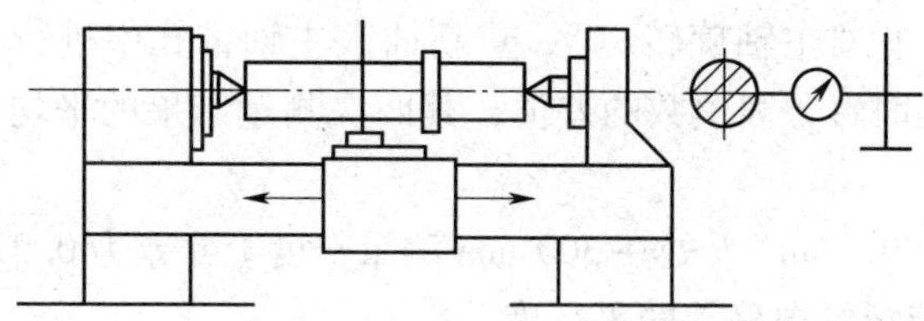

图 6—9　溜板移动在水平面内的直线度检验

规定最大工件长度 750 mm、1 000 mm 的允差为 0.02 mm；对长度 1 500 mm 及 2 000 mm 允差分别为 0.02 mm、0.025 mm。并规定只许向操作者方向凸，以便补偿切削时产生的弹性变形。

（3）主轴的轴向窜动和轴肩支承面的端面圆跳动

1）主轴的轴向窜动

检验方法如图 6—10 所示。在主轴锥孔内插入一短圆锥检验棒，在检验棒端部中心孔内放一钢球，将百分表固定在机床上，使百分表平测量头顶在钢球上（图 6—10 中的位置 *a*），为消除滚柱轴承游隙的影响，在测量方向沿主轴轴线加一力 *F*，其大小一般为 0.5 ~ 1 倍主轴质量。慢速旋转主轴进行检验，百分表读数的最大差值，就是主轴的轴向窜动误差。

2）主轴轴肩支承面的端面圆跳动

将百分表固定在机床上，百分表测量头触及轴肩支承面靠近外缘处（图 6—10 中的位置 b)，沿主轴轴线加一力 F 并旋转主轴，分别在相隔 90°的四个位置上进行检验，四次测量结果中的最大差值，就是主轴轴肩支承面的端面圆跳动误差。

规定主轴的轴向窜动允差为 0.01 mm，主轴轴肩支承面的端面圆跳动允差为 0.02 mm。

(4) 主轴定心轴颈的径向圆跳动

将百分表固定在机床上，使其测量头垂直触及圆柱（锥）轴颈表面，如图 6—11 所示。沿主轴轴线加一力 F（以消除轴承的轴向间隙），旋转主轴进行检验。百分表读数的最大差值，就是主轴定心轴颈的径向圆跳动误差。

规定主轴定心轴颈的径向圆跳动允差为 0.01 mm。

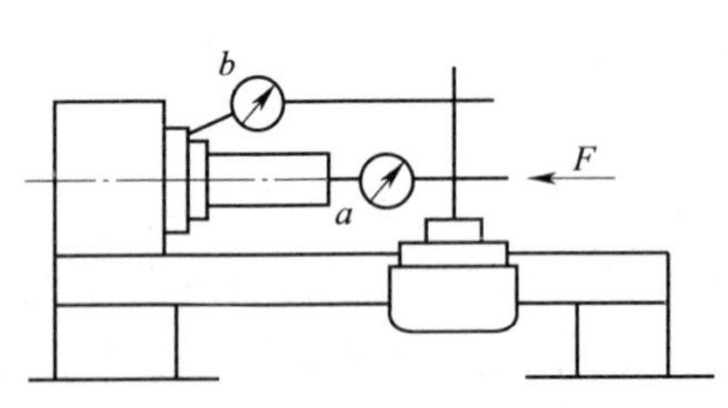

图 6—10 主轴的轴向窜动和轴肩支承面的端面圆跳动检验

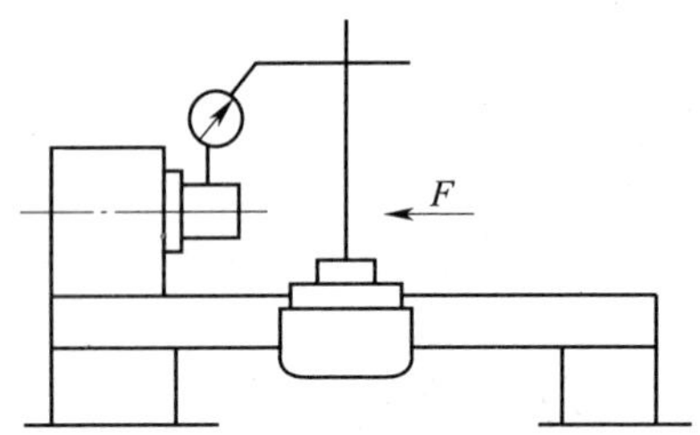

图 6—11 主轴定心轴颈的径向圆跳动检验

(5) 主轴锥孔轴线的径向圆跳动

检验时，在主轴锥孔内插入一检验棒，把百分表固定在机床上，使其测量头触及检验棒的上素线，如图 6—12 所示。旋转主轴分别在 a 处和 b 处检验（a 处靠近主轴端面，b 处距主轴端面 300 mm），a、b 两处的误差应分别计算。为了消除检验棒误差的影响，一次检验后，需拔出检验棒，相对主轴旋转 90°，重新插入主轴锥孔中进行检验，这样重复检验三次，并记录每次检验时百分表读数的差值，其四次测量结果的平均值，就是主轴锥孔轴线的径向圆跳动误差。

规定 a 处允差为 0.01 mm，b 处在 300 mm 测量长度上允差为 0.02 mm。

(6) 主轴轴线对溜板纵向移动的平行度

检验方法如图 6—13 所示。在主轴锥孔中插入一检验棒，把百分表磁性表座固定在床鞍上，使百分表测量头触及检验棒表面。分别在 a、b 两处（a 在垂直平面内，b 在水平面内）移动溜板进行检验，并记录每次测量时百分表读数的最大差值。将主轴回旋 180°，用同样的方法再检验一次。两次测量结果的代数和的一半（为了消除检验棒的精度误差），就是主轴轴线对溜板纵向移动的平行度误差（a、b 误差分别计算）。

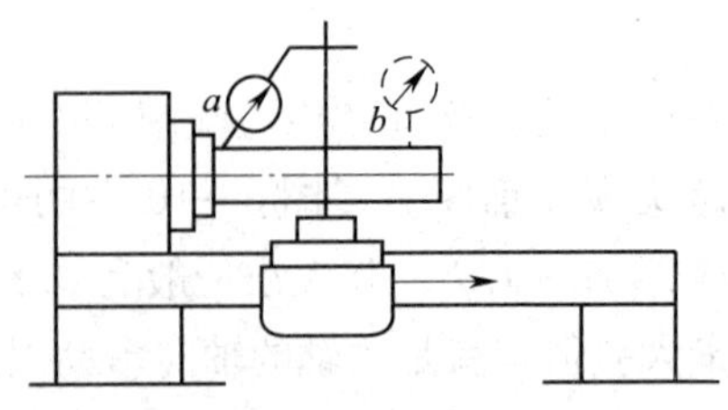

图 6—12 主轴锥孔轴线的径向圆跳动检验

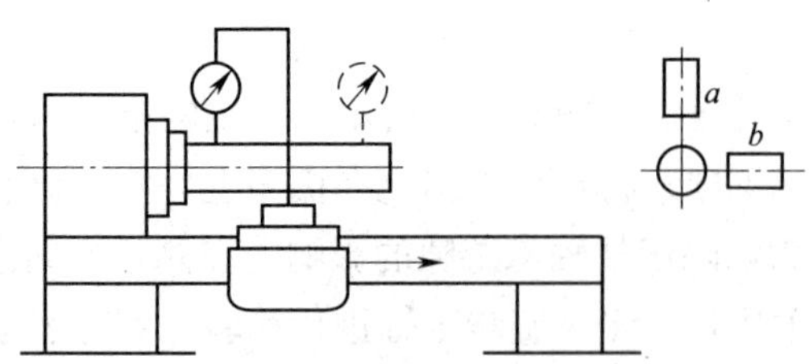

图 6—13 主轴轴线对溜板移动的平行度检验

规定 a 在 300 mm 测量长度上允差为 0.02 mm（D_a≤800，只许向上偏），b 在 300 mm 测量长度上允差为 0.015 mm（只许向前偏，即向操作者方向偏）。在垂直平面内只许向上偏是为了补偿因工件自重引起的偏差，在水平面内只许向前偏是为了补偿因切削力而引起的弹性变形。

（7）主轴顶尖的径向圆跳动

检验方法如图 6—14 所示。将检验用专用顶尖插入主轴锥孔内，把百分表磁性表座固定在床鞍上，使百分表测量头与顶尖的圆锥表面触及垂直。沿主轴轴线加一力 F 后旋转主轴检验。把百分表读数的最大差值除以 cos30°（30°为圆锥半角）后所得的数值就是主轴顶尖的径向圆跳动误差。

规定主轴顶尖的径向圆跳动允差为 0.015 mm（D_a≤800）。

（8）主轴和尾座两顶尖的等高度

检验方法如图 6—15 所示。用两顶尖支承检验棒，把百分表磁性表座固定在床鞍上，使百分表测量头在垂直平面内分别触及检验棒的两端进行检验。百分表在检验棒两端读数的差值，就是等高度误差。检验时注意尾座套筒应退入尾座孔内并锁紧。

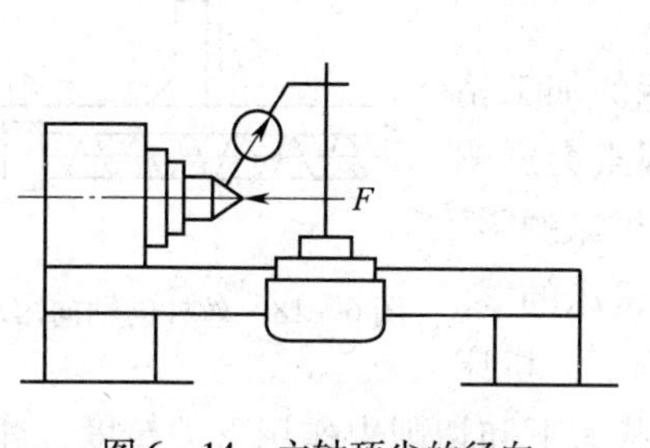

图 6—14　主轴顶尖的径向圆跳动检验

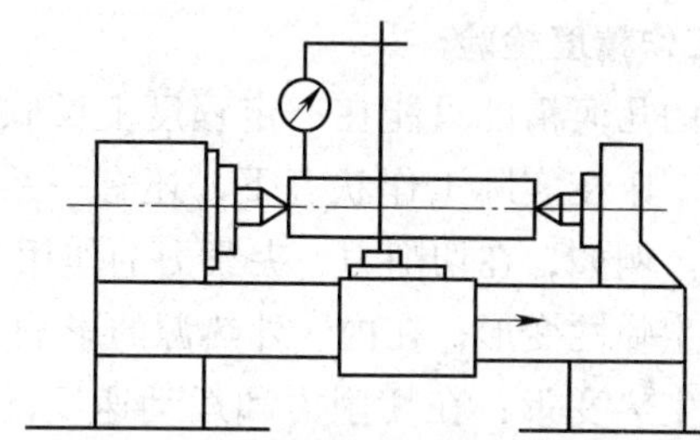

图 6—15　主轴和尾座两顶尖的等高度检验

规定等高度允差为 0.04 mm（只许尾座高）。规定只许尾座高是考虑到主轴箱运转时产生热变形而引起主轴轴线升高，同时补偿尾座导轨的磨损量。

（9）小刀架纵向移动对主轴轴线的平行度

检验方法如图 6—16 所示。检验时，将检验棒插入主轴锥孔内，百分表固定在小滑板上，使其测量头在水平面内触及检验棒。调整小刀架下的转盘位置，使百分表在检验棒两端的读数相等。再将百分表测量头在垂直平面内触及检验棒，移动小滑板检验。将主轴旋转 180°，用同样的方法再检验一次，两次测量结果的代数和的一半，就是小刀架纵向移动对主轴轴线的平行度误差。

规定该检验项目在 300 mm 测量长度上允差为 0.04 mm。

（10）横刀架横向移动对主轴轴线的垂直度

检验方法如图 6—17 所示。将检验平盘固定在主轴上，百分表磁性表座固定在中滑板上，使百分表测头触及平盘表面，移动中滑板进行检验。将主轴旋转 180°，用同样的方法再检验一次，两次测量结果的代数和的一半，就是横刀架横向移动对主轴轴线的垂直度误差。

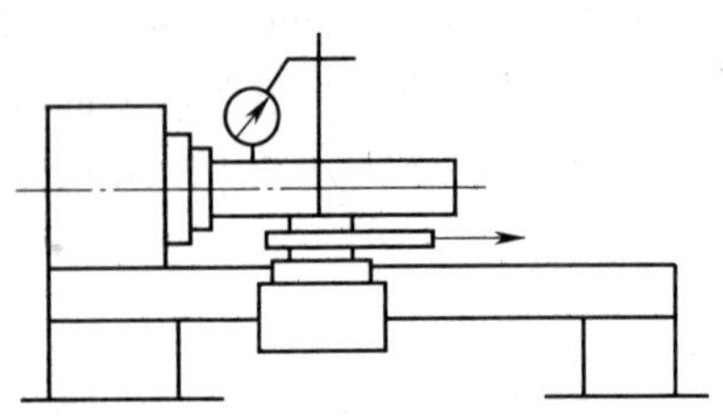

图 6—16　小刀架纵向移动对主轴轴线的平行度检验

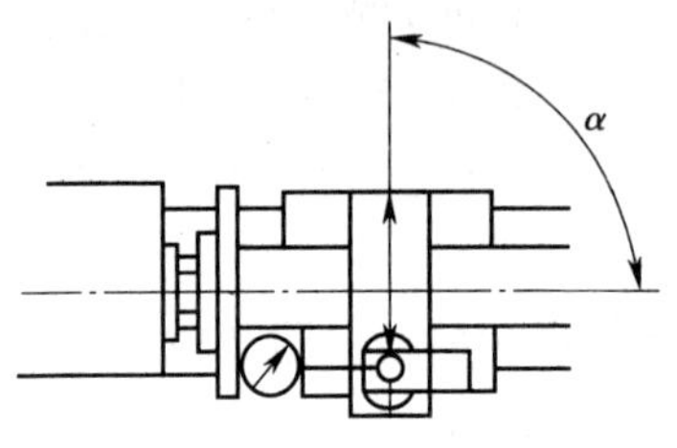

图 6—17　横刀架横向移动对主轴轴线的垂直度检验

规定该检验项目在 300 mm 测量长度上允差为 0.02 mm，偏差方向 α 不小于 90°。考虑 α 不小于 90°是因为加工出的端面呈内凹，接触良好。

（11）丝杠的轴向窜动

检验方法如图 6—18 所示。检验前先在丝杠中心孔内用黄油粘一钢球。检验时将百分表磁性表座固定在床身导轨上，使百分表测量头触及钢球顶端。在丝杠中段处闭合开合螺母，旋转丝杠检验。百分表读数的最大差值，就是丝杠的轴向窜动误差。

规定该检验项目的允差为 0.015 mm。

2. 工作精度检验

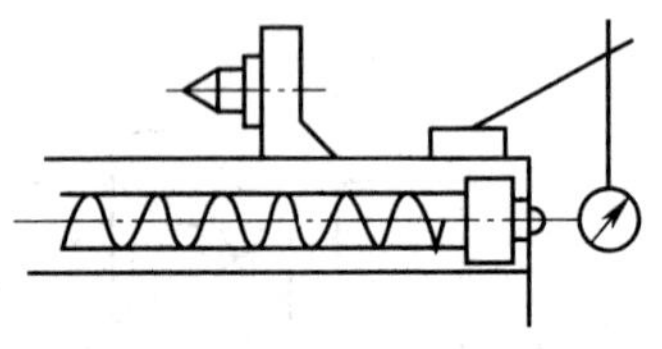

图 6—18　丝杠的轴向窜动检验

车床的几何精度只能在一定程度上反映机床的加工精度，但是车床在实际工作状态下，还有一系列因素会影响加工精度。例如，在切削力、夹紧力的作用下，机床的零、部件会产生弹性变形；在内、外热源的影响下，机床的零、部件会产生热变形；在切削力和运动速度的影响下，机床会产生振动等。车床的工作精度是指车床在运动状态下和切削力作用下的精度，即车床在工作状态下的精度。车床的工作精度是通过加工试件精度来评定的，是各种因素对加工精度影响的综合反映。

卧式车床的工作精度检验项目、允差及检验工具见表 6—3。

表 6—3　　卧式车床工作精度检验项目、允差及检验工具　　mm

序号	检验项目	检验性质	切削条件	允差		检验工具	备注
				$D_a \leqslant 800$	$800 < D_a \leqslant 1\ 600$		
P1	简图及试件尺寸 $D \geqslant \frac{D_a}{8}$　$l_1 = \frac{D_a}{2}$ $l_{1max} = 500$ mm $l_{2max} = 20$ mm 试件材料为钢材 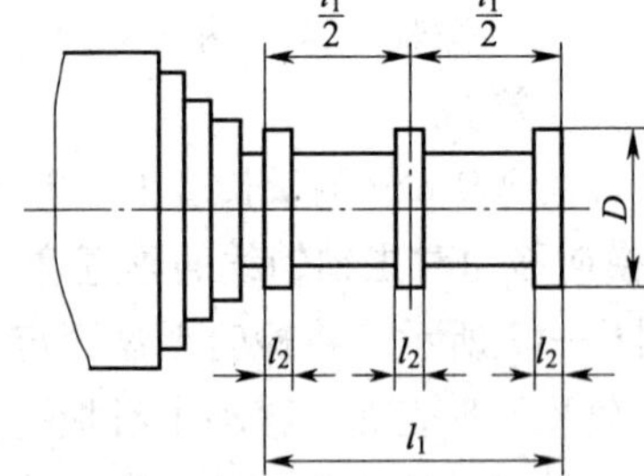						

续表

序号	检验项目	检验性质	切削条件	允差		检验工具	备注
				$D_a \leqslant 800$	$800 < D_a \leqslant 1\ 600$		
P1	精车外圆的精度 *a*. 圆度 *b*. 圆柱度（任何锥度都应当大端直径靠近床头端）（热检）	精车夹在卡盘中的圆柱试件（试件材料为钢件） （试件也可插在主轴锥孔中）	在圆柱面上车削三段直径，当 l_1 <50 时可车削两段直径	*a* 0.01 *b* 0.04 两个相邻台阶的直径差（只有两个台阶时除外）不应大于最外面两个台阶直径差的75%	*a* 0.02 *b* 0.04	外径千分尺或精密检验工具	精车后在三段直径上检验圆度和圆柱度 *a*. 圆度误差以试件同一横剖面内的最大与最小直径之差计 *b*. 圆柱度误差以试件任意轴向剖面内最大与最小直径之差计
	简图及试件尺寸 $L_{max} = \frac{D_a}{8}$　$D \geqslant \frac{D_a}{2}$ 试件材料为铸材						
P2	精车端面的平面度（热检）	精车夹在卡盘中的盘形试件	精车垂直于主轴的端面（可车两个或三个20 mm 宽的平面，其中之一为中心平面）	300 直径上为0.025（只许凹）		平尺和量块或指示器	用平尺和量块检验。也可用指示器固定在横刀架上，使其测量头触及端面的后部半径上，移动刀架检验。指示器读数的最大差值的一半就是平面度误差

续表

<table>
<tr><th rowspan="2">序号</th><th rowspan="2">检验项目</th><th rowspan="2">检验性质</th><th rowspan="2">切削条件</th><th colspan="2">允差</th><th rowspan="2">检验工具</th><th rowspan="2">备注</th></tr>
<tr><th>$D_a \leqslant 800$</th><th>$800 < D_a \leqslant 1\ 600$</th></tr>
<tr><td rowspan="2">P3</td><td colspan="7">简图及试件尺寸
L=300
试件材料为钢材</td></tr>
<tr><td>精车300 mm长螺纹的螺距误差
（热检）</td><td>精车两顶尖间圆柱试件的60°普通螺纹</td><td>试件螺距应与标准丝杠螺距相同，直径应尽可能接近标准丝杠的直径</td><td colspan="2">$DC \leqslant 2\ 000$
a．在300 mm测量长度内为0.04 mm
$DC > 2\ 000$
最大工件长度每增加1 000 mm，允差增加0.005 mm，最大允差为0.05 mm
b．在任意60 mm测量长度内为0.015 mm</td><td>专用精密检验工具</td><td>精车后在300 mm和任意50 mm长度内进行检验。螺纹表面应光洁，无洼陷与波纹</td></tr>
</table>

说明：

（1）卧式车床精车外圆后，其表面粗糙度不大于 $Ra2.5$ μm。精密卧式车床精车外圆后，其表面粗糙度不大于 $Ra1.25$ μm。

（2）车削试件端面时允许不车环形带，而车削全部平面。当试件端面车环形带时，对于 $D_a > 800$ mm 的车床，必须留有三个环形带。在试件端面上可留有直径约为 $D_a/20$ 的中心孔，但中心孔直径不得大于10 mm。精车端面后，其表面粗糙度不大于 $Ra0.5$ μm。

（3）车削螺纹时必须经过进给机构，不允许直接车削。螺纹的左右侧面均应检验。检验时应考核螺纹表面光滑、无波纹，无啃刀痕迹。

二、卧式车床精度对加工质量的影响

卧式车床的各项精度所对应的机床本身的误差，加工时都会反映在被加工零件上，影响零件的加工质量和生产效率。卧式车床精度误差对加工质量的影响见表6—4，在实际生产中，可依据有关影响的具体因素对车床的精度误差进行调整或修理。

表6—4　　卧式车床精度误差对加工质量的影响

序号	机床误差	对加工质量的影响	加工误差简图
1	纵向导轨在垂直平面内的直线度误差	在车削内、外圆时，刀具纵向移动过程中高低位置发生变化，影响工件素线的直线度	δR R

续表

序号	机床误差	对加工质量的影响	加工误差简图
2	纵向导轨的平面度误差	在车削内、外圆时，刀具纵向移动过程中高低及前后位置均发生变化，影响工件素线的直线度，其中对前后位置变化的影响较大，并产生锥度	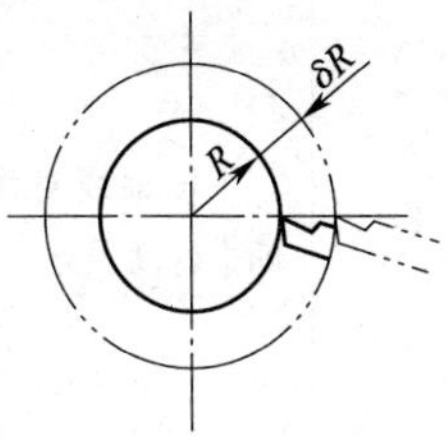 R δR
3	溜板移动在水平面内的直线度误差	在车削内、外圆时，刀具纵向移动过程中前后位置发生变化，影响工件素线的直线度	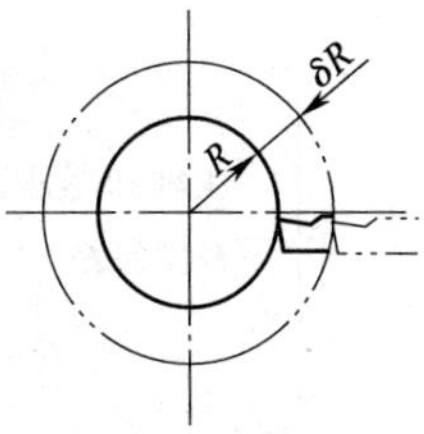 R δR
4	主轴定心轴颈的径向圆跳动误差	用卡盘夹持工件车削内、外圆时，将影响工件产生圆度、圆柱度误差，增大表面粗糙度值；影响加工表面与夹持面的同轴度，多次装夹中会影响加工出的各表面的同轴度；钻、扩、铰孔时引起孔径扩大以及影响工件表面粗糙度	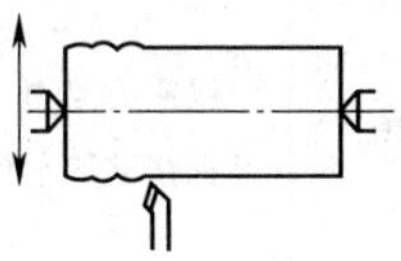
5	主轴锥孔轴线的径向圆跳动误差	用前、后顶尖支承工件车削外圆时，将影响工件的圆度和圆柱度，加工表面与中心孔的同轴度；多次装夹时会影响加工出的各表面的同轴度以及工件表面粗糙度	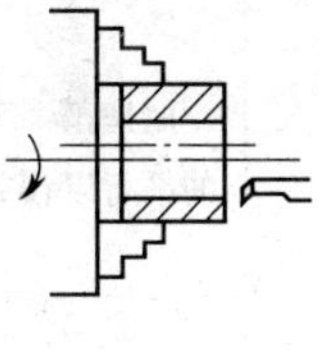
6	主轴的轴向窜动	在车端面时，影响工件端面的平面度 精车内、外圆时，影响工件的加工表面粗糙度 车削螺纹时，影响螺距精度	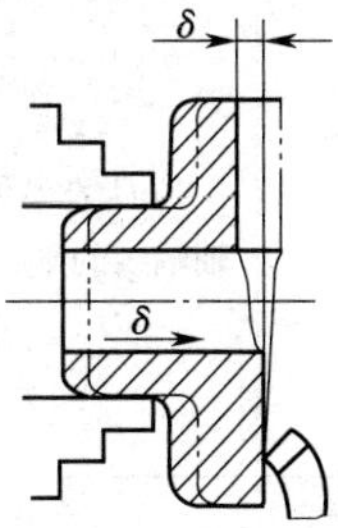 δ δ
7	主轴轴肩支承面的端面圆跳动误差	使装夹在主轴上的卡盘或其他夹具产生歪斜，影响被加工表面与基准面之间的相互位置精度，如工件内、外圆的同轴度，端面与轴线的垂直度等	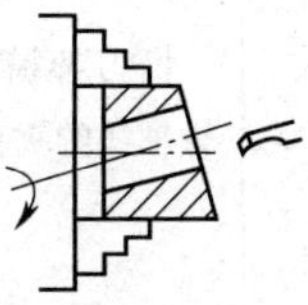

续表

序号	机床误差	对加工质量的影响	加工误差简图
8	主轴轴线对溜板移动的平行度误差	用卡盘或其他夹具夹持工件（不用后顶尖支承）车削内、外圆时，刀尖移动轨迹与工件回转轴线在水平面内的平行度误差，使工件产生锥度；在垂直平面内的平行度误差，影响工件素线的直线度	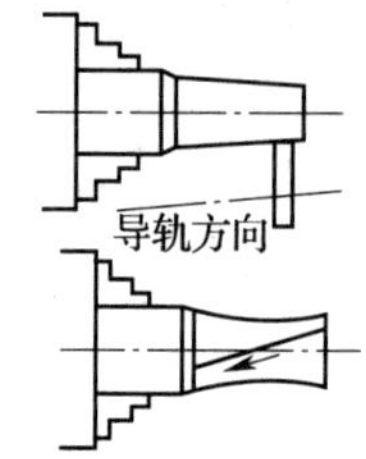 导轨方向
9	主轴和尾座两顶尖的等高度误差	用前、后顶尖支承工件车削外圆时，刀尖移动轨迹与工件回转轴线间产生平行度误差，影响工件素线的直线度；用装在尾座套筒锥孔中的刀具进行钻、扩、铰孔时，刀具轴线与工件回转轴线间产生同轴度误差，引起被加工孔的孔径扩大	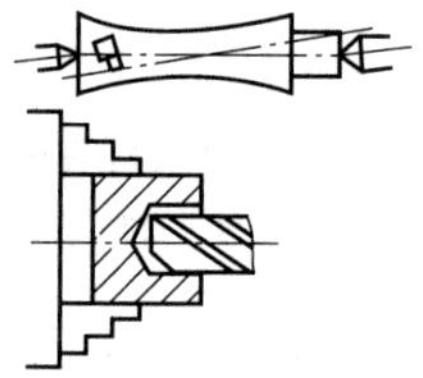
10	尾座套筒锥孔轴线对溜板移动的平行度误差	用装在尾座套筒锥孔中的刀具进行钻、扩、铰孔时，在保证主轴轴线对溜板移动的平行度的前提下，本项误差将使刀具轴线与工件回转轴线间产生同轴度误差，使加工孔的孔径扩大，并呈喇叭形	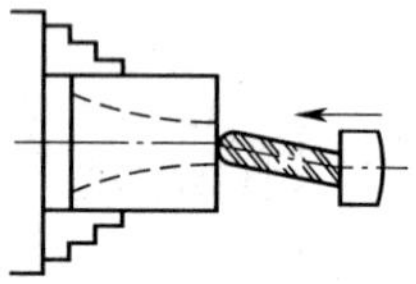
11	尾座套筒轴线对溜板的平行度误差	用前、后顶尖支承工件车削外圆时，影响工件素线的直线度；用装在尾座套筒锥孔中的刀具进行钻、扩、铰孔时，在保证主轴轴线对溜板移动的平行度的前提下，本项误差将使刀具进给方向与工件回转轴线不重合，引起加工孔的孔径扩大，并呈喇叭形	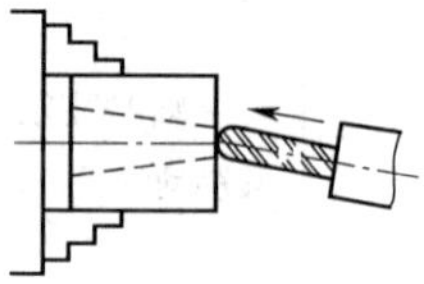
12	小刀架纵向移动对主轴轴线的平行度误差	用小刀架进给车削圆锥面时，影响工件的直线度	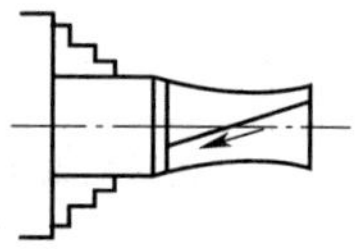
13	横刀架横向移动对主轴轴线的垂直度误差	在车削端面时，影响工件的平面度和垂直度	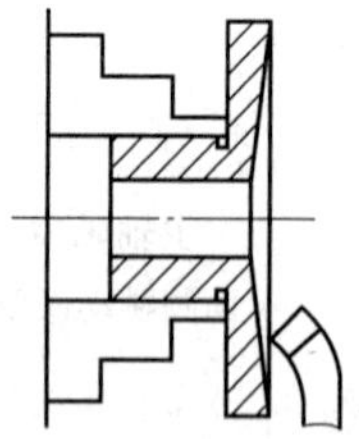

续表

序号	机床误差	对加工质量的影响	加工误差简图
14	丝杠的轴向窜动	车削螺纹时，刀具随刀架纵向进给时将产生轴向窜动，影响被加工螺纹的螺距精度，同样也会影响蜗杆的轴向齿距精度	

三、技能训练

1．检测 CA6140 车床导轨在垂直平面内的直线度误差，并绘制误差曲线图。

2．分析车削螺纹（或蜗杆）时，产生螺距（或轴向齿距）偏差的主要原因，并提出故障解决方案。

操作步骤如下：

调整主轴轴向间隙；重新调整各挂轮的啮齿间隙，使松紧合适；调整丝杠轴向间隙；调整开合螺母塞铁，达到开启轻便，闭合稳定。

3．分析中滑板手柄转动不灵活、轻重不一致的原因及故障排除方法。

原因	排除方法
中滑板丝杠弯曲	拆卸中滑板丝杠，校直丝杠
中滑板丝杠与螺母间隙未调整好	正确调整中滑板丝杠与螺母间隙
镶条接触不良	修刮镶条，使其与中滑板导轨面接触良好
中滑板刻度圈在加工中产生位移	修配刻度圈及圆盘端面
中滑板与中滑板的贴合面接触不良	修刮中滑板的贴面，提高接触精度

课后练习

一、判断题

（　　）1．当机床切削载荷超过调整好的摩擦片所传递的转矩时，会使摩擦片磨损或碎裂。

（　　）2．若溜板箱内安全离合器弹簧压力不足，进给时会使进给手柄脱开。

（　　）3．若主轴箱内片式摩擦离合器的间隙过小，会造成摩擦片打滑，影响主轴的正常运转。

（　　）4．中滑板丝杠弯曲，会使刀架转动不灵活。

（　　）5．主轴箱外变速手柄定位不牢靠的原因是定位弹簧过紧。

（　　）6．摩擦离合器操纵手柄处于停车位置时，出现主轴制动不灵的“自转”现象，其原因之一是摩擦片之间的间隙太大。

（　　）7．制动装置制动带太紧或断裂时，如果操纵手柄处于停车位置，就会出现主轴制动不灵的“自转”现象。

(　　) 8. 主轴箱主轴轴承间隙过大时，在主轴高速运转及切削力的作用下，轴承间摩擦力增加而产生摩擦热，主轴箱温升过高而引起车床热变形。

二、选择题

1. 当操纵手柄处于停车位置时，制动装置杠杆应处于齿条轴凸起部分________。

A. 左端的凹圆弧处　　B. 中间　　C. 右端的凹圆弧处

2. 由于摩擦片________，当主轴处于运转常态时，摩擦片没有完全被压紧，因此一旦受到切削力的影响或切削力较大时，就会导致摩擦片打滑，造成闷车现象。

A. 磨损或碎裂　　B. 之间间隙太大　　C. 之间间隙过小

3. ________不会引起切削时主轴转速自动降低或自动停车。

A. 摩擦离合器过松或磨损　　B. 主轴箱变速齿轮脱开

C. 电动机传动带过松　　D. 主轴转速过高

4. 摩擦离合器过松或磨损，切削时主轴转速会________。

A. 自动降低或自动停车　　B. 自动降低或自动升高

C. 自动升高或自动停车　　D. 以上均对

三、简答题

1. 试分析开车时主轴不启动，切削时主轴转速自动降低或自动停车的故障原因。

2. 试述 CA6140 型卧式车床主轴箱、进给箱的润滑系统。

3. 安全离合器的作用是什么？

4. 如何调整安全离合器？

5. 单向超速离合器的作用是什么？

模块七 职业技能鉴定车工高级模拟试卷

理论知识考核模拟试卷一

一、选择题（选择正确的答案，将相应的字母填入题内的括号中。每题 0.5 分，满分 80 分。）

1. 直接启动控制方式仅适用于（　　）电动机的启动。

A. 小容量　　B. 大容量　　C. 直流　　D. 交流

2. 时间定额的组成在不同的生产类型中是不同的，在单件生产条件下，可粗略计算其单件工时定额的组成是（　　）。

A. 基本时间　　B. 基本时间 + 辅助时间

C. 基本时间 + 辅助时间 + 休息与生理需要时间 + 准备和结束时间

D. 基本时间 + 准备时间

3. 整体式滑动轴承（　　）。

A. 能调整间隙　　B. 结构复杂

C. 轴瓦外表面是球面形状　　D. 安装和拆卸时需轴向移动轴或轴承

4. 在大量生产条件下，由于工作地固定生产同种产品，因此准备与结束时间可忽略不计，其大量生产的工序单件时间定额组成正确的一项是（　　）。

A. 基本时间 + 辅助时间 + 休息与生理需要时间

B. 基本时间

C. 基本时间 + 休息与生理需要时间

D. 基本时间 + 辅助时间

5. 叶片泵的特点是（　　）。

A. 寿命短　　B. 流量不均匀

C. 对油液污染不敏感　　D. 噪声低、体积小、重量轻

6. （　　）一般用于中压系统中。

A. 齿轮泵　　B. 叶片泵　　C. 径向柱塞泵　　D. 轴向柱塞泵

7. 如果零件上有多个不加工表面，就应以其中与加工面相互位置要求（　　）表面作为粗基准。

A. 最高的　　B. 最低的　　C. 不高不低的　　D. A、B 和 C 都可以

8. 预备热处理的目的是改善加工性能，为最终热处理做准备和消除残余应力，它应安

排在（　　）和需要消除应力处。

A. 粗加工前、后　　B. 半精加工后

C. 精加工前　　D. 精加工后

9. 在组合机床液压系统中，常用到限压式变量叶片泵。泵的流量便自动随（　　）的增加而减少。

A. 压力　　B. 功率　　C. 作用力　　D. 速度

10. 在电动机直接启动控制方式中，会因（　　）过大，而影响同一线路其他负载的正常工作。

A. 启动电压　　B. 启动电流　　C. 启动转矩　　D. 转速

11. 时间定额的组成在不同的生产类型中是不同的，当不考虑准备与结束时间的情况下，一般时间定额组成为（　　）。

A. 基本时间 + 休息与生理需要时间

B. 基本时间 + 辅助时间 + 休息与生理需要时间

C. 基本时间 + 辅助时间

D. 基本时间

12. 在生产过程中，产品质量必然是（　　）的。

A. 提高　　B. 波动　　C. 稳定　　D. 变化

13. 滚动轴承的应用特点是（　　）。

A. 摩擦阻力大　　B. 启动不灵敏　　C. 效率低　　D. 抗冲击能力差

14. 在成批生产的条件下，单件工时定额组成正确的一项是（　　）。

A. 基本时间 + 辅助时间

B. 基本时间 + 休息与生理需要时间

C. 基本时间 + 准备与结束时间

D. 基本时间 + 辅助时间 + 休息与生理需要时间 + 准备与结束时间/每批另件数总和

15. 下列特种加工方法中，因设备费用贵、成本高、加工效率低而应用范围受到限制的是（　　）。

A. 电火花　　B. 超声波　　C. 离子束　　D. 激光

16. 不能成为双向变量泵的是（　　）。

A. 单作用式叶片泵　　B. 双作用式叶片泵

C. 径向柱塞泵　　D. 轴向柱塞泵

17. 车削调质丝杠时，如果（　　）过大，就会增大螺距的累积误差。

A. 切削速度　　B. 主轴转速　　C. 切削深度　　D. 进给量

18. 车削丝杠螺纹时，为减少扎刀现象，应选用（　　）车刀，并将车刀装高。

A. 正前角　　B. 负前角　　C. 正刃倾角　　D. 负刃倾角

19. 采用顺序阀实现的顺序动作回路，其顺序阀的调速压力应（　　）先移动的液压缸口所需的最大压力，否则会影响系统的工作可靠性。

A. 大于　　B. 等于　　C. 小于　　D. 不一定

20. 当用一个液压泵驱动的几个工作机构需要按一定的顺序依次动作时，应采用（　　）。

A. 方向控制回路　　B. 调速回路

C. 顺序动作回路　　D. 速度换接回路

21. 普通级的单列向心球轴承、中窄系列，内径为 30 mm 的轴承代号是（　）。

A. 230　　B. G230　　C. 306　　D. G330

22. 载荷小而平稳，主要承受径向载荷，转速高应选用滚动轴承的类型代号是(　　)。

A. 0000　　B. 7000　　C. 1000　　D. 8000

23. 为了防止压力继电器误发信号，其压力调整数值要比溢阀的调定压力（　　）。

A. 高　　B. 低　　C. 相同　　D. 不一定

24. 滚螺旋传动（　　）。

A. 结构简单　　B. 传动效率高　　C. 外形尺寸小　　D. 传动时运动不稳定

25. 微调镗刀应用的是（　　）。

A. 普通螺旋传动　　B. 滚珠螺旋传动

C. 齿轮传动　　D. 差动螺旋传动

26. 顺序动作回路按照控制原则可分为（　　）和行程控制。

A. 压力控制　　B. 流量控制　　C. 方向控制　　D. 动作控制

27.（　　）一般用于高压大流量的液压系统中。

A. 单作用式叶片泵　　B. 双作用式叶片泵

C. 齿轮泵　　D. 柱塞泵

28. 影响精密丝杠表面粗糙度的因素很多，最主要的是（　　）。

A. 精车刀具　　B. 粗车刀具　　C. 工件材料　　D. 切削深度

29. 柱塞泵用（　　）表示。

A. CB　　B. YB　　C. ZB　　D. WB

30. 螺纹的公称直径是指（　　）。

A. 螺纹小径　　B. 螺纹中径　　C. 螺纹大径　　D. 螺纹分度圆直径

31. 为了保证各主要加工表面都有足够的余量，应该选择（　　）的表面为粗基准。

A. 毛坯余量最大　　B. 毛坯余量最小

C. 毛坯余量居中　　D. 任意

32. 柱塞泵的特点是（　　）。

A. 结构简单　　B. 效率低　　C. 压力高　　D. 流量调节不方便

33. 改变偏心距 e 的大小和正负，径向柱塞泵可以成为（　　）。

A. 单向定量泵　　B. 单向变量泵　　C. 双向定量泵　　D. 双向变量泵

34. 车削精密丝杠时，在热处理及加工工序间隙，加工工件要（　　），以免因自重而发生弯曲变形。

A. 平放　　B. 悬挂　　C. 放在 V 形架上　　D. 安放在两顶尖间

35. 三位阀在（　　）位时的油口连接关系称为滑阀机能。

A. 中　　B. 左　　C. 右　　D. 上

36. 加工箱体类工件时，以（　　）作为定位基准时，应使用支承钉作为定位元件与工件平面相接触。

A. 加工表面　B. 已加工表面　C. 毛坯表面　D. 以上均可

37. 对于粗基准的选择下列选项中正确的是（　　）。

A. 粗基准尽量重复使用

B. 粗基准表面可以有冒口、浇口、飞边等缺陷

C. 粗基准表面应平整

D. 同时存在加工表面和不加工表面时应以加工表面为粗基准

38. 检验高精度（5～6级）丝杠的螺距，用（　　）检验。

A. 丝杠螺距测量仪　B. JC－030丝杠检查仪

C. 专用样板　D. 螺纹量规

39. 当工件以平面定位时，下面的误差基本上可以忽略不计的是（　　）。

A. 基准位移误差　B. 基准不重合误差

C. 定位误差　D. A、B和C都不对

40. 遵循互为基准原则可以使（　　）。

A. 生产率提高　B. 费用减少　C. 位置精度提高　D. 劳动强度降低

41. 在精基准的选择中，选择加工表面的设计基准作为定位基准遵循了（　　）原则。

A. 基准重合　B. 互为基准　C. 自为基准　D. 保证定位可靠

42. 遵循自为基准原则可以使（　　）。

A. 生产率提高　B. 费用减少

C. 夹具数量减少　D. 加工余量小而均匀

43.（　　）不遵循基准统一原则的优点之一。

A. 能减少工装设计　B. 能提高生产率

C. 能使加工余量均匀　D. 能减少费用

44. 方向控制阀是控制油液流动方向的阀，从而控制执行元件的（　　）。

A. 运动方向　B. 运动速度　C. 动作顺序　D. 输出的力或力矩

45. 利用小滑板刻度分线车削多线螺纹前，必须对小滑板导轨与床身导轨的平行度进行校对，否则易造成螺纹半角误差及（　　）误差。

A. 大径　B. 中径　C. 小径　D. 螺距

46. 当采用两销一面定位时，下面对其定位误差分析正确的是（　　）。

A. 只存在移动的基准位移误差　B. 只存在转动的基准位移误差

C. 定位误差为零　D. 即存在移动又存在转动的基准位移误差

47. 采用两销一面定位，如果孔1的位移误差为Δr_1，孔2的位移误差为Δr_2，两孔和两销的间距均为L，那么转角误差的正切$\tan\Delta\alpha$等于（　　）。

A. $\Delta r_2+\Delta r_1$　B. $\Delta r_2+\Delta r_1/2$

C. $\Delta r_2+\Delta r_1/2L$　D. Δr_2

48. 多线螺纹判断乱扣时应以（　　）进行判断。

A. 线数　B. 模数　C. 螺距　D. 导程

49. 采用轴向分线法车螺纹时，造成多线螺纹分线不准确的主要原因是（　　）。

A. 机床精度不高　　　　　　　B. 工件刚度不足
C. 小滑板移动距离不准确　　　D. 车刀磨损

50. 采用百分表分线法分线时，百分表测量杆必须与工件轴线（　　），否则将产生螺距误差。

A. 平行　　B. 垂直　　C. 倾斜　　D. 成15°角

51. 水平仪是根据（　　）放大原理制成的。

A. 杠杆齿轮　　　　　　　　B. 齿轮齿条
C. 转动角度相同，曲率半径　D. 齿轮

52. 精度为0.02 mm/1 000 mm 的水平仪，当水准泡移动一个小格时，倾斜角 θ 为（　　）。

A. 1″　　B. 2″　　C. 3″　　D. 4″

53. 精度为0.02 mm/1 000 mm 的水平仪，玻璃管刻线距离每格为（　　）。

A. 0.02 mm　　B. 0.01 mm　　C. 2 mm　　D. 1 mm

54. 为了减少两销一面定位时的转角误差应选用（　　）的双孔定位。

A. 孔距远　　B. 孔距近　　C. 孔距为 $2D$　　D. 孔距为 $3D$

55. 利用水平仪不能检验零件的（　　）。

A. 平面度　　B. 直线度　　C. 垂直度　　D. 圆度

56. 当采用两销一面定位时，工件的转角误差取决于（　　）。

A. 圆柱销与孔的配合　　B. 削边销与孔的配合
C. 两个销与孔的配合　　D. 和销、孔的配合没关系

57. 螺纹的综合测量应使用（　　）量具。

A. 螺纹千分尺　　B. 游标卡尺　　C. 螺纹量规　　D. 齿轮卡尺

58. 测量精密梯形螺纹时，测量工具选择的标准，一般以其测量的最大极限误差不得超过被测尺寸公差的（　　）为标准。

A. 1/3 ~ 1/2　　B. 1/4 ~ 1/3　　C. 1/5 ~ 1/4　　D. 1/10 ~ 1/5

59. 单针和三针测量多线螺纹时，量针沿螺旋槽放置，当螺纹升角大于（　　）时，会产生较大的测量误差，测量值应予以修正。

A. 1°　　B. 2°　　C. 3°　　D. 4°

60. 三针测量用的量针直径如果太大，量针的横截面与螺纹牙侧不相切，就无法量得（　　）的实际尺寸。

A. 顶径　　B. 中径　　C. 小径　　D. 大径

61. 工件的定位是使工件的（　　）基准获得确定的位置。

A. 工序　　B. 测量　　C. 定位　　D. 辅助

62. 内径百分表不能测量（　　）。

A. 孔径　　B. 孔的圆度　　C. 内孔的圆柱度　　D. 垂直度

63. 定位时用来确定工件在（　　）中位置的表面，点或线称为定位基准。

A. 机床　　B. 夹具　　C. 运输机械　　D. 机床工作台

64. 利用百分表在孔的圆周各方向测量，测量结果的最大值与最小值之差的一半即

为（　　）。

A. 孔径的实际尺寸　　B. 圆度误差

C. 圆柱度误差　　D. A、B 和 C 都不是

65. 使用内径百分表测量孔径时，必须摆动百分表，所得的（　　）是孔的实际尺寸。

A. 最小读数值　　B. 最大读数值

C. 多个读数的平均值　　D. 最大读数值与最小读数值之差

66. 定位基准可以是工件上的（　　）。

A. 实际表面　　B. 几何中心

C. 对称线或面　　D. 实际表面，几何中心和对称线或面

67. 工件定位时定位基准（　　）。

A. 不一定有几个　　B. 只有一个

C. 有两个　　D. 不存在

68. 孔相对于心轴可在间隙范围内作位置变动，如果孔径为 $D+\delta D$，轴径为 $d-\delta d$，那么基准位移误差为（　　）。

A. δD　　B. δd　　C. $\delta D+\delta d$　　D. $\delta D+\delta d+D-d$

69. 车床夹具绝大多数安装在机床主轴上，并且要求夹具回转轴线和主轴轴线（　　）。

A. 一致　　B. 成一定角度　　C. 垂直　　D. A、B 和 C 均可

70. 在生产现场可用内径百分表在孔的圆周各方向上测量，测量结果的最大值与最小值（　　）即为圆度误差。

A. 之差　　B. 差的一半　　C. 差的 2 倍　　D. 和的一半

71. 为了适应大批量生产的要求，所设计的夹具在满足加工要求的前提下，（　　）是最重要的。

A. 使夹具的设计制造成本低　　B. 夹具结构要简单

C. 能有效地提高机加工生产率　　D. 夹具结构力求复杂

72. 如果设计要求车床夹具安装在主轴上，那么（　　）。

A. 夹具和主轴一起旋转　　B. 夹具独自旋转

C. 夹具做直线进给运动　　D. 夹具不动

73. 螺纹的配合精度主要取决于螺纹中径的（　　）。

A. 公差　　B. 偏差　　C. 实际尺寸　　D. 公称尺寸

74. 使用轴向分线法分线时，当车好一条螺旋槽后，把车沿工件轴线方向移动一个（　　），再车削第二条螺旋槽。

A. 牙型　　B. 螺距　　C. 导程　　D. 螺距或导程均可

75. 多线螺纹分线时产生的误差，会造成多线螺纹的（　　）不等，严重影响螺纹的配合精度，降低使用寿命。

A. 螺距　　B. 导程　　C. 牙型角　　D. 螺纹升角

76. 车削多线螺纹使用圆周分线法分线时，仅与螺纹（　　）有关。

A. 中径　B. 螺距　C. 导程　D. 线数

77. 在车床夹具的设计上，最先需要考虑的原则是（　）。

A. 提高机加工的劳动生产率　B. 保证工件的加工要求

C. 降低成本　D. 夹具要具有良好的工艺性

78. 组合件加工时，应先车削（　），再根据装配关系的顺序，依次车削组合件中的其余零件。

A. 锥体配合　B. 偏心配合　C. 基准零件　D. 螺纹配合

79. 从发展方向上来看，实现夹具的高效自动化（　）。

A. 只适用于大批量生产

B. 不适用于小批量生产

C. 不适用于多品种生产

D. 既适用于大批量生产也适用于多品种单件小批量生产

80. 组合件加工中，基准零件有锥体配合，则车削时车刀刀尖应（　）锥体轴线。

A. 高于　B. 低于　C. 等高于　D. A、B 和 C 都不对

81. 组合件加工中，基准零件若有螺纹配合，则应用（　）加工成形。

A. 板牙　B. 丝锥　C. 板牙和丝锥　D. 车削

82. 如果一个尺寸链中有三个环，封闭环为 L_0，增环为 L_1，减环为 L_2，那么（　）。

A. $L_1=L_0+L_2$　B. $L_2=L_0+L_1$

C. $L_0=L_1+L_2$　D. $L_1=L_0-L_2$

83. 组合件加工中，基准零件有偏心配合，则偏心部分的偏心量应一致且偏心部分的轴线应（　）零件轴线。

A. 平行于　B. 垂直于　C. 倾斜于　D. 相交于

84. 一个尺寸链封闭环的数目（　）。

A. 一定有两个　B. 一定有三个　C. 只有一个　D. 可能有三个

85.（　）的加工顺序，是车削多孔零件的工艺特点之一。

A. 先大后小　B. 先里后外　C. 先面后孔　D. 先孔后面

86. 夹具的可调化、组合化是指（　）。

A. 产品稍有改变夹具就需要报废　B. 夹具只能用于某一个零件的加工

C. 夹具能用于某一类型零件的加工　D. 夹具不能重复利用

87. 下列选项中不是现代机床夹具发展方向的是（　）。

A. 标准化　B. 精密化　C. 高效自动化　D. 不可调整

88.（　）生产立体交错孔零件时，必须设计制造一套保证加工质量的车床夹具。

A. 单件　B. 小批　C. 成批　D. 单件小批

89. 装夹箱体零件时，夹紧力的作用点应尽量靠近（　）。

A. 加工部位　B. 测量部位　C. 基准面　D. 毛坯表面

90. 机床夹具的标准化要求（　）。

A. 夹具结构和夹具零部件全部标准化

B. 夹具结构标准化，夹具零部件不必标准化

C. 夹具结构和夹具零部件全部不标准化

D. 只有夹具零部件标准化，夹具结构不标准化

91. 如果薄壁工件在夹紧时，局部夹紧和均匀夹紧都可采用，那么下述正确的是（　　）。

A. 局部受力比均匀受力好　　B. 均匀受力比局部受力好

C. 均匀受力和局部受力一样　　D. 优先采用局部受力

92. 对于外方内圆的薄壁工件，对夹紧力承受最薄弱的环节是（　　）。

A. 四角顶点　　B. 轴向　　C. 对边中心处　　D. 内圆面

93. 加工重要的箱体零件，为提高工件加工精度的稳定性，在粗加工后还需安排一次（　　）。

A. 自然时效　　B. 人工时效　　C. 调质　　D. 正火

94. 对于新工艺、新技术、特殊工艺的应用，应先作（　　），证明切实可行，才能写进工艺卡。

A. 单件生产　　B. 小批生产　　C. 批量生产　　D. 工艺试验

95. 当工件径向和轴向刚度都较差时，应使夹紧力和切削力方向（　　）。

A. 相反　　B. 垂直　　C. 一致　　D. 呈一定角度

96. 在夹紧薄壁类工件时，夹紧力着力部位应尽量（　　）。

A. 接近工件的加工表面

B. 远离工件的加工表面

C. 远离工件的加工表面，并尽可能使夹紧力增大

D. 接近工件的加工表面，并使夹紧力越大越好

97. 拟订（　　）是制定工艺文件的关键性的一步。

A. 工艺路线　　B. 工艺规程　　C. 预备热处理工序　　D. 最终热处理工序

98. 一般主轴的加工工艺路线为：下料→锻造→退火（正火）→粗加工→调质→半精加工→（　　）→粗磨→低温时效→精磨。

A. 时效　　B. 淬火　　C. 调质　　D. 正火

99. 对于偏心工件的车削，有时需要设计专用夹具进行装夹，一般情况下它只适应于（　　）。

A. 单件生产　　B. 大批量生产　　C. 维修时　　D. 小批生产

100. 现车一偏心轴类工件，批量大，要求加工精度高，下列最合适的装夹方法是（　　）。

A. 四爪单动卡盘　　B. 三爪自定心卡盘

C. 花盘　　D. 专用夹具

101. 下面对于偏心工件的装夹，叙述错误的是（　　）。

A. 两顶尖装夹适用于较长的偏心轴

B. 专用夹具适用于单件生产

C. 偏心卡盘适用于精度要求较高的偏心零件

D. 花盘适用于偏心孔类零件的装夹

102. 对于加工面较多的零件，其粗加工、半精加工工序，可用（　　）表示。

A. 草图　　B. 零件图　　C. 工艺简图　　D. 装配图

103. 车削（　）螺纹时，车床在完成主轴转一转，车刀移动一个螺距的同时，还按工件要求利用凸轮机构传给刀架一个附加的进给运动，使车刀在工件上形成所需的螺纹。

A. 矩形　　B. 锯齿形　　C. 平面　　D. 不等距

104. 使用两顶尖装夹车削偏心工件主要适用于（　）。

A. 单件小批生产　　B. 大批量生产

C. 中批量生产　　D. 任何生产类型

105. 使用花盘、角铁装夹畸形工件时，角铁两平面夹角（　）。

A. 成锐角　　B. 成钝角　　C. 应互相垂直　　D. 不作要求

106. 车削平面螺纹时，当车床主轴带动工件转一转，刀架带着车刀必须（　　）移动一个螺距。

A. 纵向　　B. 横向　　C. 斜向　　D. 纵横向均可

107. 当畸形工件表面不需要全部加工时，应尽量选用（　　）为主要定位基面。

A. 不加工表面　　B. 加工精度高的表面

C. 加工精度低的表面　　D. A、B 和 C 都可以

108. 车削变齿厚蜗杆时，车刀刀尖宽度一定要（　　）蜗杆螺纹齿根圆最小轴向齿内宽度，防止产生干涉现象。

A. 小于　　B. 大于　　C. 等于　　D. 大于等于

109. 当畸形工件的表面都需加工时，应选择余量（　　）的表面作为主要定位基面。

A. 最大　　B. 适中　　C. 最小　　D. 比较大

110. 车削平面螺纹时，螺纹车刀顺着进给方向侧刃的刃磨后角应为（　　）。

A. $2° \sim 4°$　　B. $3° \sim 5°$

C. $2° \sim 4° + \Psi_{max}$　　D. $2° \sim 4° - \Psi_{min}$

111. 在主轴加工过程中，为保证位置精度，精磨外圆和精磨（　　）采用互为基准。

A. 锥面　　B. 锥孔　　C. 端面　　D. 轴肩

112. 凡要求局部高频淬火的主轴，一般在（　　）之后，安排二次热处理，即调质处理。

A. 粗加工　　B. 半精加工　　C. 精加工　　D. 光整加工

113. 使用花盘、角铁装夹畸形工件时，花盘平面是否平整对装夹精度（　　）。

A. 影响大　　B. 影响小　　C. 没影响　　D. 影响可忽略

114. 当生产批量大时，下列最好的曲轴加工方法是（　）。

A. 直接两顶尖装夹　　B. 偏心卡盘装夹

C. 专用偏心夹具装夹　　D. 使用偏心夹板在两顶尖间装夹

115. 设计专用偏心夹具装夹并加工曲轴类工件，最适用的生产类型是（　　）。

A. 单件生产　B. 小批量生产　C. 大批量生产　D. 维修

116. 在小型三拐曲轴的定位上，一般采用中心孔为定位基准，（　　）不是这种选择

的好处。

A. 装夹方便　B. 增强工件刚度

C. 节省找正时间　D. 较好保证连杆轴颈位置精度

117. 中心孔的精度是保证主轴质量的一个关键。光整加工时要求中心孔与顶尖的接触面积达到（　　）以上。

A. 50%　B. 60%　C. 70%　D. 80%

118. 有一个小型三拐曲轴，生产类型为单件生产，下列最好的装夹方法是（　　）。

A. 设计专用夹具装夹

B. 在两端预铸出工艺搭子，打中心孔，用顶尖装夹

C. 使用偏心卡盘装夹

D. 使用偏心夹板装夹

119. 检测主轴锥孔的锥度时，一般用（　　）检查，要求锥面接触率≥70%。

A. 万能角度尺　B. 角度样板　C. 涂色法　D. 透光法

120. 加工组合件中的基准零件时，影响零件间配合精度的诸尺寸，应尽量加工至两极限尺寸的（　　）。

A. 中间值　B. 最小值　C. 最大值　D. 1/3 公差范围

121. 组合件中，基准零件有螺纹配合，加工螺纹中径尺寸时，对于外螺纹应控制在（　　）尺寸范围。

A. 最小极限　B. 最大极限　C. 公差　D. 公差的一半

122. 组合件中，基准零件有螺纹配合，加工螺纹中径尺寸时，对于内螺纹应控制在（　　）尺寸范围。

A. 最小极限　B. 最大极限　C. 公差　D. 公差的一半

123. 组合件中，基准零件有偏心配合，则偏心部分的偏心量应一致，加工误差应控制在图样的（　　）。

A. 1/3　B. 1/4　C. 1/2　D. A、B 和 C 都不是

124. 千分尺属于（　　）。

A. 游标量具　B. 螺旋测微量具

C. 机械量仪　D. 光学量仪

125. 利用千分尺测量工件直径时，千分尺作轻微摆动后，（　　）即为工件的直径。

A. 最大读数值　B. 最小读数值

C. 最大读数值与最小读数值的平均值　D. 最大读数值与最小读数值之差

126. 千分尺是常用的精密量具之一，规格每隔（　　）为一挡。

A. 25 mm　B. 20 mm　C. 35 mm　D. 30 mm

127. 使用双面游标卡尺测量孔径，读数值应加上两量爪的（　　）。

A. 长度　B. 宽度　C. 厚度　D. 高度

128. 在工艺系统刚度不足的情况下，为减小径向力，应取（　　）主偏角。

A. 较大　B. 较小　C. 0°　D. 负值

129. 用硬质合金车刀加工时，为减轻加工硬化，不宜取（　　）的进给量和切削深度。

A. 过小　B. 过大　C. 中等　D. 较大

130. 粗车时，应考虑提高生产率并保证合理的刀具耐用度，首先要选用较大的（　）。

A. 进给量　B. 切削深度　C. 切削速度　D. 切削用量

131. 生产实践证明，切削用量中对断屑影响最大的是（　）。

A. 切削速度　B. 切削深度　C. 切削宽度　D. 进给量

132. 车畸形工件时，（　）应适当降低，以防切削抗力和切削热使工件移动或变形。

A. 切削用量　B. 刀具角度　C. 刀具刚度　D. 夹紧力

133. 检验工件的形位误差，当被测要素或基准要素遵守相关原则时，为保证配合性质或可装配性，可采用（　）进行检验，以控制其实效边界。

A. 样板　B. 套规　C. 塞规　D. 位置量规

134. 装夹大型及某些形状特殊的畸形工件，为增加装夹的稳定性，可采用（　），但不允许破坏原来的定位状况。

A. 支承钉　B. 支承板　C. 辅助支承　D. 可调支承

135. 测量某畸形工件（蜗轮壳体）的中心距，测量尺寸 M 的公差一般取中心距公差的（　）。

A. 1/3～1/2　B. 1/4～1/2　C. 1/5～1/2　D. 1/5～1/3

136. 加工梯形螺纹长丝杠时，精车刀的刀尖角应等于牙型角，刀具半角 $a/2$ 的误差应保持在半角允差的（　）范围内。

A. 1/3～1/2　B. 1/4～1/3　C. 1/5～1/4　D. 1/6～1/5

137. 车削丝杠螺纹时，必须考虑螺纹升角对车削的影响，车刀进刀方向的后角应取（　）。

A. 2°～3°　B. 3°～5°

C. (3°～5°) $+\Psi$　D. (3°～5°) $-\Psi$

138. 选用负前角车刀加工丝杠螺纹，车刀装高后的实际工作前角为0°，不会产生（　）误差。

A. 牙型角　B. 螺距　C. 中径　D. 顶径

139. 为了消除主轴的磨削应力，在粗磨后最好安排（　）工序。

A. 正火　B. 回火　C. 自然时效　D. 低温时效

140. 为了保证主轴外圆的磨削精度，热处理后，必须安排（　）工序。

A. 重钻中心孔　B. 研磨中心孔　C. 热校直　D. 冷校直

141. 因渗碳主轴工艺比较复杂，渗碳前，最好绘制（　）。

A. 工艺草图　B. 局部剖视图　C. 局部放大图　D. 零件图

142. 某主轴用低碳合金钢（20G）渗碳淬硬，对工件上不需要淬硬的部分，表面上必须留（　）的去碳层。

A. 1.5～2 mm　B. 2～2.5 mm　C. 2.5～3 mm　D. 3～3.5 mm

143. 用三爪自定心卡盘夹外圆车薄壁工件内孔时，由于夹紧力分布不均匀，加工后易出现（　　）形状。

A. 外圆呈三棱　　B. 内孔呈三棱
C. 外圆呈椭圆　　D. 内孔呈椭圆

144. 测量薄壁零件时，容易引起测量变形的主要原因是（　　）选择不当。

A. 量具　B. 测量基准　C. 测量压力　D. 测量方向

145. 车削薄壁零件的关键是解决（　　）问题。

A. 车削　B. 刀具　C. 夹紧　D. 变形

146. 薄壁工件加工刚度差时，车刀的前角和后角应选（　　）。

A. 大些　B. 小些　C. 负值　D. 零值

147. 精车精密多阶台孔时，可以外圆为基准保证内外圆的（　　）要求，即一端用四爪单动卡盘装夹并垫铜垫后校正，另一端用中心架支承。

A. 圆度　B. 圆柱度　C. 直线度　D. 同轴度

148. 用中心架支承工件车内孔时，若出现内孔倒锥现象，则是由于中心架偏向（　　）所造成的。

A. 操作者一方　B. 操作者对方　C. 尾座　D. 床头

149. 铰孔的精度主要取决于铰刀的尺寸，铰刀最好选择被加工孔公差带中间（　　）左右的尺寸。

A. 1/2　B. 1/3　C. 1/4　D. 1/5

150. 测量精密多阶台孔的径向圆跳动时，可把工件放在 V 形架上，轴向定位，以（　　）为基准来检验。

A. 端面　B. 内孔　C. 外圆　D. V 形铁

151. 车细长轴时，为减少弯曲变形，车刀的主偏角应取（　　），以减少径向切削分力。

A. 15°～30°　B. 30°～45°　C. 45°～80°　D. 80°～93°

152. 车细长轴时，若跟刀架卡爪与工件的接触压力太小，或根本就没有接触到，则车出的工件会出现（　　）。

A. 竹节形　B. 麻花形　C. 频率振动　D. 弯曲变形

153. 检测细长轴工件的同轴度圆跳动时，可以把工件安放在正摆仪上用（　　）内接测量。

A. 千分尺　B. 千分表　C. 圆度仪　D. 轮廓仪

154. 细长轴工件的圆度、圆柱度可用（　　）直接检测。

A. 千分尺　B. 千分表　C. 圆度仪　D. 轮廓仪

155. 有一刚度非常差，且尺寸精度、形状精度要求较高的细长轴，为增强刚度，解决变形问题，应采用（　　），上跟刀架的装夹方法。

A. 两顶尖　B. 一夹一顶　C. 一夹一拉　D. 一夹一搭

156. 采用 90°车刀粗车细长轴，安装车刀时刀尖应（　　）工件轴线，以增加切削的平稳性。

A. 对准　B. 严格对准　C. 略高于　D. 略低于

157. 车细长轴时，在第一刀车过后，为消除（　　），必须重新校正中心孔。

A. 锥度　　B. 振动　　C. 切削力　　D. 内应力

158. 有一长径比为30，阶台较多且同轴度要求较高的细长轴，需多次以两端中心孔定位来保证同轴度，采用（　　）装夹方法比较适宜。

A. 两顶夹　　B. 一夹一顶　　C. 一夹一拉　　D. 一夹一搭

159. 薄套类工件，其轴向受力状况优于径向，可采用（　　）夹紧的方法。

A. 轴向　　B. 径向　　C. 正向　　D. 反向

160. 薄壁工件在车削过程中，可根据需要增加热处理正火工序，以消除（　　），减小切削时的变形与振动。

A. 切削力　　B. 内应力　　C. 轴向力　　D. 径向力

二、判断题（将判断结果填入括号中。正确的填“√”，错误的填“×”。每题 0.5 分，满分 20 分。）

161. 离子束加工原理：在真空条件下，把氩、氪、氙等惰性气体通过离子源产生离子束并经过加速、集束、聚焦后，投射到工件表面的加工部件，以实现去除加工。（　　）

162. 工件以孔定位时的定位误差与定位元件的结构、放置方式有关，而与定位基准和定位元件的配合无关。（　　）

163. 当工件以孔定位时，定位基准往往是孔的中心线。（　　）

164. 对于大型及形状特殊的畸形工件的装夹，主要考虑装夹是否稳定而可以忽略定位是否遭到破坏。（　　）

165. 对于箱体、支架和连杆等工件，应先加工平面后加工孔。（　　）

166. 调节溢流阀弹簧压力簧，即可调节系统压力的大小。（　　）

167. 在畸形工件的定位上，主要定位基准面应尽量和零件装配使用的基面相一致。（　　）

168. 三相异步电动机正、反转控制线路的一个重要特点是必须设立联锁。（　　）

169. 接触器联锁正反转控制线路的特点是操作方便，但不安全可靠。（　　）

170. 当进油口的压力大于溢流阀的调定压力时，溢流阀就关闭。（　　）

171. 在电气控制原理图中，各电器的触头均按电路不通电或不受外力作用时的常态位置画出。（　　）

172. 阅读电气控制原理图时，应从电器元件常态位置出发，即电器元件不通电或不受外力作用时的位置出发。（　　）

173. 接触器自锁控制线路中的自锁功能是由接触器的辅助常闭触头实现的。（　　）

174. 接触器自锁的控制线路能使电动机实现连续运转。（　　）

175. 电动机直接启动控制线路的致命弱点是无法限制启动电流，因而使用范围很小。（　　）

176. 电动机采用直接启动控制方式时，会因启动电流过大而影响其自身的正常工作，但不会影响同一线路其他负载的正常工作。（　　）

177. 他励直流电动机采用改变电枢电压调速法进行调速，其机械特性硬度将保持不变。（　　）

178. 他励直流电动机采用改变电枢电压调速法进行调速时，其转速只能在基本转速以上进行调节。 (　　)

179. 产品质量波动是由生产过程中五大因素变化所造成的，即由人、机器、材料、方法和环境等基本因素波动影响的结果。 (　　)

180. 应用直方图可以比较直观地看出产品质量特性值的分布状态，以便掌握产品质量分布情况。 (　　)

181. 防止事故再发生的有力措施是“三不放过”，即事故原因未清不放过，没有预防措施或措施不落实不放过，事故责任者和工人群众未接受教训不放过。 (　　)

182. 交错齿内排屑深孔钻外圆周上的切削速度较高，应采用耐磨性较好的 K 类硬质合金。 (　　)

183. 在夹具中利用合理分布与工件接触的六个支承点来限制工件的六个自由度的规则叫六点定则。 (　　)

184. 缩短机动时间（基本时间）的措施有：（1）减少加工余量；（2）加大切削用量；（3）缩短工件的装夹时间。 (　　)

185. 车削中，在保证产品质量的前提下，毛坯的余量应尽量减少，这样可以减少加工余量，以缩短机动时间。 (　　)

186. 凸轮的压力角越大，凸轮机构越紧凑。 (　　)

187. 抓好安全生产教育，贯彻预防为主的方针，是安全管理的重要内容。 (　　)

188. 超声波仅能加工金属硬脆材料。 (　　)

189. 车削曲轴时，可在曲柄颈或主轴颈之间安装支承物和夹板，以提高曲轴的加工刚度。 (　　)

190. 对现有尚不属于衰退的产品，只要市场需要，就可以不开发新产品，不增加产品品种和扩充产品系列。 (　　)

191. 在车多拐曲轴的主轴颈时，为了提高曲轴的加工刚度，可搭一个中心架。

(　　)

192. 车孔的关键技术是解决内孔车刀的刚度和排屑问题。 (　　)

193. 自动车床的走刀机构多采用凸轮机构。 (　　)

194. 铰孔时以自身孔作导向，可以纠正工件孔的位置误差。 (　　)

195. 在成批生产条件下，单件工时定额组成为：基本时间 + 辅助时间 + 休息与生理所需要的时间 + 准备与结束的时间/每批另件数的总和。 (　　)

196. 在大量生产条件下，由于工作地点固定加工同种产品，因此大量生产的工序单件时间定额的组成是：基本时间 + 辅助时间 + 休息与生理需要的时间。 (　　)

197. 蜗杆的分度圆直径等于蜗杆的头数和模数的乘积。 (　　)

198. 蜗轮和蜗杆只要模数和压力角两方面的相应值相等，就可以互相啮合。 (　　)

199. 203 轴承的内径是 15 mm。 (　　)

200. 所谓六点定位原理就是指和工件的接触点有六个。 (　　)

理论知识考核模拟试卷二

一、选择题（选择正确的答案，将相应的字母填入题内的括号中。每题 0.5 分，满分 80 分。）

1. 正常工序能力指数为（　　）。

A. 0.67～1.00　　B. 1.00～1.33　　C. 1.33～1.67　　D. 0～0.67

2. 由于离子束可通过光学系统进行聚焦扫描，因此微离子束可以聚到光斑（　　）以内进行加工。

A. 1 μm　　B. 10 μm　　C. 1 mm　　D. 1 cm

3. 产品质量是否满足质量指标和使用要求，首先取决于产品的（　　）。

A. 设计研究　　B. 生产制造　　C. 质量检验　　D. 售后服务

4. 在成批生产的条件下，单件工时定额组成正确的一项是（　　）。

A. 基本时间 + 辅助时间

B. 基本时间 + 休息与生理需要时间

C. 基本时间 + 准备与结束时间

D. 基本时间 + 辅助时间 + 休息与生理需要时间 + 准备与结束时间/每批另件数总和

5. 预备热处理的目的是改善加工性能，为最终热处理做准备和消除残余应力，它应安排在（　　）和需要消除应力处。

A. 粗加工前、后　　B. 半精加工后

C. 精加工前　　D. 精加工后

6. 在整个生产过程中，（　　）处于中心地位，具有承上启下的作用。

A. 设计开发　　B. 生产制造过程

C. 检验产品质量　　D. 售后服务

7. 为了保证各主要加工表面都有足够的余量，应该选择（　　）的表面为粗基准。

A. 毛坯余量最大　　B. 毛坯余量最小

C. 毛坯余量居中　　D. 任意

8. 在电动机直接启动控制方式中，会因（　　）过大，而影响同一线路其他负载的正常工作。

A. 启动电压　　B. 启动电流　　C. 启动转矩　　D. 转速

9. 下列特种加工方法中，因设备费用贵、成本高、加工效率低而应用范围受到限制的是（　　）。

A. 电火花　　B. 超声波　　C. 离子束　　D. 激光

10. 时间定额的组成在不同的生产类型中是不同的，在单件生产条件下，可粗略计算其单件工时定额组成的是（　　）。

A. 基本时间

B. 基本时间 + 辅助时间

C. 基本时间 + 辅助时间 + 休息与生理需要时间 + 准备和结束时间

D. 基本时间 + 准备时间

11. 整体式滑动轴承（　　）。

A. 能调整间隙　　B. 结构复杂

C. 轴瓦外表面是球面形状　　D. 安装和拆卸时需轴向移动轴或轴承

12. 滚动轴承的应用特点是（　　）。

A. 摩擦阻力大　B. 启动不灵敏　C. 效率低　D. 抗冲击能力差

13.（　　）一般用于中压系统中。

A. 齿轮泵　B. 叶片泵　C. 径向柱塞泵　D. 轴向柱塞泵

14. 离子束加工必须在（　　）中进行。

A. 大气　B. 真空　C. 水　D. 液体

15. 普通级的单列向心球轴承、中窄系列，内径为 30 mm 的轴承代号是（　　）。

A. 230　B. G230　C. 306　D. G330

16. 为了保证各主要加工表面都有足够的余量，应选择（　　）的面为粗基准。

A. 毛坯余量最小　　B. 毛坯余量最大

C. 毛坯余量居中　　D. 任意

17. 影响精密丝杠表面粗糙度的因素很多，最主要的是（　　）。

A. 精车刀具　B. 粗车刀具　C. 工件材料　D. 切削深度

18. 在大量生产条件下，由于工作地固定生产同种产品，因此准备与结束时间可忽略不计，其大量生产的工序单件时间定额组成正确的一项是（　　）。

A. 基本时间 + 辅助时间 + 休息与生理需要时间

B. 基本时间

C. 基本时间 + 休息与生理需要时间

D. 基本时间 + 辅助时间

19. 车削精密丝杠时，在热处理及加工工序间隙，加工工件要（　　），以免因自重而发生弯曲变形。

A. 平放　B. 悬挂　C. 放在 V 形架上　D. 安放在两顶尖间

20. 叶片泵的特点是（　　）。

A. 寿命短　　B. 流量不均匀

C. 对油液污染不敏感　　D. 噪声低、体积小、重量轻

21. 车削丝杠螺纹时，为减少扎刀现象，应选用（　　）车刀，并将车刀装高。

A. 正前角　B. 负前角　C. 正刃倾角　D. 负刃倾角

22. 下列特种加工方法中，最精密、最微细的加工方法是（　　）。

A. 电火花　B. 电解　C. 激光　D. 离子束

23. 在组合机床液压系统中，常用到限压式变量叶片泵。泵的流量自动随（　　）的增加而减少。

A. 压力　B. 功率　C. 作用力　D. 速度

24. 检验高精度（5 ~ 6 级）丝杠的螺距，用（　　）检验。

A. 丝杠螺距测量仪　　B. JC－030 丝杠检查仪
C. 专用样板　　D. 螺纹量规

25. 车削调质丝杠时，如果（　　）过大，就会增大螺距的累积误差。
A. 切削速度　　B. 主轴转速　　C. 切削深度　　D. 进给量

26. 不能成为双向变量泵的是（　　）。
A. 单作用式叶片泵　　B. 双作用式叶片泵
C. 径向柱塞泵　　D. 轴向柱塞泵

27. 如果零件上有多个不加工表面，则应以其中与加工面相互位置要求（　　）表面做粗基准。
A. 最高的　　B. 最低的　　C. 不高不低的　　D. A、B 和 C 都可以

28. 直接启动控制方式仅适用于（　　）电动机的起动。
A. 小容量　　B. 大容量　　C. 直流　　D. 交流

29. 载荷小而平稳，主要承受径向载荷，转速高应选用滚动轴承的类型代号是(　　)。
A. 0000　　B. 7000　　C. 1000　　D. 8000

30. 螺旋传动机构（　　）。
A. 结构复杂　　B. 传动效率高　　C. 承载能力低　　D. 传动精度高

31. 滚螺旋传动（　　）。
A. 结构简单　　B. 传动效率高
C. 外形尺寸小　　D. 传动时运动不稳定

32. 当用一个液压泵驱动的几个工作机构需要按一定的顺序依次动作时，应采用（　　）。
A. 方向控制回路 B. 调速回路　　C. 顺序动作回路　　D. 速度换接回路

33. 采用百分表分线法分线时，百分表测量杆必须与工件轴线（　　），否则将产生螺距误差。
A. 平行　　B. 垂直　　C. 倾斜　　D. 成 15°角

34. 采用轴向分线法车螺纹时，造成多线螺纹分线不准确的主要原因是（　　）。
A. 机床精度不高　　B. 工件刚度不足
C. 小滑板移动距离不准确　　D. 车刀磨损

35. 时间定额的组成在不同的生产类型中是不同的，当不考虑准备与结束时间情况下，一般时间定额组成为（　　）。
A. 基本时间＋休息与生理需要时间
B. 基本时间＋辅助时间＋休息与生理需要时间
C. 基本时间＋辅助时间
D. 基本时间

36. 电动机直接启动时，会因启动电流过大，导致整个电源线路的压降（　　）。
A. 为零　　B. 增大　　C. 减小　　D. 不变

37. 利用小滑板刻度分线车削多线螺纹前，必须对小滑板导轨与床身导轨的平行度进行校对，否则易造成螺纹半角误差及（　　）误差。

A. 大径　　B. 中径　　C. 小径　　D. 螺距

38. 多线螺纹判断乱扣时应以（　　）进行判断。

A. 线数　　B. 模数　　C. 螺距　　D. 导程

39. 精度为0.02 mm/1 000 mm 的水平仪，当水准泡移动一个小格，则倾斜角 θ 为（　　）。

A. 1"　　B. 2"　　C. 3"　　D. 4"

40. 水平仪是根据（　　）放大原理制成的。

A. 杠杆齿轮　　B. 齿轮齿条

C. 转动角度相同，曲率半径　　D. 齿轮

41. 精度为0.02 mm/1 000 mm 的水平仪，玻璃管刻线距离每格为（　　）。

A. 0.02 mm　　B. 0.01 mm　　C. 2 mm　　D. 1 mm

42. 利用水平仪不能检验零件的（　　）。

A. 平面度　　B. 直线度　　C. 垂直度　　D. 圆度

43. 测量精密梯形螺纹时，测量工具选择的标准，一般以其测量的最大极限误差不得超过被测尺寸公差的（　　）为标准。

A. 1/3 ~ 1/2　　B. 1/4 ~ 1/3　　C. 1/5 ~ 1/4　　D. 1/10 ~ 1/5

44. 对于粗基准的选择下列选项中正确的是（　　）。

A. 粗基准尽量重复使用

B. 粗基准表面可以有冒口、浇口、飞边等缺陷

C. 粗基准表面应平整

D. 同时存在加工表面和不加工表面时应以加工表面为粗基准

45. 单针和三针测量多线螺纹时，量针沿螺旋槽放置，当螺纹升角大于（　　）时，会产生较大的测量误差，测量值应予以修正。

A. 1°　　B. 2°　　C. 3°　　D. 4°

46. 三针测量用的量针直径如果太大，量针的横截面与螺纹牙侧不相切，就无法量得（　　）的实际尺寸。

A. 顶径　　B. 中径　　C. 小径　　D. 大径

47. 螺纹的综合测量应使用（　　）量具。

A. 螺纹千分尺　　B. 游标卡尺　　C. 螺纹量规　　D. 齿轮卡尺

48. 电动机直接启动控制线路的致命弱点是（　　）。

A. 只能单方向旋转　　B. 无完善的保护措施

C. 使用范围小　　D. 无法限制启动电流

49. 当工件以平面定位时，下面的误差基本上可以忽略不计的是（　　）。

A. 基准位移误差　　B. 基准不重合误差

C. 定位误差　　D. A、B 和 C 都不对

50. 遵循自为基准原则可以使（　　）。

A. 生产率提高　　B. 费用减少

C. 夹具数量减少　　D. 加工余量小而均匀

51．在精基准的选择中，选择加工表面的设计基准作为定位基准遵循了（　　）原则。

A．基准重合　B．互为基准　C．自为基准　D．保证定位可靠

52．遵循互为基准原则可以使（　　）。

A．生产率提高　B．费用减少　C．位置精度提高　D．劳动强度降低

53．（　　）不是遵循基准统一原则的优点之一。

A．能减少工装设计　B．能提高生产率

C．能使加工余量均匀　D．能减少费用

54．当采用两销一面定位时，下面对其定位误差分析正确的是（　　）。

A．只存在移动的基准位移误差　B．只存在转动的基准位移误差

C．定位误差为零　D．即存在移动又存在转动的基准位移误差

55．当采用两销一面定位时，工件的转角误差取决于（　　）。

A．圆柱销与孔的配合　B．削边销与孔的配合

C．两个销与孔的配合　D．和销、孔的配合没关系

56．他励直流电动机采用电枢回路串电阻进行调速，其机械特性硬度将（　　）。

A．变软　B．变硬　C．不变　D．无法确定

57．内径百分表不能测量（　　）。

A．孔径　B．孔的圆度　C．内孔的圆柱度　D．垂直度

58．利用百分表在孔的圆周各方向测量，测量结果的最大值与最小值之差的一半即为（　　）。

A．孔径的实际尺寸　B．圆度误差

C．圆柱度误差　D．都不是

59．采用两销一面定位，如果孔 1 的位移误差为 Δr_1，孔 2 的位移误差为 Δr_2，两孔和两销的间距均为 L，那么转角误差的正切 $\tan\Delta\alpha$ 等于（　　）。

A．$\Delta r_2+\Delta r_1$　B．$\Delta r_2+\Delta r_1/2$　C．$\Delta r_2+\Delta r_1/2L$　D．Δr_2

60．为了减少两销一面定位时的转角误差应选用（　　）的双孔定位。

A．孔距远　B．孔距近　C．孔距为 $2D$　D．孔距为 $3D$

61．在生产现场可用内径百分表在孔的圆周各方向上测量，测量结果的最大值与最小值（　　）即为圆度误差。

A．之差　B．差的一半　C．差的 2 倍　D．和的一半

62．他励直流电动机采用改变电枢电压调速法进行调速，其机械特性硬度将（　　）。

A．变软　B．变硬　C．不变　D．无法确定

63．使用内径百分表测量孔径时，必须摆动百分表，所得的（　　）是孔的实际尺寸。

A．最小读数值　B．最大读数值

C．多个读数的平均值　D．最大读数值与最小读数值之差

64．车削多线螺纹使用圆周分线法分线时，仅与螺纹的（　　）有关。

A．中径　B．螺距　C．导程　D．线数

65．使用轴向分线法分线时，当车好一条螺旋槽后，把车沿工件轴线方向移动一个（　　），再车削第二条螺旋槽。

A．牙型　　B．螺距　　C．导程　　D．螺距或导程均可

66．并励直流电动机采用电枢回路串电阻进行调速，其转速可在基本转速（　　）调节。

A．以上　　B．以下　　C．上下　　D．无法确定

67．多线螺纹分线时产生的误差，会造成多线螺纹的（　　）不等，严重影响螺纹的配合精度，减少使用寿命。

A．螺距　　B．导程　　C．牙型角　　D．螺纹升角

68．螺纹的配合精度主要取决于螺纹中径的（　　）。

A．公差　　B．偏差　　C．实际尺寸　　D．公称尺寸

69．组合件加工中，基准零件有锥体配合，则车削时车刀刀尖应（　　）锥体轴线。

A．高于　　B．低于　　C．等高于　　D．以上都不对

70．组合件加工中，基准零件有偏心配合，则偏心部分的偏心量应一致且偏心部分的轴线应（　　）零件轴线。

A．平行于　　B．垂直于　　C．倾斜于　　D．相交于

71．要使并励直流电动机在基本转速以上调速，可采用（　　）法。

A．改变电枢电压调速　　B．改变励磁磁通调速

C．电枢回路串电阻调速　　D．改变电枢电流调速

72．组合件加工中，基准零件若有螺纹配合，则应用（　　）加工成形。

A．板牙　　B．丝锥　　C．板牙和丝锥　　D．车削

73．定位时用来确定工件在（　　）中位置的表面，点或线称为定位基准。

A．机床　　B．夹具　　C．运输机械　　D．机床工作台

74．组合件加工时，应先车削（　　），再根据装配关系的顺序，依次车削组合件中的其余零件。

A．锥体配合　　B．偏心配合　　C．基准零件　　D．螺纹配合

75．（　　）生产立体交错孔零件时，必须设计制造一套保证加工质量的车床夹具。

A．单件　　B．小批　　C．成批　　D．单件小批

76．工件的定位是使工件的（　　）基准获得确定的位置。

A．工序　　B．测量　　C．定位　　D．辅助

77．定位基准可以是工件上的（　　）。

A．实际表面　　B．几何中心

C．对称线或面　　D．实际表面，几何中心和对称线或面

78．装夹箱体零件时，夹紧力的作用点应尽量靠近（　　）。

A．加工部位　　B．测量部位　　C．基准面　　D．毛坯表面

79．（　　）的加工顺序，是车削多孔零件的工艺特点之一。

A．先大后小　　B．先里后外　　C．先面后孔　　D．先孔后面

80．加工重要的箱体零件，为提高工件加工精度的稳定性，在粗加工后还需安排一

次（　　）。

A. 自然时效　B. 人工时效　C. 调质　D. 正大

81. 工件定位时定位基准（　　）。

A. 不一定有几个　B. 只有一个

C. 有两个　D. 不存在

82. 拟订（　　）是制定工艺文件的关键性的一步。

A. 工艺路线　B. 工艺规程　C. 预备热处理工序　D. 最终热处理工序

83. 一般主轴的加工工艺路线为：下料→锻造→退火（正火）→粗加工→调质→半精加工→（　　）→粗磨→低温时效→精磨。

A. 时效　B. 淬火　C. 调质　D. 正火

84. 孔相对于心轴可在间隙范围内作位置变动，如果孔径为 $D+\delta D$，轴径为 $d-\delta d$，那么基准位移误差为（　　）。

A. δD　B. δd　C. $\delta D+\delta d$　D. $\delta D+\delta d+D-d$

85. 对于新工艺、新技术、特殊工艺的应用，应先作（　　），证明切实可行，才能写进工艺卡。

A. 单件生产　B. 小批生产　C. 批量生产　D. 工艺试验

86. 为了适应大批量生产的要求，所设计的夹具在满足加工要求的前提下，（　　）是最重要的。

A. 使夹具的设计制造成本低　B. 夹具结构要简单

C. 能有效地提高机加工生产率　D. 夹具结构力求复杂

87. 对于加工面较多的零件，其粗加工、半精加工工序，可用（　　）表示。

A. 草图　B. 零件图　C. 工艺简图　D. 装配图

88. 在车床夹具的设计上，最首要考虑的原则是（　　）。

A. 提高机加工的劳动生产率　B. 保证工件的加工要求

C. 降低成本　D. 夹具要具有良好的工艺性

89. 车削（　　）螺纹时，车床在完成主轴转一转，车刀移动一个螺距的同时，还按工件要求利用凸轮机构传给刀架一个附加的进给运动，使车刀在工件上形成所需的螺纹。

A. 矩形　B. 锯齿形　C. 平面　D. 不等距

90. 如果设计要求车床夹具安装在主轴上，那么（　　）。

A. 夹具和主轴一起旋转　B. 夹具独自旋转

C. 夹具做直线进给运动　D. 夹具不动

91. 车削平面螺纹时，螺纹车刀顺着进给方向侧刃的刃磨后角应为（　　）。

A. $2°\sim4°$　B. $3°\sim5°$

C. $2°\sim4°+\Psi_{max}$　D. $2°\sim4°-\Psi_{min}$

92. 车削变齿厚蜗杆时，车刀刀尖宽度一定要（　　）蜗杆螺纹齿根圆最小轴向齿内宽度，防止产生干涉现象。

A. 小于　B. 大于　C. 等于　D. 大于等于

93. 车削平面螺纹时，当车床主轴带动工件转一转，刀架带着车刀必须（　　）移动一个螺距。

A. 纵向　　B. 横向　　C. 斜向　　D. 纵横向均可

94. 中心孔的精度是保证主轴质量的一个关键，光整加工时要求中心孔与顶尖的接触面积达到（　　）以上。

A. 50%　　B. 60%　　C. 70%　　D. 80%

95. 凡要求局部高频淬火的主轴，一般在（　　）之后，安排二次热处理，即调质处理。

A. 粗加工　　B. 半精加工　　C. 精加工　　D. 光整加工

96. 在主轴加工过程中，为保证位置精度，精磨外圆和精磨（　　）采用互为基准。

A. 锥面　　B. 锥孔　　C. 端面　　D. 轴肩

97. 检测主轴锥孔的锥度时，一般用（　　）检查，要求锥面接触率≥70%。

A. 万能角度尺　　B. 角度样板　　C. 涂色法　　D. 透光法

98. 加工组合件中基准零件时，影响零件间配合精度的诸尺寸，应尽量加工至两极限尺寸的（　　）。

A. 中间值　　B. 最小值　　C. 最大值　　D. 1/3 公差范围

99. 组合件中，基准零件有螺纹配合，加工螺纹中径尺寸时，对于内螺纹应控制在（　　）尺寸范围。

A. 最小极限　　B. 最大极限　　C. 公差　　D. 公差的一半

100. 车床夹具绝大多数安装在机床主轴上，并且要求夹具回转轴线和主轴轴线（　　）。

A. 一致　　B. 成一定角度　　C. 垂直　　D. A、B 和 C 均可

101. 组合件中，基准零件有螺纹配合，加工螺纹中径尺寸时，对于外螺纹应控制在（　　）尺寸范围。

A. 最小极限　　B. 最大极限　　C. 公差　　D. 公差的一半

102. 机床夹具的标准化要求（　　）。

A. 夹具结构和夹具零部件全部标准化

B. 夹具结构标准化，夹具零部件不必标准化

C. 夹具结构和夹具零部件全部不标准化

D. 只有夹具零部件标准化，夹具结构不标准化

103. 从发展方向上来看，实现夹具的高效自动化（　　）。

A. 只适用于大批量生产

B. 不适用于小批量生产

C. 不适用于多品种生产

D. 既适用于大批量生产也适用于多品种单件小批生产

104. 如果一个尺寸链中有三个环，封闭环为 L_0，增环为 L_1，减环为 L_2，那么（　　）。

A. $L_1 = L_0 + L_2$　　B. $L_2 = L_0 + L_1$　　C. $L_0 = L_1 + L_2$　　D. $L_1 = L_0 - L_2$

105. 一个尺寸链封闭环的数目（　　）。

A. 一定有两个　　B. 一定有三个　　C. 只有一个　　D. 可能有三个

106. 夹具的可调化、组合化是指（　　）。

A. 产品稍有改变夹具就需要报废　　B. 夹具只能用于某一个零件的加工
C. 夹具能用于某一类型零件的加工　　D. 夹具不能重复利用

107. 组合件中，基准零件有偏心配合，则偏心部分的偏心量应一致，加工误差应控制在图样的（　　）。

A. 1/3　　B. 1/4　　C. 1/2　　D. 都不是

108. 千分尺是常用的精密量具之一，规格每隔（　　）为一挡。

A. 25 mm　　B. 20 mm　　C. 35 mm　　D. 30 mm

109. 利用千分尺测量工件直径时，千分尺作轻微摆动后，（　　）即为工件的直径。

A. 最大读数值　　B. 最小读数值
C. 最大值与最小值的平均值　　D. 最大值与最小值之差

110. 下列选项中不是现代机床夹具发展方向的是（　　）。

A. 标准化　　B. 精密化　　C. 高效自动化　　D. 不可调整

111. 千分尺属于（　　）。

A. 游标量具　　B. 螺旋测微量具
C. 机械量仪　　D. 光学量仪

112. 使用双面游标卡尺测量孔径，读数值应加上两量爪的（　　）。

A. 长度　　B. 宽度　　C. 厚度　　D. 高度

113. 对于外方内圆的薄壁工件，对夹紧力承受最薄弱的环节是（　　）。

A. 四角顶点　　B. 轴向　　C. 对边中心处　　D. 内圆面

114. 在夹紧薄壁类工件时，夹紧力着力部位应尽量（　　）。

A. 接近工件的加工表面
B. 远离工件的加工表面
C. 远离工件的加工表面，并尽可能使夹紧力增大
D. 接近工件的加工表面，并使夹紧力越大越好

115. 如果薄壁工件在夹紧时，局部夹紧和均匀夹紧都可采用，那么下述正确的是（　　）。

A. 局部受力比均匀受力好　　B. 均匀受力比局部受力好
C. 均匀受力和局部受力一样　　D. 优先采用局部受力

116. 当工件径向和轴向刚度都较差时，应使夹紧力和切削力方向（　　）。

A. 相反　　B. 垂直　　C. 一致　　D. 呈一定角度

117. 在工艺系统刚度不足的情况下，为减小径向力，应取（　　）主偏角。

A. 较大　　B. 较小　　C. 0°　　D. 负值

118. 下面对于偏心工件的装夹，叙述错误的是（　　）。

A. 两顶尖装夹适用于较长的偏心轴
B. 专用夹具适用于单件生产
C. 偏心卡盘适用于精度要求较高的偏心零件
D. 花盘适用于偏心孔类零件装夹

119. 现车一偏心轴类工件，批量大，要求加工精度高，下列最合适的装夹方法

是（　　）。

A. 四爪单动卡盘　　B. 三爪自定心卡盘

C. 花盘　　D. 专用夹具

120. 用硬质合金车刀加工时，为减轻加工硬化，不宜取（　　）的进给量和切削深度。

A. 过小　　B. 过大　　C. 中等　　D. 较大

121. 粗车时，应考虑提高生产率并保证合理的刀具耐用度，首先要选用较大的（　　）。

A. 进给量　　B. 切削深度　　C. 切削速度　　D. 切削用量

122. 生产实践证明：切削用量中对断屑影响最大的是（　　）。

A. 切削速度　　B. 切削深度　　C. 切削宽度　　D. 进给量

123. 对于偏心工件的车削，有时需要设计专用夹具进行装夹，一般情况下它只适用于（　　）。

A. 单件生产　　B. 大批量生产　　C. 维修时　　D. 小批生产

124. 使用两顶尖装夹车削偏心工件主要适用于（　　）。

A. 单件小批生产　B. 大批量生产　　C. 中批量生产　　D. 任何生产类型

125. 当畸形工件的表面都需加工时，应选择余量（　　）的表面作为主要定位基面。

A. 最大　　B. 适中　　C. 最小　　D. 比较大

126. 当畸形工件表面不需要全部加工时，应尽量选用（　　）为主要定位基面。

A. 不加工表面　　B. 加工精度高的表面

C. 加工精度低的表面　　D. A、B 和 C 都可以

127. 使用花盘、角铁装夹畸形工件时，角铁两平面夹角（　　）。

A. 成锐角　　B. 成钝角　　C. 应互相垂直　　D. 不作要求

128. 使用花盘、角铁装夹畸形工件时，花盘平面是否平整对装夹精度（　　）。

A. 影响大　　B. 影响小　　C. 没影响　　D. 影响可忽略

129. 设计专用偏心夹具装夹并加工曲轴类工件，最适用的生产类型是（　　）。

A. 单件生产　　B. 小批量生产　　C. 大批量生产　　D. 维修

130. 在小型三拐曲轴的定位上，一般采用中心孔为定位基准，（　　）不是这种选择的好处。

A. 装夹方便　　B. 增强工件刚度

C. 节省找正时间　　D. 较好保证连杆轴颈位置精度

131. 有一个小型三拐曲轴，生产类型为单件生产，下列最好的装夹方法是（　　）。

A. 设计专用夹具装夹

B. 在两端预铸出工艺搭子，打中心孔，用顶尖装夹

C. 使用偏心卡盘装夹

D. 使用偏心夹板装夹

132. 车畸形工件时，（　　）应适当降低，以防切削抗力和切削热使工件移动或变形。

A. 切削用量　B. 刀具角度　C. 刀具刚度　D. 夹紧力

133. 当生产批量大时，下列最好的曲轴加工方法是（　）。

A. 直接两顶尖装夹　B. 偏心卡盘装夹

C. 专用偏心夹具装夹　D. 使用偏心夹板在两顶尖间装夹

134. 检验工件的形位误差，当被测要素或基准要素遵守相关原则时，为保证配合性质或可装配性，可采用（　）进行检验，以控制其实效边界。

A. 样板　B. 套规　C. 塞规　D. 位置量规

135. 中心架支承爪和工件的接触应该（　）。

A. 非常紧　B. 非常松

C. 松紧适当　D. A、B 和 C 都不对

136. 装夹大型及某些形状特殊的畸形工件，为增加装夹的稳定性，可采用（　），但不允许破坏原来的定位状况。

A. 支承钉　B. 支承板　C. 辅助支承　D. 可调支承

137. 测量某畸形工件（蜗轮壳体）的中心距，测量尺寸 M 的公差一般取中心距公差的（　）。

A. 1/3 ~ 1/2　B. 1/4 ~ 1/2　C. 1/5 ~ 1/2　D. 1/5 ~ 1/3

138. 关于跟刀架的使用，下面叙述中不正确的是（　）。

A. 跟刀架和工件的接触应松紧适当　B. 支承部长度应小于支承爪宽度

C. 使用中要不断注油、良好润滑　D. 精车时通常跟刀架支承在待加工表面

139. 加工梯形螺纹长丝杠时，精车刀的刀尖角应等于牙型角，刀具半角 a/2 的误差应保持在半角允差的（　）范围内。

A. 1/3 ~ 1/2　B. 1/4 ~ 1/3　C. 1/5 ~ 1/4　D. 1/6 ~ 1/5

140. 选用负前角车刀加工丝杠螺纹，车刀装高后的实际工作前角为 0°，不会产生（　）误差。

A. 牙型角　B. 螺距　C. 中径　D. 顶径

141. 车削丝杠螺纹时，必须考虑螺纹升角对车削的影响，车刀进刀方向的后角应取（　）。

A. 2° ~ 3°　B. 3° ~ 5°

C. （3° ~ 5°）$+\Psi$　D. （3° ~ 5°）$-\Psi$

142. 为了消除主轴的磨削应力，在粗磨后最好安排（　）工序。

A. 正火　B. 回火　C. 自然时效　D. 低温时效

143. 因渗碳主轴工艺比较复杂，渗碳前，最好绘制（　）。

A. 工艺草图　B. 局部剖视图　C. 局部放大图　D. 零件图

144. 某主轴用低碳合金钢（20 G）渗碳淬硬，对工件上不需要淬硬的部分，表面上必须留（　）的去碳层。

A. 1. 5 ~ 2 mm　B. 2 ~ 2. 5 mm　C. 2. 5 ~ 3 mm　D. 3 ~ 3. 5 mm

145. 为了保证主轴外圆的磨削精度，热处理后，必须安排（　）工序。

A. 重钻中心孔　B. 研磨中心孔　C. 热校直　D. 冷校直

146. 车削薄壁零件的关键是解决（　　）问题。

A. 车削　　B. 刀具　　C. 夹紧　　D. 变形

147. 用三爪自定心卡盘夹外圆车薄壁工件内孔时，由于夹紧力分布不均匀，加工后易出现（　　）形状。

A. 外圆呈三棱　　B. 内孔呈三棱　　C. 外圆呈椭圆　　D. 内孔呈椭圆

148. 测量薄壁零件时，容易引起测量变形的主要原因是（　　）选择不当。

A. 量具　　B. 测量基准　　C. 测量压力　　D. 测量方向

149. 薄壁工件加工刚度差时，车刀的前角和后角应选（　　）。

A. 大些　　B. 小些　　C. 负值　　D. 零值

150. 用中心架支承工件车内孔时，如出现内孔倒锥现象，则是由于中心架偏向（　　）所造成的。

A. 操作者一方　　B. 操作者对方　　C. 尾座　　D. 床头

151. 铰孔的精度主要取决于铰刀的尺寸，铰刀最好选择被加工孔公差带中间（　　）左右的尺寸。

A. 1/2　　B. 1/3　　C. 1/4　　D. 1/5

152. 精车精密多阶台孔时，可以外圆为基准保证内外圆的（　　）要求，即：一端用四爪卡盘装夹并垫铜垫后校正，另一端用中心架支承。

A. 圆度　　B. 圆柱度　　C. 直线度　　D. 同轴度

153. 测量精密多阶台孔的径向圆跳动时，可把工件放在 V 形架上，轴向定位，以（　　）为基准来检验。

A. 端面　　B. 内孔　　C. 外圆　　D. V 形铁

154. 细长轴工件的圆度、圆柱度可用（　　）直接检测。

A. 千分尺　　B. 千分表　　C. 圆度仪　　D. 轮廓仪

155. 检测细长轴工件的同轴度圆跳动时，可以把工件安放在正摆仪上用（　　）内接测量。

A. 千分尺　　B. 千分表　　C. 圆度仪　　D. 轮廓仪

156. 车细长轴时，若跟刀架卡爪与工件的接触压力太小，或根本就没有接触到，则车出的工件会出现（　　）。

A. 竹节形　　B. 麻花形　　C. 频率振动　　D. 弯曲变形

157. 车细长轴时，为减少弯曲变形，车刀的主偏角应取（　　），以减少径向切削分力。

A. 15°～30°　　B. 30°～45°　　C. 45°～80°　　D. 80°～93°

158. 有一长径比为 30，阶台较多且同轴度要求较高的细长轴，需多次以两端中心孔定位来保证同轴度，采用（　　）装夹方法比较适宜。

A. 两顶夹　　B. 一夹一顶　　C. 一夹一拉　　D. 一夹一搭

159. 车细长轴时，在第一刀车过后，为消除（　　），必须重新校正中心孔。

A. 锥度　　B. 振动　　C. 切削力　　D. 内应力

160. 有一刚度非常差，且尺寸精度、形状精度要求较高的细长轴，为增强刚度，解决变形问题，应采用（　　），上跟刀架的装夹方法。

A. 两顶尖　　B. 一夹一顶　　C. 一夹一拉　　D. 一夹一搭

二、判断题（将判断结果填入括号中。正确的填“√”，错误的填“×”。每题 0.5 分，满分 20 分。）

161. 当进油口的压力大于溢流阀的调定压力时，溢流阀就关闭。（　　）

162. 接触器联锁正反转控制线路的特点是操作方便，但不安全可靠。（　　）

163. 调节溢流阀弹簧压力簧，即可调节系统压力的大小。（　　）

164. 液压传动系统在工作时，必须依靠油液内部的压力来传递运动。（　　）

165. 液压传动是以油液为工作介质，依靠密封容积来传递运动，依靠油液内部压力来传递动力。（　　）

166. 柱塞泵是靠柱塞在缸体内的往复运动，使密封容积产生变化，来实现泵的吸油和压油的。（　　）

167. 对于箱体、支架和连杆等工件，应先加工平面后加工孔。（　　）

168. 产品质量波动是由生产过程中五大因素变化所造成的，即由人、机器、材料、方法和环境等基本因素波动影响的结果。（　　）

169. 三相异步电动机正、反转控制线路的一个重要特点是必须设立联锁。（　　）

170. 应用直方图可以比较直观地看出产品质量特性值的分布状态，以便掌握产品质量分布情况。（　　）

171. 工件以孔定位时的定位误差与定位元件的结构、放置方式有关，而与定位基准和定位元件的配合无关。（　　）

172. 柱塞泵常用于高压大流量和流量需要调节的龙门刨床、拉床、液压机等液压系统中。（　　）

173. 在车多拐曲轴的主轴颈时，为了提高曲轴的加工刚度，可搭一个中心架。（　　）

174. 抓好安全生产教育，贯彻预防为主的方针，是安全管理的重要内容。（　　）

175. 车削曲轴时，可在曲柄颈或主轴颈之间安装支承物和夹板，以提高曲轴的加工刚度。（　　）

176. 在电气控制原理图中，各电器的触头均按电路不通电或不受外力作用时的常态位置画出。（　　）

177. 齿轮泵的压油腔就是轮齿不断进入啮合的那个腔。（　　）

178. CB－B 型齿轮泵内部泄漏的油液是通过内部通道引至压油腔的。（　　）

179. 双作用式叶片泵转子每转一周，每个密封容积就完成一次吸油和压油。（　　）

180. 凸轮的压力角越大，凸轮机构越紧凑。（　　）

181. 自动车床的走刀机构多采用凸轮机构。（　　）

182. 铰孔时以自身孔作导向，可以纠正工件孔的位置误差。（　　）

183. 蜗杆的分度圆直径等于蜗杆的头数和模数的乘积。（　　）

184. 蜗轮和蜗杆只要模数和压力角两方面的相应值相等，就可以互相啮合。（　　）

185. 车孔的关键技术是解决内孔车刀的刚度和排屑问题。（　　）

186. 车削中，在保证产品质量的前提下，毛坯的余量应尽量减少，这样可以减少加工余量，以缩短机动时间。（　　）

187. 缩短机动时间（基本时间）的措施有：(1) 减少加工余量；(2) 加大切削用量；(3) 缩短工件的装夹时间。（　　）

188. 在大量生产条件下，由于工作地点固定加工同种产品，因此大量生产的工序单件时间定额的组成是：基本时间 + 辅助时间 + 休息与生理需要的时间。（　　）

189. 单作用式叶片泵又称为卸荷式叶片泵。（　　）

190. 在成批生产条件下，单件工时定额组成为：基本时间 + 辅助时间 + 休息与生理所需要的时间 + 准备与结束的时间/每批另件数的总和。（　　）

191. 203 轴承的内径是 15 mm。（　　）

192. 千分尺是常用的精密量具之一，示值精度为 0.01 mm。（　　）

193. 阅读电气控制原理图时，应从电器元件常态位置出发，即电器元件不通电或不受外力作用时的位置出发。（　　）

194. 当工件以孔定位时，定位基准往往是孔的中心线。（　　）

195. 流量大的换向阀只能采用液动换向阀。（　　）

196. 对于大型及形状特殊的畸形工件的装夹，主要考虑装夹是否稳定而可以忽略定位是否遭到破坏。（　　）

197. 使用调心滚动轴承时，必须在轴的两端成对使用，否则起不到调心作用。（　　）

198. 在畸形工件的定位上，主要定位基准面应尽量和零件装配使用基面一致。（　　）

199. 量具使用后应及时擦净，放入专用盒内保存，不得与其他刀具、工具混放。（　　）

200. 粗加工时，一般不允许积屑瘤存在。（　　）

理论知识考核模拟试卷三

一、选择题（选择正确的答案，将相应的字母填入题内的括号中。每题 0.5 分，满分 80 分。）

1. 选为精基准的表面应安排在（　　）工序进行。

A. 起始　　B. 中间　　C. 最后　　D. 任意

2. （　　）一般用于中压系统中。

A. 齿轮泵　　B. 叶片泵　　C. 径向柱塞泵　　D. 轴向柱塞泵

3. 下列特种加工方法中，最精密、最微细的加工方法是（　　）。

A. 电火花　　B. 电解　　C. 激光　　D. 离子束

4. 普通级的单列向心球轴承、中窄系列，内径为 30 mm 的轴承代号是（　　）。

A. 230　　B. G230　　C. 306　　D. G330

5. 电动机直接启动控制线路的致命弱点是（　　）。

A. 只能单方向旋转　　B. 无完善的保护措施

C. 使用范围小　　D. 无法限制启动电流

6. 滚动轴承的应用特点是（　）。

A. 摩擦阻力大　B. 启动不灵敏　C. 效率低　D. 抗冲击能力差

7. 正常工序能力指数为（　　）。

A. 0.67 ~ 1.00　B. 1.00 ~ 1.33　C. 1.33 ~ 1.67　D. 0 ~ 0.67

8. 在整个生产过程中，（　　）处于中心地位，具有承上启下的作用。

A. 设计开发　B. 生产制造过程　C. 检验产品质量　D. 售后服务

9. 产品质量是否满足质量指标和使用要求，首先取决于产品的（　　）。

A. 设计研究　B. 生产制造　C. 质量检验　D. 售后服务

10. 载荷小而平稳，主要承受径向载荷，转速高应选用滚动轴承的类型代号是（　　）。

A. 0000　B. 7000　C. 1000　D. 8000

11. 车削精密丝杠时，在热处理及加工工序间隙，加工工件要（　　），以免因自重而发生弯曲变形。

A. 平放　B. 悬挂　C. 放在V形架上　D. 安放在两顶尖间

12. 中滑板上刻度盘内孔与外径不同轴，或内外圆与端面不垂直，会使（　　）转动不灵活。

A. 纵向移动手柄　　B. 横向移动手柄

C. 小滑板　　D. 大滑板

13. 在车床上车削减速器箱体上与基准面平行的孔时，应使用（　　）进行装夹。

A. 花盘角铁　　B. 花盘

C. 四爪单动卡盘　　D. 三爪自定心卡盘

14. 整体式滑动轴承（　　）。

A. 能调整间隙　　B. 结构复杂

C. 轴瓦外表面是球面形状　　D. 安装和拆卸时需轴向移动轴或轴承

15. 时间定额的组成在不同的生产类型中是不同的，当不考虑准备与结束时间的情况下，一般时间定额组成为（　　）。

A. 基本时间 + 休息与生理需要时间

B. 基本时间 + 辅助时间 + 休息与生理需要时间

C. 基本时间 + 辅助时间

D. 基本时间

16. 在成批生产的条件下，单件工时定额组成正确的一项是（　　）。

A. 基本时间 + 辅助时间

B. 基本时间 + 休息与生理需要时间

C. 基本时间 + 准备与结束时间

D. 基本时间 + 辅助时间 + 休息与生理需要时间 + 准备与结束时间/每批另件数总和

17. 微调镗刀应用的是（　　）。

A. 普通螺旋传动　　B. 滚珠螺旋传动

C. 齿轮传动　　D. 差动螺旋传动

18. 在大量生产条件下，由于工作地固定生产同种产品，因此准备与结束时间可忽略不计，其大量生产的工序单件时间定额组成正确的一项是（　　）。

A. 基本时间 + 辅助时间 + 休息与生理需要时间

B. 基本时间

C. 基本时间 + 休息与生理需要时间

D. 基本时间 + 辅助时间

19. 在电动机直接启动控制方式中，会因（　　）过大，而影响同一线路其他负载的正常工作。

A. 启动电压　　B. 启动电流　　C. 启动转矩　　D. 转速

20. 车削调质丝杠时，如果（　　）过大，就会增大螺距的累积误差。

A. 切削速度　　B. 主轴转速　　C. 切削深度　　D. 进给量

21. 车削丝杠螺纹时，为减少扎刀现象，应选用（　　）车刀，并将车刀装高。

A. 正前角　　B. 负前角　　C. 正刃倾角　　D. 负刃倾角

22. 影响精密丝杠表面粗糙度的因素很多，最主要的是（　　）。

A. 精车刀具　　B. 粗车刀具　　C. 工件材料　　D. 切削深度

23. 检验高精度（5 ~ 6 级）丝杠的螺距，用（　　）检验。

A. 丝杠螺距测量仪　　B. JC – 030 丝杠检查仪

C. 专用样板　　D. 螺纹量规

24. 电动机直接启动时，会因启动电流过大，导致整个电源线路的压降（　　）。

A. 为零　　B. 增大　　C. 减小　　D. 不变

25. 直接启动控制方式仅适用于（　　）电动机的启动。

A. 小容量　　B. 大容量　　C. 直流　　D. 交流

26. 他励直流电动机采用电枢回路串电阻进行调速，其机械特性硬度将（　　）。

A. 变软　　B. 变硬　　C. 不变　　D. 无法确定

27. 时间定额的组成在不同的生产类型中是不同的，在单件生产条件下，可粗略计算其单件工时定额组成的是（　　）。

A. 基本时间

B. 基本时间 + 辅助时间

C. 基本时间 + 辅助时间 + 休息与生理需要时间 + 准备和结束时间

D. 基本时间 + 准备时间

28. 滚螺旋传动（　　）。

A. 结构简单　　B. 传动效率高

C. 外形尺寸小　　D. 传动时运动不稳定

29. 缩短辅助时间是提高劳动生产率的一个很重要的方面，下面方法正确的一项是（　　）。

A. 缩短工件装夹时间　　B. 减少加工余量
C. 加大切削用量　　D. 采用多刀切削和多件加工

30. 螺纹的公称直径是指（　）。
A. 螺纹小径　B. 螺纹中径　C. 螺纹大径　D. 螺纹分度圆直径

31. 不能成为双向变量泵的是（　）。
A. 单作用式叶片泵　　B. 双作用式叶片泵
C. 径向柱塞泵　　D. 轴向柱塞泵

32. 要使并励直流电动机在基本转速以上调速，可采用（　）法。
A. 改变电枢电压调速　　B. 改变励磁磁通调速
C. 电枢回路串电阻调速　　D. 改变电枢电流调速

33. 螺旋传动机构（　）。
A. 结构复杂　B. 传动效率高　C. 承载能力低　D. 传动精度高

34. 蜗杆的特性系数 q 的值越大，则（　）。
A. 传动效率高且刚度较好　　B. 传动效率低但刚度较好
C. 传动效率高但刚度较差　　D. 传动效率低且刚度差

35. 蜗杆传动（　）。
A. 承载能力较小　B. 传动效率低　C. 传动比不准确　D. 不具有自锁作用

36. 传动比大，而且准确的是（　）。
A. 蜗杆传动　B. 齿轮传动　C. 带传动　D. 链传动

37. 蜗轮的旋转方向（　）。
A. 与蜗杆的旋转方向无关
B. 与蜗杆的螺旋方向无关
C. 与蜗轮的齿数有关
D. 不仅与蜗杆的旋转方向有关，而且还与蜗杆的螺旋方向有关

38. 采用轴向分线法车螺纹时，造成多线螺纹分线不准确的主要原因是（　）。
A. 机床精度不高　　B. 工件刚度不足
C. 小滑板移动距离不准确　　D. 车刀磨损

39. 多线螺纹判断乱扣时应以（　）进行判断。
A. 线数　B. 模数　C. 螺距　D. 导程

40. 利用小滑板刻度分线车削多线螺纹前，必须对小滑板导轨与床身导轨的平行度进行校对，否则易造成螺纹半角误差及（　）误差。
A. 大径　B. 中径　C. 小径　D. 螺距

41. 对于粗基准的选择下列选项中正确的是（　）。
A. 粗基准尽量重复使用
B. 粗基准表面可以有冒口、浇口、飞边等缺陷
C. 粗基准表面应平整
D. 同时存在加工表面和不加工表面时应以加工表面为粗基准

42. 采用百分表分线法分线时，百分表测量杆必须与工件轴线（　），否则将产生

螺距误差。

A. 平行　　B. 垂直　　C. 倾斜　　D. 成15°角

43. 精度为0.02 mm/1 000 mm 的水平仪，当水准泡移动一个小格，则倾斜角 θ 为（　　）。

A. 1"　　B. 2"　　C. 3"　　D. 4"

44. 水平仪是根据（　　）放大原理制成的。

A. 杠杆齿轮　　B. 齿轮齿条

C. 转动角度相同，曲率半径　　D. 齿轮

45. 精度为0.02 mm/1 000 mm 的水平仪，玻璃管刻线距离每格为（　　）。

A. 0.02 mm　　B. 0.01 mm　　C. 2 mm　　D. 1 mm

46. 利用水平仪不能检验零件的（　　）。

A. 平面度　　B. 直线度　　C. 垂直度　　D. 圆度

47. 单针和三针测量多线螺纹时，量针沿螺旋槽放置，当螺纹升角大于（　　）时，会产生较大的测量误差，测量值应予以修正。

A. 1°　　B. 2°　　C. 3°　　D. 4°

48. 叶片泵的特点是（　　）。

A. 寿命短　　B. 流量不均匀

C. 对油液污染不敏感　　D. 噪声低、体积小、重量轻

49. 螺纹的综合测量应使用（　　）量具。

A. 螺纹千分尺　　B. 游标卡尺　　C. 螺纹量规　　D. 齿轮卡尺

50. 如果零件上有多个不加工表面，则应以其中与加工面相互位置要求（　　）表面做粗基准。

A. 最高的　　B. 最低的　　C. 不高不低的　　D. A、B 和 C 都可以

51. 测量精密梯形螺纹时，测量工具选择的标准，一般以其测量的最大极限误差不得超过被测尺寸公差的（　　）为标准。

A. 1/3 ~ 1/2　　B. 1/4 ~ 1/3　　C. 1/5 ~ 1/4　　D. 1/10 ~ 1/5

52. 当工件以平面定位时，下面的误差基本上可以忽略不计的是（　　）。

A. 基准位移误差　　B. 基准不重合误差

C. 定位误差　　D. A、B 和 C 都不对

53. （　　）不是遵循基准统一原则的优点之一。

A. 能减少工装设计　　B. 能提高生产率

C. 能使加工余量均匀　　D. 能减少费用

54. 在精基准的选择中，选择加工表面的设计基准作为定位基准遵循了（　　）原则。

A. 基准重合　　B. 互为基准　　C. 自为基准　　D. 保证定位可靠

55. 遵循互为基准原则可以使（　　）。

A. 生产率提高　　B. 费用减少　　C. 位置精度提高　　D. 劳动强度降低

56. 三针测量用的量针直径如果太大，量针的横截面与螺纹牙侧不相切，就无法量得

(　　) 的实际尺寸。

A. 顶径　　B. 中径　　C. 小径　　D. 大径

57. 遵循自为基准原则可以使 (　　)。

A. 生产率提高　　B. 费用减少

C. 夹具数量减少　　D. 加工余量小而均匀

58. 内径百分表不能测量 (　　)。

A. 孔径　　B. 孔的圆度　　C. 内孔的圆柱度　　D. 垂直度

59. 在组合机床液压系统中，常用到限压式变量叶片泵。泵的流量自动随 (　　) 的增加而减少。

A. 压力　　B. 功率　　C. 作用力　　D. 速度

60. 利用百分表在孔的圆周各方向测量，测量结果的最大值与最小值之差的一半即为 (　　)。

A. 孔径的实际尺寸　　B. 圆度误差

C. 圆柱度误差　　D. 都不是

61. 车削轴类零件时，如果毛坯余量不均匀，切削过程中背吃刀量发生变化，工件会产生 (　　) 误差。

A. 圆柱度　　B. 尺寸　　C. 同轴度　　D. 圆度

62. 为了防止压力继电器误发信号，其压力调整数值要比溢阀的调定压力 (　　)。

A. 高　　B. 低　　C. 相同　　D. 不一定

63. 采用两销一面定位，如果孔 1 的位移误差为 Δr_1，孔 2 的位移误差为 Δr_2，两孔和两销的间距均为 L，那么转角误差的正切 $\tan\Delta\alpha$ 等于 (　　)。

A. $\Delta r_2 + \Delta r_1$　　B. $\Delta r_2 + \Delta r_1/2$　　C. $\Delta r_2 + \Delta r_1/2L$　　D. Δr_2

64. 使用内径百分表测量孔径时，必须摆动百分表，所得的 (　　) 是孔的实际尺寸。

A. 最小读数值　　B. 最大读数值

C. 多个读数的平均值　　D. 最大读数值与最小读数值之差

65. 使用轴向分线法分线时，当车好一条螺旋槽后，把车沿工件轴线方向移动一个 (　　)，再车削第二条螺旋槽。

A. 牙型　　B. 螺距　　C. 导程　　D. 螺距或导程均可

66. 当采用两销一面定位时，工件的转角误差取决于 (　　)。

A. 圆柱销与孔的配合　　B. 削边销与孔的配合

C. 两个销与孔的配合　　D. 和销、孔的配合没关系

67. 为了减少两销一面定位时的转角误差应选用 (　　) 的双孔定位。

A. 孔距远　　B. 孔距近　　C. 孔距为 $2D$　　D. 孔距为 $3D$

68. 多线螺纹分线时产生的误差，会造成多线螺纹的 (　　) 不等，严重影响螺纹的配合精度，减少使用寿命。

A. 螺距　　B. 导程　　C. 牙型角　　D. 螺纹升角

69. 螺纹的配合精度主要取决于螺纹中径的 (　　)。

A. 公差 B. 偏差 C. 实际尺寸 D. 公称尺寸

70. 当采用两销一面定位时，下面对其定位误差分析正确的是（ ）。

A. 只存在移动的基准位移误差 B. 只存在转动的基准位移误差

C. 定位误差为零 D. 既存在移动又存在转动的基准位移误差

71. 定位时用来确定工件在（ ）中位置的表面，点或线称为定位基准。

A. 机床 B. 夹具 C. 运输机械 D. 机床工作台

72. 工件的定位是使工件的（ ）基准获得确定位置。

A. 工序 B. 测量 C. 定位 D. 辅助

73. 车削多线螺纹使用圆周分线法分线时，仅与螺纹的（ ）有关。

A. 中径 B. 螺距 C. 导程 D. 线数

74. 组合件加工中，基准零件有偏心配合，则偏心部分的偏心量应一致且偏心部分的轴线应（ ）零件轴线。

A. 平行于 B. 垂直于 C. 倾斜于 D. 相交于

75. 组合件加工时，应先车削（ ），再根据装配关系的顺序，依次车削组合件中的其余零件。

A. 锥体配合 B. 偏心配合 C. 基准零件 D. 螺纹配合

76. 组合件加工中，基准零件有锥体配合，则车削时车刀刀尖应（ ）锥体轴线。

A. 高于 B. 低于 C. 等高于 D. 以上都不对

77. 定位基准可以是工件上的（ ）。

A. 实际表面 B. 几何中心

C. 对称线或面 D. 实际表面，几何中心和对称线或面

78. 组合件加工中，基准零件若有螺纹配合，则应用（ ）加工成形。

A. 板牙 B. 丝锥 C. 板牙和丝锥 D. 车削

79. 工件定位时定位基准（ ）。

A. 不一定有几个 B. 只有一个 C. 有两个 D. 不存在

80. （ ）生产立体交错孔零件时，必须设计制造一套保证加工质量的车床夹具。

A. 单件 B. 小批 C. 成批 D. 单件小批

81. 孔相对于心轴可在间隙范围内作位置变动，如果孔径为 $D+\delta D$，轴径为 $d-\delta d$，那么基准位移误差为（ ）。

A. δD B. δd C. $\delta D+\delta d$ D. $\delta D+\delta d+D-d$

82. 为了适应大批量生产的要求，所设计的夹具在满足加工要求的前提下，（ ）是最重要的。

A. 使夹具的设计制造成本低 B. 夹具结构要简单

C. 能有效地提高机加工生产率 D. 夹具结构力求复杂

83. 如果设计要求车床夹具安装在主轴上，那么（ ）。

A. 夹具和主轴一起旋转 B. 夹具独自旋转

C. 夹具做直线进给运动 D. 夹具不动

84. 加工重要的箱体零件，为提高工件加工精度的稳定性，在粗加工后还需安排一

次（　　）。

A. 自然时效　B. 人工时效　C. 调质　D. 正大

85.（　　）的加工顺序，是车削多孔零件的工艺特点之一。

A. 先大后小　B. 先里后外　C. 先面后孔　D. 先孔后面

86. 装夹箱体零件时，夹紧力的作用点应尽量靠近（　　）。

A. 加工部位　B. 测量部位　C. 基准面　D. 毛坯表面

87. 拟订（　　）是制定工艺文件的关键性的一步。

A. 工艺路线　B. 工艺规程　C. 预备热处理工序　D. 最终热处理工序

88. 一般主轴的加工工艺路线为：下料→锻造→退火（正火）→粗加工→调质→半精加工→（　　）→粗磨→低温时效→精磨。

A. 时效　B. 淬火　C. 调质　D. 正火

89. 在车床夹具的设计上，最先需要考虑的原则是（　　）。

A. 提高机加工的劳动生产率　B. 保证工件的加工要求

C. 降低成本　D. 夹具要具有良好的工艺性

90. 对于新工艺、新技术、特殊工艺的应用，应先作（　　），证明切实可行，才能写进工艺卡。

A. 单件生产　B. 小批生产　C. 批量生产　D. 工艺试验

91. 对于加工面较多的零件，其粗加工、半精加工工序，可用（　　）表示。

A. 草图　B. 零件图　C. 工艺简图　D. 装配图

92. 车削平面螺纹时，螺纹车刀顺进给方向侧刃的刃磨后角应为（　　）。

A. $2° \sim 4°$　B. $3° \sim 5°$

C. $2° \sim 4° + \Psi_{max}$　D. $2° \sim 4° - \Psi_{min}$

93. 车床夹具绝大多数安装在机床主轴上，并且要求夹具回转轴线和主轴轴线（　　）。

A. 一致　B. 成一定角度　C. 垂直　D. A、B 和 C 均可

94. 机床夹具的标准化要求（　　）。

A. 夹具结构和夹具零部件全部标准化

B. 夹具结构标准化，夹具零部件不必标准化

C. 夹具结构和夹具零部件全部不标准化

D. 只有夹具零部件标准化，夹具结构不标准化

95. 车削（　　）螺纹时，车床在完成主轴转一转，车刀移动一个螺距的同时，还按工件要求利用凸轮机构传给刀架一个附加的进给运动，使车刀在工件上形成所需的螺纹。

A. 矩形　B. 锯齿形　C. 平面　D. 不等距

96. 车削平面螺纹时，当车床主轴带动工件转一转，刀架带着车刀必须（　　）移动一个螺距。

A. 纵向　B. 横向　C. 斜向　D. 纵横向均可

97. 车削变齿厚蜗杆时，车刀刀尖宽度一定要（　　）蜗杆螺纹齿根圆最小轴向齿内宽度，防止产生干涉现象。

A. 小于　B. 大于　C. 等于　D. 大于等于

98. 在主轴加工过程中，为保证位置精度，精磨外圆和精磨（　　）采用互为基准。

A. 锥面　B. 锥孔　C. 端面　D. 轴肩

99. 下列选项中不是现代机床夹具发展方向的是（　　）。

A. 标准化　B. 精密化　C. 高效自动化　D. 不可调整

100. 如果一个尺寸链中有三个环，封闭环为 L_0，增环为 L_1，减环为 L_2，那么(　　)。

A. $L_1 = L_0 + L_2$　B. $L_2 = L_0 + L_1$　C. $L_0 = L_1 + L_2$　D. $L_1 = L_0 - L_2$

101. 凡要求局部高频淬火的主轴，一般在（　　）之后，安排二次热处理，即调质处理。

A. 粗加工　B. 半精加工　C. 精加工　D. 光整加工

102. 一个尺寸链封闭环的数目（　　）。

A. 一定有二个　B. 一定有三个　C. 只有一个　D. 可能有三个

103. 从发展方向上来看，实现夹具的高效自动化（　　）。

A. 只适用于大批量生产

B. 不适用于小批量生产

C. 不适用于多品种生产

D. 既适用于大批量生产也适用于多品种单件小批生产

104. 夹具的可调化、组合化是指（　　）。

A. 产品稍有改变夹具就需要报废　B. 夹具只能用于某一个零件的加工

C. 夹具能用于某一类型零件的加工　D. 夹具不能重复利用

105. 当工件径向和轴向刚度都较差时，应使夹紧力和切削力方向（　　）。

A. 相反　B. 垂直　C. 一致　D. 成一定角度

106. 检测主轴锥孔的锥度时，一般用（　　）检查，要求锥面接触率≥70%。

A. 万能角度尺　B. 角度样板　C. 涂色法　D. 透光法

107. 中心孔的精度是保证主轴质量的一个关键。光整加工时要求中心孔与顶尖的接触面积达到（　　）以上。

A. 50%　B. 60%　C. 70%　D. 80%

108. 组合件中，基准零件有螺纹配合，加工螺纹中径尺寸时，对于内螺纹应控制在（　　）尺寸范围。

A. 最小极限　B. 最大极限　C. 公差　D. 公差的一半

109. 如果薄壁工件在夹紧时，局部夹紧和均匀夹紧都可采用，那么下述正确的是（　　）。

A. 局部受力比均匀受力好　B. 均匀受力比局部受力好

C. 均匀受力和局部受力一样　D. 优先采用局部受力

110. 组合件中，基准零件有螺纹配合，加工螺纹中径尺寸时，对于外螺纹应控制在（　　）尺寸范围。

A. 最小极限　B. 最大极限　C. 公差　D. 公差的一半

111. 在夹紧薄壁类工件时，夹紧力着力部位应尽量（　　）。

A. 接近工件的加工表面
B. 远离工件的加工表面
C. 远离工件的加工表面，并尽可能使夹紧力增大
D. 接近工件的加工表面，并使夹紧力越大越好

112. 对于外方内圆的薄壁工件，对夹紧力承受最薄弱的环节是（　　）。
A. 四角顶点　B. 轴向　C. 对边中心处　D. 内圆面

113. 对于偏心工件的车削，有时需要设计专用夹具进行装夹，一般情况下它只适用于（　　）。
A. 单件生产　B. 大批量生产　C. 维修时　D. 小批生产

114. 下面对于偏心工件的装夹，叙述错误的是（　　）。
A. 两顶尖装夹适用于较长的偏心轴
B. 专用夹具适用于单件生产
C. 偏心卡盘适用于精度要求较高的偏心零件
D. 花盘适用于偏心孔类零件的装夹

115. 组合件中，基准零件有偏心配合，则偏心部分的偏心量应一致，加工误差应控制在图样的（　　）。
A. 1/3　B. 1/4　C. 1/2　D. 都不是

116. 加工组合件中的基准零件时，影响零件间配合精度的诸尺寸，应尽量加工至两极限尺寸的（　　）。
A. 中间值　B. 最小值　C. 最大值　D. 1/3 公差范围

117. 利用千分尺测量工件直径时，千分尺作轻微摆动后，（　　）即为工件的直径。
A. 最大读数值　B. 最小读数值
C. 最大值与最小值的平均值　D. 最大值与最小值之差

118. 千分尺属于（　　）。
A. 游标量具　B. 螺旋测微量具　C. 机械量仪　D. 光学量仪

119. 千分尺是常用精密量具之一，规格每隔（　　）为一挡。
A. 25 mm　B. 20 mm　C. 35 mm　D. 30 mm

120. 使用两顶尖装夹车削偏心工件主要适应于（　　）。
A. 单件小批生产　B. 大批量生产　C. 中批量生产　D. 任何生产类型

121. 使用双面游标卡尺测量孔径，读数值应加上两量爪的（　　）。
A. 长度　B. 宽度　C. 厚度　D. 高度

122. 粗车时，应考虑提高生产率并保证合理的刀具耐用度，首先要选用较大的（　　）。
A. 进给量　B. 切削深度　C. 切削速度　D. 切削用量

123. 现车一偏心轴类工件，批量大，要求加工精度高，下列最合适的装夹方法是（　　）。
A. 四爪单动卡盘　B. 三爪自定心卡盘
C. 花盘　D. 专用夹具

124. 使用花盘、角铁装夹畸形工件时，花盘平面是否平整对装夹精度（　　）。

A. 影响大　B. 影响小　C. 没影响　D. 影响可忽略

125. 当畸形工件的表面都需加工时，应选择余量（　　）的表面作为主要定位基面。

A. 最大　B. 适中　C. 最小　D. 比较大

126. 生产实践证明：切削用量中对断屑影响最大的是（　　）。

A. 切削速度　B. 切削深度　C. 切削宽度　D. 进给量

127. 使用花盘、角铁装夹畸形工件，角铁两平面夹角（　　）。

A. 成锐角　B. 成钝角　C. 应互相垂直　D. 不作要求

128. 在工艺系统刚度不足的情况下，为减小径向力，应取（　　）主偏角。

A. 较大　B. 较小　C. 0°　D. 负值

129. 当畸形工件表面不需要全部加工时，应尽量选用（　　）为主要定位基面。

A. 不加工表面　B. 加工精度高的表面

C. 加工精度低的表面　D. A、B 和 C 都可以

130. 用硬质合金车刀加工时，为减轻加工硬化，不宜取（　　）的进给量和切削深度。

A. 过小　B. 过大　C. 中等　D. 较大

131. 装夹大型及某些形状特殊的畸形工件时，为增加装夹的稳定性，可采用（　　），但不允许破坏原来的定位状况。

A. 支承钉　B. 支承板　C. 辅助支承　D. 可调支承

132. 检验工件的形位误差，当被测要素或基准要素遵守相关原则时，为保证配合性质或可装配性，可采用（　　）进行检验，以控制其实效边界。

A. 样板　B. 套规　C. 塞规　D. 位置量规

133. 设计专用偏心夹具装夹并加工曲轴类工件，最适用的生产类型是（　　）。

A. 单件生产　B. 小批量生产　C. 大批量生产　D. 维修

134. 当生产批量大时，下列最好的曲轴加工方法是（　　）。

A. 直接两顶尖装夹　B. 偏心卡盘装夹

C. 专用偏心夹具装夹　D. 使用偏心夹板在两顶尖间装夹

135. 车畸形工件时，（　　）应适当降低，以防切削抗力和切削热使工件移动或变形。

A. 切削用量　B. 刀具角度　C. 刀具刚性　D. 夹紧力

136. 有一个小型三拐曲轴，生产类型为单件生产，下列最好的装夹方法是（　　）。

A. 设计专用夹具装夹　B. 在两端预铸出工艺搭子，打中心孔，用顶尖装夹

C. 使用偏心卡盘装夹　D. 使用偏心夹板装夹

137. 测量某畸形工件（蜗轮壳体）的中心距，测量尺寸 M 的公差一般取中心距公差的（　　）。

A. 1/3 ~ 1/2　B. 1/4 ~ 1/2　C. 1/5 ~ 1/2　D. 1/5 ~ 1/3

138. 选用负前角车刀加工丝杠螺纹，车刀装高后的实际工作前角为 0°时，不会产生

(　　) 误差。

A. 牙型角　B. 螺距　C. 中径　D. 顶径

139. 在小型三拐曲轴的定位上，一般采用中心孔为定位基准，(　　) 不是这种选择的好处。

A. 装夹方便　B. 增强工件刚度

C. 节省找正时间　D. 较好保证连杆轴颈位置精度

140. 加工梯形螺纹长丝杠时，精车刀的刀尖角应等于牙型角，刀具半角 $a/2$ 的误差应保持在半角允差的 (　　) 范围内。

A. 1/3～1/2　B. 1/4～1/3　C. 1/5～1/4　D. 1/6～1/5

141. 车削丝杠螺纹时，必须考虑螺纹升角对车削的影响，车刀进刀方向的后角应取 (　　)。

A. 2°～3°　B. 3°～5°

C. (3°～5°) $+\Psi$　D. (3°～5°) $-\Psi$

142. 为了保证主轴外圆的磨削精度，热处理后，必须安排 (　　) 工序。

A. 重钻中心孔　B. 研磨中心孔　C. 热校直　D. 冷校直

143. 为了消除主轴的磨削应力，在粗磨后最好安排 (　　) 工序。

A. 正火　B. 回火　C. 自然时效　D. 低温时效

144. 某主轴用低碳合金钢渗碳淬硬，对工件上不需要淬硬的部分，表面上必须留 (　　) mm 的去碳层。

A. 1.5～2　B. 2～2.5　C. 2.5～3　D. 3～3.5

145. 因渗碳主轴工艺比较复杂，渗碳前，最好绘制 (　　)。

A. 工艺草图　B. 局部剖视图　C. 局部放大图　D. 零件图

146. 用三爪自定心卡盘夹外圆车薄壁工件内孔时，由于夹紧力分布不均匀，加工后易出现 (　　) 形状。

A. 外圆呈三棱　B. 内孔呈三棱　C. 外圆呈椭圆　D. 内孔呈椭圆

147. 测量薄壁零件时，容易引起测量变形的主要原因是 (　　) 选择不当。

A. 量具　B. 测量基准　C. 测量压力　D. 测量方向

148. 车削薄壁零件的关键是解决 (　　) 问题。

A. 车削　B. 刀具　C. 夹紧　D. 变形

149. 薄壁工件加工刚度差时，车刀的前角和后角应选 (　　)。

A. 大些　B. 小些　C. 负值　D. 零值

150. 精车精密多阶台孔时，可以外圆为基准保证内外圆的 (　　) 要求，即：一端用四爪卡盘装夹并垫铜垫后校正，另一端用中心架支承。

A. 圆度　B. 圆柱度　C. 直线度　D. 同轴度

151. 铰孔的精度主要取决于铰刀的尺寸，铰刀最好选择被加工孔公差带中间 (　　) 左右的尺寸。

A. 1/2　B. 1/3　C. 1/4　D. 1/5

152. 用中心架支承工件车内孔时，若出现内孔倒锥现象，则是由于中心架偏向

（　　）所造成的。

A. 操作者一方　B. 操作者对方　C. 尾座　D. 床头

153. 测量精密多阶台孔的径向圆跳动时，可把工件放在 V 形架上，轴向定位，以（　　）为基准来检验。

A. 端面　B. 内孔　C. 外圆　D. V 形铁

154. 检测细长轴工件的同轴度圆跳动时，可以把工件安放在正摆仪上用（　　）内接测量。

A. 千分尺　B. 千分表　C. 圆度仪　D. 轮廓仪

155. 细长轴工件的圆度、圆柱度可用（　　）直接检测。

A. 千分尺　B. 千分表　C. 圆度仪　D. 轮廓仪

156. 车细长轴时，若跟刀架卡爪与工件的接触压力太小，或根本就没有接触到，则车出的工件会出现（　　）。

A. 竹节形　B. 麻花形　C. 频率振动　D. 弯曲变形

157. 车细长轴时，为减少弯曲变形，车刀的主偏角应取（　　），以减少径向切削分力。

A. 15°～30°　B. 30°～45°　C. 45°～80°　D. 80°～93°

158. 有一长径比为 30，阶台较多且同轴度要求较高的细长轴，需多次以两端中心孔定位来保证同轴度，采用（　　）装夹方法比较适宜。

A. 两顶夹　B. 一夹一顶　C. 一夹一拉　D. 一夹一搭

159. 采用 90°车刀粗车细长轴，安装车刀时刀尖应（　　）工件轴线，以增加切削的平稳性。

A. 对准　B. 严格对准　C. 略高于　D. 略低于

160. 车细长轴时，在第一刀车过后，为消除（　　），必须重新校正中心孔。

A. 锥度　B. 振动　C. 切削力　D. 内应力

二、判断题（将判断结果填入括号中。正确的填“√”，错误的填“×”。每题 0.5 分，满分 20 分。）

161. 离子束加工原理：在大气中，把氩、氪、氙等惰性气体，通过离子源产生离子束并经过加速、集束、聚焦后，投射到工件表面的加工部件，以实现去除加工。（　　）

162. 当进油口的压力大于溢流阀的调定压力时，溢流阀就关闭。（　　）

163. 调节溢流阀弹簧压力簧，即可调节系统压力的大小。（　　）

164. 液压传动系统在工作时，必须依靠油液内部的压力来传递运动。（　　）

165. 三相异步电动机正、反转控制线路的一个重要特点是必须设立联锁。（　　）

166. 离子束加工原理：在真空条件下，把氩、氪、氙等惰性气体通过离子源产生离子束并经过加速、集束、聚焦后，投射到工件表面的加工部件，以实现去除加工。（　　）

167. 选为精基准的表面应安排在起始工序先进行加工，以便尽快为后续工序的加工提供精基准。（　　）

168. 产品质量波动是由生产过程中五大因素变化所造成的，即由人、机器、材料、方法和环境等基本因素波动影响的结果。（　　）

169. 液压传动是以油液为工作介质，依靠密封容积来传递运动，依靠油液内部压力来传递动力。 ( )

170. 柱塞泵常用于高压大流量和流量需要调节的龙门刨床、拉床、液压机等液压系统中。 ( )

171. 柱塞泵是靠柱塞在缸体内的往复运动，使密封容积产生变化，来实现泵的吸油和压油的。 ( )

172. 应用直方图可以比较直观地看出产品质量特性值的分布状态，以便掌握产品质量分布情况。 ( )

173. 车削曲轴时，可在曲柄颈或主轴颈之间安装支承物和夹板，以提高曲轴的加工刚度。 ( )

174. CB－B 型齿轮泵内部泄漏的油液是通过内部通道引至压油腔的。 ( )

175. 超声波加工是利用产生超声波振动的工具，带动工件和工具间的磨料悬浮液，冲击和抛磨工件的被加工部件，使其局部材料破坏而成为粉末，以进行穿孔、切削和研磨等加工。 ( )

176. 接触器联锁正反转控制线路的特点是操作方便，但不安全可靠。 ( )

177. 抓好安全生产教育，贯彻预防为主的方针，是安全管理的重要内容。 ( )

178. 车削中，在保证产品质量的前提下，毛坯的余量应尽量减少，这样可以减少加工余量，以缩短机动时间。 ( )

179. 齿轮泵的压油腔就是轮齿不断进入啮合的那个腔。 ( )

180. 当工件以孔定位时，定位基准往往是孔的中心线。 ( )

181. 在车多拐曲轴的主轴颈时，为了提高曲轴的加工刚度，可搭一个中心架。 ( )

182. 车孔的关键技术是解决内孔车刀的刚度和排屑问题。 ( )

183. 铰孔时以自身孔作导向，可以纠正工件孔的位置误差。 ( )

184. 双作用式叶片泵转子每转一周，每个密封容积就完成一次吸油和压油。 ( )

185. 工件以孔定位时的定位误差与定位元件的结构、放置方式有关，而与定位基准和定位元件的配合无关。 ( )

186. 对于大型及形状特殊的畸形工件的装夹，主要考虑装夹是否稳定而可以忽略定位是否遭到破坏。 ( )

187. 千分尺是常用的精密量具之一，示值精度为 0.01 mm。 ( )

188. 在畸形工件的定位上，主要定位基准面应尽量和零件装配使用基面一致。 ( )

189. 在电气控制原理图中，各电器的触头均按电路不通电或不受外力作用时的常态位置画出。 ( )

190. 缩短机动时间（基本时间）的措施有：（1）减少加工余量；（2）加大切削用量；（3）缩短工件的装夹时间。 ( )

191. 单作用式叶片泵又称为卸荷式叶片泵。 ( )

192. 在成批生产条件下，单件工时定额组成为：基本时间＋辅助时间＋休息与生理所

需要的时间＋准备与结束的时间/每批另件数的总和。 （　）

193. 量具使用后应及时擦净，放入专用盒内保存，不得与其他刀具、工具混放。 （　）

194. 阅读电气控制原理图时，应从电器元件常态位置出发，即电器元件不通电或不受外力作用时的位置出发。 （　）

195. 流量大的换向阀只能采用液动换向阀。 （　）

196. 所谓六点定位原理就是指和工件的接触点有六个。 （　）

197. 在夹具中利用合理分布与工件接触的六个支承点来限制工件的六个自由度的规则叫六点定则。 （　）

198. 接触器自锁的控制线路能使电动机实现连续运转。 （　）

199. 粗车时，选择切削用量从大到小的顺序是：$a_p \to f \to v_c$。 （　）

200. 接触器自锁控制线路中的自锁功能是由接触器的辅助常闭触头实现的。 （　）

理论知识考核模拟试卷四

一、选择题（选择正确的答案，将相应的字母填入题内的括号中。每题 0.5 分，满分 80 分。）

1. 单件加工三偏心偏心套，应先加工好（　），再以它作为定位基准加工其他部位。

A. 基准孔　B. 偏心外圆　C. 另一偏心外圆　D. 以上三项均可

2. 深缝锯削时，当锯缝的深度超过锯弓的高度，应将锯条（　）。

A. 从开始连续锯到结束　B. 转过 90°重新装夹

C. 装得松一些　D. 装得紧一些

3. 使用小滑板分线车削多线螺纹时，比较方便但（　）精度不高。

A. 导程　B. 齿厚　C. 中径　D. 螺距

4. 常用固体润滑剂有石墨、二硫化钼、（　）等。

A. 润滑脂　B. 聚四氟乙烯　C. 钠基润滑脂　D. 锂基润滑脂

5. 游标量具中，主要用于测量孔、槽的深度和阶台的高度的工具是（　）。

A. 游标深度尺　B. 游标高度尺　C. 游标齿厚尺　D. 外径千分尺

6. 具有高度责任心不要求做到（　）。

A. 方便群众，注重形象　B. 责任心强，不辞辛苦

C、尽职尽责　D. 工作精益求精

7. 当零件所有表面具有相同的表面粗糙度要求时，可在图样的（　）标注。

A. 左上角　B. 右上角　C. 空白处　D. 任何地方

8. 下列不存在的千分尺是（　）。

A. 分度圆千分尺　B. 深度千分尺

C. 螺纹千分尺　D. 内径千分尺

9. 轴类零件加工顺序安排时应按照（　）的原则。

A. 先粗车后精车　　B. 先精车后粗车

C. 先内后外　　D. 基准后行

10. 车削被加工表面与基准面垂直的工件，应使用（　）装夹。

A. 四爪单动卡盘　　B. 三爪自定心卡盘

C. 花盘　　D. 角铁

11. 中滑板镶条接触不良，会使（　）转动不灵活。

A. 大滑板　B. 横向移动手柄　C. 刀架　D. 小滑板

12. 使用齿厚游标卡尺可以测量蜗杆的（　）。

A. 分度圆　B. 轴向齿厚　C. 法向齿厚　D. 周节

13. 深孔加工刀具的刀杆应具有（　），还应有辅助支承，防止或减小振动和让刀。

A. 切削部分　B. 导向部分　C. 对刀部分　D. 修光部分

14. 使主运动能够继续切除工件多余的金属，以形成工作表面所需的运动，称为（　）。

A. 进给运动　B. 主运动　C. 辅助运动　D. 切削运动

15. 车削多线蜗杆时，车第一条螺旋线后一定要测量（　），车第二条、第三条螺旋线时，应测量（　）。

A. 齿距，导程　B. 导程，齿厚　C. 齿厚，齿槽　D. 导程，齿距

16. 检验箱体工件上的立体交错孔的垂直度时，先用（　）找正基准心轴，使基准孔与检验平板垂直，然后用（　）测量测量心轴的两个位置，其差值即为测量长度内两孔轴线的垂直度误差。

A. 直角尺，百分表　　B. 直角尺，千分尺

C. 千分尺，百分表　　D. 百分表，千分尺

17. 使用高速钢车刀精车精度较高的（　）时，刀具的径向前角应为零值。

A. 蜗杆　B. 内孔　C. 外圆　D. 以上均对

18. 加工箱体类零件上的孔时，如果车削过程中，箱体位置发生变动，就会使同轴线上两孔的（　）产生误差。

A. 尺寸精度　B. 圆柱度　C. 圆度　D. 同轴度

19. 爱岗敬业是对从业人员（　）的首要要求。

A. 工作态度　B. 工作精神　C. 工作能力　D. 以上均可

20. 链传动是由链条和具有特殊齿形的链轮组成的传递（　）和动力的传动。

A. 运动　B. 扭矩　C. 力矩　D. 能量

21. 车床主轴是带有通孔的（　）。

A. 光轴　B. 多台阶轴　C. 曲轴　D. 配合轴

22. 车削具有立体交错孔的箱体类工件时，仅在卡盘上装夹，车削时是无法保证两立体交错孔轴线的（　）的。

A. 平行度　B. 垂直度　C. 位置度　D. 对称度

23. 车削英制蜗杆的车刀的刀尖角是（　）。

A. 20° B. 60° C. 40° D. 29°

24. 一批工件在夹具中的实际位置，将在一定的范围内（ ），这个变动量就是工件在夹具中加工时的定位误差。

A. 变动 B. 转动 C. 移动 D. 位移

25. 蜗杆的模数是5，齿顶高是（ ）。

A. 10 mm B. 15.7 mm C. 5 mm D. 11 mm

26. 刀具磨损有正常磨损和非正常磨损两种形式。以下（ ）不属于非正常磨损。

A. 切削刃磨钝 B. 切削刃或刀面上产生裂纹
C. 崩刃 D. 卷刃

27. 电动机（ ），切削时主轴转速会自动降低或自动停车。

A. 传动带过松 B. 缺相 C. 短路 D. 过热

28. 以下（ ）原因不会引起切削时主轴转速自动降低或自动停车。

A. 摩擦离合器过松或磨损 B. 主轴箱变速齿轮脱开
C. 摩擦离合器轴上锁紧螺母松动 D. 主轴转速过高

29.（ ）的结构特点是，在标准麻花钻的基础上磨出月牙槽，磨短横刃，磨出单面分屑槽。

A. 铸铁群钻 B. 薄板群钻 C. 深孔钻 D. 标准群钻

30. 在一定的生产条件下，以最少的劳动消耗和最低的成本费用，按生产计划的规定，生产出合格的产品是（ ）应遵循的原则。

A. 选用工艺装备 B. 制定工艺规程
C. 制定工时定额 D. 选择切削用量

31. 回火的目的之一是（ ）。

A. 粗化晶粒 B. 提高钢的密度 C. 提高钢的熔点 D. 防止工件变形

32. 精密丝杠的加工工艺中，要求锻造工件毛坯，目的是使材料晶粒细化、组织紧密、碳化物分布均匀，可提高材料的（ ）。

A. 塑性 B. 韧性 C. 强度 D. 刚度

33. 对于尺寸精度、表面粗糙度要求较高的（ ），如采用管状毛坯，其加工路线是：粗镗孔—半精镗孔—精镗或浮铰—珩磨或滚压。

A. 深孔零件 B. 套类零件 C. 箱体 D. 孔

34. 用宽刃刀法车圆锥时产生（ ）误差的原因是装刀不正确。

A. 锥度（角度） B. 形状 C. 位置 D. 尺寸

35. 半精车外圆时要留（ ）的磨削余量。

A. 0.5 mm B. 0.6 mm C. 0.7 mm D. 0.8 mm

36. 职业道德不鼓励从业者（ ）。

A. 通过诚实的劳动改善个人生活 B. 通过诚实的劳动增加社会的财富
C. 通过诚实的劳动促进国家建设 D. 通过诚实的劳动为个人服务

37. 车削具有立体交错孔的箱体类工件时，先加工好一个基准孔，再以（ ）为基准，在花盘角铁上装夹加工。

A. 已加工过的孔 B. 箱体平面 C. 箱体底孔 D. 心轴

38. 小滑板与中滑板的贴合面接触不良，紧固（　　）产生变形，会使横向移动手柄转动不灵活。

A. 中滑板 B. 小滑板 C. 刀架 D. 车刀

39. 根据一定的（　　）和计算公式，对影响加工余量的因素进行逐次分析和综合计算，最后确定加工余量的方法就是分析计算法。

A. 试验资料 B. 经验数据 C. 参考书 D. 技术参数

40. 粗加工蜗杆螺旋槽时，蜗杆刀磨出（　　）的径向前角。

A. 0°~5° B. 10°~15° C. 15°~18° D. 18°~20°

41. 万能角度尺在（　　）范围内，不装角尺和直尺。

A. 0°~50° B. 50°~140° C. 140°~230° D. 230°~320°

42. 专用夹具主要用于产品固定或（　　）的生产中。

A. 批量较小 B. 批量较大 C. 产品试制 D. 修配工件

43. 车削尾座套筒（　　）时，可采用一夹一搭装夹。

A. 粗车外圆 B. 精车外圆 C. 锥孔 D. 倒角

44. 锉削外圆弧面时，采用对着圆弧面锉的方法适用于（　　）的场合。

A. 粗加工 B. 精加工

C. 半精加工 D. 粗加工和精加工

45. 刀具急剧磨损阶段的磨损速度快的原因是（　　）。

A. 表面退火 B. 表面硬度低 C. 摩擦力增大 D. 以上均可能

46. 粗车多线蜗杆螺旋槽时，齿侧每边留（　　）的精车余量。

A. 0.4~0.5 mm B. 0.1~0.2 mm C. 0.2~0.3 mm D. 0.3~0.4 mm

47. 用转动小滑板法车圆锥时产生（　　）误差的原因是小滑板转动角度计算错误。

A. 锥度（角度）B. 位置误差 C. 形状误差 D. 尺寸误差

48. 在花盘角铁上装夹壳体类工件时，夹紧力的作用点应尽量靠近（　　）。

A. 基准面 B. 加工部位 C. 毛坯表面 D. 定位基准

49. 管螺纹是用于管道连接的一种（　　）。

A. 普通螺纹 B. 英制螺纹 C. 连接螺纹 D. 精密螺纹

50. 车削轴类零件时，如果（　　）不均匀，工件就会产生圆度误差。

A. 切削速度 B. 进给量 C. 顶尖力量 D. 毛坯余量

51. 确定尺寸精确程度的标准公差等级共有（　　）级。

A. 12 B. 16 C. 18 D. 20

52. 使用齿厚卡尺测量蜗杆的（　　）时，应把齿高卡尺的读数调整到齿顶高的尺寸。

A. 导程 B. 全齿高 C. 法向齿厚 D. 轴向齿厚

53. 以下（　　）不是机夹可转位刀片的主要性能。

A. 高硬度 B. 良好的导热性 C. 较差的工艺性 D. 高韧性

54. 下列违反安全操作规程的是（　　）。

A. 严格遵守生产纪律　　　　B. 遵守安全操作规程

C、执行国家劳动保护政策　　　　D. 可使用不熟悉的机床和工具

55. 使用分度头检验轴径夹角误差的计算公式是：$\sin\Delta\theta=\Delta L/R$。式中（　　）是两曲轴轴径中心高度差。

A. ΔL　　B. R　　C. $\Delta L/R$　　D. L/R

56. 机械加工工艺规程是规定产品或零部件制造工艺过程和（　　）的工艺文件。

A. 操作方法　　B. 加工顺序　　C. 工艺安排　　D. 组织生产

57. 使用（　　）装夹箱体类工件，装夹后，必须要经过平衡。

A. 花盘　　　　B. 三爪自定心卡盘

C. 四爪单动卡盘　　　　D. 中心架

58. 千分尺读数时（　　）。

A. 不能取下　　　　B. 必须取下

C. 最好不取下　　　　D. 先取下，再锁紧，然后读数

59. 深孔件表面粗糙度最常用的测量方法是（　　）。

A. 轴切法　　B. 影像法　　C. 光切法　　D. 比较法

60. 使用量块检验轴径（　　）时，量块高度的计算公式是：$h=M-0.5(D+d)-R\sin\theta$。

A. 夹角误差　　B. 偏心距　　C. 中心高　　D. 平行度

61. 加工箱体类零件上的孔时，如果花盘角铁精度低，就会影响平行孔的（　　）。

A. 尺寸精度　　B. 形状精度　　C. 孔距精度　　D. 粗糙度

62. 粗车尾座套筒外圆后，应进行（　　）热处理。

A. 正火　　B. 淬火　　C. 回火　　D. 表面淬火

63. 铰孔时为了保证孔的尺寸精度，铰刀的制造公差约为被加工孔公差的（　　）。

A. 1/2　　B. 1/3　　C. 一倍　　D. 1/5

64. 车削多线蜗杆，当批量较大时，可分为（　　）加工阶段。

A. 粗车和精车两个　　　　B. 半精车和精车两个

C. 粗车、半精车和精车三个　　　　D. 以上均对

65. 加工箱体类零件上的孔时，如果车削过程中，箱体位置发生变动，就会影响平行孔的（　　）。

A. 尺寸精度　　B. 形状精度　　C. 粗糙度　　D. 平行度

66. 圆度公差带是指（　　）。

A. 半径为公差值的两同心圆之间的区域

B. 半径差为公差值的两同心圆之间的区域

C. 在同一正截面上，半径为公差值的两同心圆之间的区域

D. 在同一正截面上，半径差为公差值的两同心圆之间的区域

67. 车削蜗杆时，溜板箱手轮转动不平衡会使蜗杆（　　）产生误差。

A. 中径　　B. 齿形角　　C. 周节　　D. 粗糙度

68. 单刃外排屑深孔钻又称枪孔钻，它适用于（　　）的深孔钻削。

A. 3~20 mm B. 10~20 mm C. 20~30 mm D. 30~40 mm

69. 高速车削螺纹时，最后一刀的切削厚度一般要大于（ ），并使切屑从垂直轴线方向排出。

A. 0.1 mm B. 0.3 mm C. 0.5 mm D. 1 mm

70. 圆柱齿轮传动的精度要求有运动精度、（ ）、接触精度等几方面精度要求。

A. 几何精度 B. 平行度 C. 垂直度 D. 工作平稳性

71. 下列不符合着装整洁文明生产要求的是（ ）。

A. 按规定穿戴好防护用品 B. 工作中对服装不作要求

C. 遵守安全技术操作规程 D. 执行规章制度

72.（ ）耐热性高，但不耐水，适用于高温负荷处。

A. 钠基润滑脂 B. 钙基润滑脂

C. 锂基润滑脂 D. 铝基及复合铝基润滑脂

73. 对组合夹具的调整，主要是对（ ）进行调整。

A. 定位件和压紧件 B. 定位件和支承件

C. 定位件和导向件 D. 压紧件和支承件

74. 在双重卡盘上适合车削（ ）的偏心工件。

A. 小批量生产 B. 单件生产 C. 精度高 D. 长度长

75. 起锯时，起锯角应在（ ）左右。

A. 5° B. 10° C. 15° D. 20°

76. 职业道德的内容不包括（ ）。

A. 职业道德意识 B. 职业道德行为规范

C. 从业者享有的权利 D. 职业守则

77. 用铰刀铰圆锥孔时，为防止产生锥度（角度）误差，可用（ ）调整尾座套筒轴线。

A. 百分表和试棒 B. 百分表和千分尺

C. 试棒和千分尺 D. 试棒和万能量角器

78. 车削减速器箱体时，（ ）应适当降低，以防切削抗力和切削热使工件移动或变形。

A. 刀具角度 B. 夹紧力 C. 切削用量 D. 工件硬度

79. 精加工蜗杆齿形时，应采用（ ）切削。

A. 单刃 B. 双刃 C. 三刃 D. 以上均可

80. 三线蜗杆的（ ）常采用主视图、剖面图（移出剖面）和局部放大的表达方法。

A. 零件图 B. 工作图 C. 原理图 D. 装配图

81. 万能角度尺是用来测量工件（ ）的量具。

A. 内外角度 B. 内角度 C. 外角度 D. 弧度

82. 属于金属物理性能的参数是（ ）。

A. 塑性 B. 韧性 C. 硬度 D. 导热性

83. 车削偏心距较大的偏心工件时，应先用（　　）装夹车削基准外圆和基准孔，后用（　　）装夹车削偏心孔。

A. 四爪单动卡盘　花盘　　B. 三爪自定心卡盘　花盘角铁
C. 四爪单动卡盘　花盘角铁　　D. 四爪单动卡盘　三爪自定心卡盘

84. 按用途不同螺旋传动可分为传动螺旋、（　　）和调整螺旋三种类型。

A. 运动螺旋　B. 传力螺旋　C. 滚动螺旋　D. 滑动螺旋

85. 车削差速器壳体时，应先加工（　　），再以它作为定位基准加工其他部位。

A. 外壳　B. 基准面　C. 内球面　D. 定位孔

86. 对于尺寸精度、表面粗糙度要求较高的深孔零件，如采用实体毛坯，其加工路线是：（　　）。

A. 钻孔—扩孔—精铰　　B. 钻孔—粗铰—车孔—精铰
C. 扩孔—车孔—精铰　　D. 钻孔—扩孔—粗铰—精铰

87. 铰孔时，如果（　　），那么铰出孔的孔口会扩大。

A. 车床尾座偏移　　B. 铰刀尺寸大
C. 尺寸精度超差　　D. 铰刀尺寸小

88. 车削内球面时，应使用（　　）作为检测量具。

A. 内卡钳　B. 样板　C. 内径千分尺　D. 内径百分表

89. 立铣刀主要用于加工沟槽、台阶、（　　）等。

A. 内孔　B. 平面　C. 螺纹　D. 曲面

90. 若主轴箱变速手柄（　　）过松，使齿轮脱开，则切削时主轴会自动停车。

A. 定位弹簧　B. 配合　C. 拨叉　D. 链条

91. 粗车多线蜗杆时，比较简单实用的分线方法是使用（　　）分线。

A. 分线盘　B. 小滑板刻度　C. 卡盘爪　D. 百分表

92. 使用专用夹具最大的优点是能可靠地（　　），提高劳动生产率，降低制造成本，改善工人的劳动条件。

A. 提高技术水平　　B. 美化工作环境
C. 保证加工精度　　D. 缩短工时定额

93. 如果两半箱体的同轴度要求不高，就可以在两被测孔中插入检验心轴，将百分表固定在其中一个心轴上，百分表测头触在另一孔的心轴上，百分表转动一周，（　　）就是同轴度误差。

A. 所得读数差的一半　　B. 所得的读数
C. 所得读数的差　　D. 所得读数的两倍

94. 加工箱体类零件上的孔时，如果花盘与角铁定位面的垂直度超差，那么对垂直孔轴线的（　　）有影响。

A. 尺寸　B. 形状　C. 表面粗糙度　D. 垂直度

95. 小滑板（　　），会使小刀架手柄转动不灵活或转不动。

A. 手柄弯曲　　B. 导轨直线度好
C. 润滑良好　　D. 丝杠弯曲

96. 以生产实践和实验研究积累的有关加工余量的资料数据为基础，结合实际加工情况进行修正来确定加工余量的方法，称为（　　）。

A. 分析计算法　B. 经验估算法　C. 查表修正法　D. 实践操作法

97. 精车尾座套筒外圆时，可采用（　　）装夹的方法。

A. 四爪单动卡盘　B. 一夹一搭

C. 两顶尖　D. 三爪自定心卡盘

98. 车削蜗杆时，刻度盘使用不当会使蜗杆（　　）产生误差。

A. 大径　B. 分度圆直径　C. 齿形角　D. 粗糙度

99. 在深孔加工中应配有专用装置将切削液输入到切削区。切削液的流量要达到（　　）。

A. 50～150 L/min　B. 50～100 L/min

C. 30～100 L/min　D. 80～150 L/min

100. 交错齿内排屑深孔钻外圆周上的切削速度较高，应采用耐磨性较好的（　　）硬质合金。

A. P类　B. YW类　C. M类　D. YG类

101. 交换齿轮组装时，必须保证齿侧有（　　）的啮合间隙。

A. 0.1～0.2 mm　B. 0.2～0.3 mm　C. 0.3～0.4 mm　D. 0.4～0.5 mm

102.（　　）底板的结合面不平，接触不良，方刀架压紧后会使小刀架手柄转动不灵活或转不动。

A. 方刀架和小滑板　B. 中滑板和小滑板

C. 方刀架和中滑板　D. 方刀架和车刀

103. 下列关于保持工作环境清洁有序的说法中不正确的是（　　）。

A. 毛坯、半成品按规定堆放整齐　B. 随时清除油污和积水

C. 通道上少放物品　D. 优化工作环境

104.（　　）是机床夹具中一种标准化、系列化、通用化程度较高的工艺装备。

A. 通用夹具　B. 组合夹具　C. 液动夹具　D. 气动夹具

105. 使用内径百分表可以测量深孔件的（　　）精度。

A. 同轴度　B. 直线度　C. 圆柱度　D. 以上均可

106. 立式车床的加工精度一般可达IT（　　）。

A. 5　B. 6　C. 7　D. 8

107. 检验尾座套筒锥孔时，使用（　　）测量。

A. 锥度塞规　B. 锥度套规　C. 样板　D. 正弦规

108. 主轴箱中空套齿轮与（　　）之间，可以装有滚动轴承，也可以装有铜套，用以减少零件的磨损。

A. 离合器　B. 传动轴　C. 固定齿轮　D. 拨叉

109. 识读装配图的步骤是先（　　）。

A. 识读标题栏　B. 看明细栏　C. 看标注尺寸　D. 看技术要求

110. 以下适合使用专用夹具的生产类型是（　　）。

A. 新产品的试制　　　　　　　　B. 小批量生产

C. 临时性的突击任务　　　　　　D. 成批主产

111. 车削减速器箱体时，夹紧装置（　　）的基本要求是夹紧时不破坏工件的正确位置。

A. 简　　B. 快　　C. 正　　D. 牢

112. 以下不是工艺规程主要内容的是（　　）。

A. 毛坯的材料、种类及外形尺寸　　B. 加工零件的工艺路线

C、各工序加工的内容和要求　　D. 车间管理条例

113. 在操作立式车床时（　　）是允许的。

A. 停车测量　　B. 加防护罩　　C. 装夹牢固　　D. 以上均可

114. 千分尺微分筒转动一周，测微螺杆移动（　　）。

A. 0.1 mm　　B. 0.01 mm　　C. 1 mm　　D. 0.5 mm

115. 被加工表面与基准面平行的工件适合在（　　）上装夹加工。

A. 三爪卡盘　　B. 花盘　　C. 两顶尖　　D. 花盘角铁

116. 中滑板上刻度盘内孔与外径不同轴，或内外圆与端面不垂直，会使（　　）转动不灵活。

A. 纵向移动手柄　　B. 横向移动手柄

C. 刀架　　D. 大滑板

117. 装夹（　　）时，夹紧力的作用点应尽量靠近加工表面。

A. 箱体零件　　B. 细长轴　　C. 深孔　　D. 盘类零件

118. 车削（　　）时，应先加工底平面，再以它作为定位基准加工孔。

A. 减速器箱体　　B. 套类零件　　C. 偏心套　　D. 蜗杆套

119. 减速器箱体加工过程的第一阶段完成（　　）、连接孔、定位孔的加工。

A. 侧面　　B. 端面　　C. 轴承孔　　D. 主要平面

120. 粗加工蜗杆螺旋槽时，应使用（　　）作为切削液。

A. 乳化液　　B. 植物油　　C. 动物油　　D. 复合油

121. 车削两半箱体同心的孔，组装后将两个工件同轴的孔同时加工，拆开后再次组装，工件的位置精度将（　　）。

A. 下降　　B. 不变　　C. 提高　　D. 不能判断

122. 找正偏心距 2.4 mm 的偏心工件，百分表的最小量程为（　　）。

A. 2.4 mm　　B. 4.8 mm　　C. 5 mm　　D. 15 mm

123. 车削两半箱体同轴孔的关键是：将两半箱体合起来成为一个整体，再加工同心孔，因两同心孔是在一次装夹中加工出来的，所以能够保证（　　）。

A. 位置度　　B. 圆度　　C. 同轴度　　D. 直线度

124. 粗加工多头蜗杆，应采用（　　）装夹方法。

A. 专用夹具　　B. 四爪单动卡盘

C. 一夹一顶　　D. 三爪自定心卡盘

125. 箱体在加工时应先将箱体的（　　）加工好，然后以该面为基准加工各孔和其

他高度方向的平面。

A. 底平面　B. 侧平面　C. 顶面　D. 基准孔

126. 计算（　）误差的关键是找出设计基准和定位基准之间的距离尺寸。

A. 基准不重合　B. 基准位移　C. 定位　D. 夹紧

127. 使用（　）在开车前应用手转动夹具，检查是否与导轨和刀架相碰及装夹工件后是否平衡。

A. 跟刀架　B. 组合夹具　C. 液动夹具　D. 气动夹具

128. 深孔加工的关键技术是选择合理的深孔钻几何形状和角度，解决（　）问题。

A. 冷却和排屑　B. 切削和排屑　C. 切削和冷却　D. 排屑和测量

129. 属于低合金刃具钢的是（　）。

A. 9SiCr　B. 60Si2Mn　C. 40Cr　D. W18Cr4V

130. 齿轮传动是由（　）、从动齿轮和机架组成的。

A. 圆柱齿轮　B. 圆锥齿轮　C. 主动齿轮　D. 主动带轮

131. 关于表面粗糙度对零件使用性能的影响，下列说法中错误的是（　）。

A. 零件表面越粗糙，则表面上凹痕就越深

B. 零件表面越粗糙，则产生应力集中现象就越严重

C. 零件表面越粗糙，在交变载荷的作用下，其疲劳强度会提高

D. 零件表面越粗糙，越有可能因应力集中而产生疲劳断裂

132. （　）过松或磨损，切削时主轴转速会自动降低或自动停车。

A. 摩擦离合器　B. 齿轮　C. 轴承　D. 制动装置

133. 机夹可转位车刀由（　）组成。

A. 刀片、刀垫、刀柄　B. 螺钉、刀垫、刀柄

C. 刀片、刀垫、压板　D. 刀片、刀垫、螺钉

134. 下列属于不爱护设备的做法的是（　）。

A. 定期拆装设备　B. 正确使用设备

C. 保持设备清洁　D. 及时保养设备

135. 对于深孔件的尺寸精度，可以用（　）进行检验。

A. 内径千分尺或内径百分表　B. 塞规或内径千分尺

C. 塞规或内卡钳　D. 以上均可

136. 遵守法律法规不要求（　）。

A. 遵守国家法律和政策　B. 遵守劳动纪律

C. 遵守安全操作规程　D. 延长劳动时间

137. 在螺纹底孔的孔口倒角，丝锥开始切削时（　）。

A. 容易切入　B. 不易切入　C. 容易折断　D. 不易折断

138. 用偏移尾座法车圆锥时，若（　），则会产生锥度（角度）误差。

A. 切削速度过低　B. 尾座偏移量不正确

C. 车刀装高　D. 切削速度过高

139. 单件加工三偏心偏心套，采用（　）装夹。

A. 花盘角铁　　B. 四爪单动卡盘
C. 双重卡盘　　D. 两顶尖

140. 对深孔粗加工刀具的要求是：有足够的（　　），能顺利排屑，切削液应注入到切削区。

A. 刚度和硬度　B. 韧性和硬度　C. 刚度和强度　D. 韧性和强度

141. 螺纹车刀的径向前角会影响螺纹的（　　）精度。

A. 中径　B. 导程　C. 局部螺距　D. 牙型角

142. 车削多线蜗杆时，小滑板移动方向必须和机床床身导轨平行，否则会造成（　　）。

A. 分线误差　B. 分度误差　C. 尺寸误差　D. 形状误差

143. 粗车削多线蜗杆时，应尽可能缩短工件伸出的长度，以提高工件的（　　）。

A. 强度　B. 韧性　C. 刚度　D. 塑性

144. 将两半箱体通过定位部分或定位元件合为一体，用检验心轴插入基准孔和被测孔，如果检验心轴不能自由通过，就说明（　　）不符合要求。

A. 圆度　B. 垂直度　C. 平行度　D. 同轴度

145. 使用（　　）可以测量深孔件的圆度精度。

A. 测微仪　B. 游标卡尺　C. 塞规　D. 内径百分表

146. 检验箱体工件上的立体交错孔的垂直度时，在基准心轴上装一百分表，测头顶在测量心轴的圆柱面上，旋转（　　）后再测，即可确定两孔轴线在测量长度内的垂直度误差。

A. 60°　B. 360°　C. 180°　D. 270°

147. 中温回火主要适用于（　　）。

A. 各种刃具　B. 各种弹簧　C. 各种轴　D. 高强度螺栓

148. 使用硬质合金车刀粗车铸铁，后刀面的磨钝标准值是（　　）。

A. 1.0～1.5 mm　B. 0.4～0.5 mm　C. 0.8～1.2 mm　D. 0.6～1.0 mm

149. 精车尾座套筒内孔时，可采用搭中心架装夹的方法。精车后，靠近卡盘的内孔直径大，这是因为中心架偏向（　　）造成的。

A. 操作者对方　B. 操作者方向　C. 尾座方向　D. 主轴方向

150. 车削内圆锥时，如果车刀不对中心，就会产生双曲线误差，双曲线的形状是（　　）。

A. 内凹的　B. 曲率半径大　C. 曲率半径小　D. 外凸的

151. 蜗杆特性系数的作用是（　　）。

A. 确定大径　　B. 确定分度圆直径
C. 限制蜗轮滚刀数量　　D. 确定头数

152. 使用三针测量蜗杆的法向齿厚，要将（　　）换算成量针测量距偏差。

A. 齿厚偏差　　B. 齿槽偏差
C. 分度圆　　D. 齿顶圆

153. 车削箱体类零件上的孔时，（　　）不是保证孔的尺寸精度的基本措施。

A．提高基准平面的精度　　B．进行试切削
C．检验、调整量具　　D．检查铰刀尺寸

154．工企对环境污染的防治不包括（　　）。
A．防治大气污染　　B．防治水体污染
C．防治噪声污染　　D．防治运输污染

155．多线蜗杆的模数＝3，头数＝3，则导程是（　　）。
A．6 mm　B．9 mm　C．18 mm　D．28.26 mm

156．车削多线蜗杆时，应按工件的（　　）选择挂轮。
A．齿厚　B．齿槽　C．螺距　D．导程

157．车削螺纹时，（　　）不会使螺纹局部螺距产生误差。
A．主轴的轴向窜动　　B．丝杠的轴向窜动
C．主轴的径向跳动　　D．溜板箱手轮转动不平衡

158．职业道德基本规范不包括（　　）。
A．爱岗敬业忠于职守　　B．服务群众奉献社会
C．搞好与他人的关系　　D．遵纪守法廉洁奉公

159．确定加工顺序和工序内容、加工方法、划分加工阶段，安排热处理、检验及其他辅助工序是（　　）的主要工作。
A．拟定工艺路线　　B．拟定加工工艺
C．拟定加工方法　　D．审批工艺文件

160．切削时切削刃会受到很大的压力和冲击力，因此刀具必须具备足够的（　　）。
A．硬度　　B．强度和韧性
C．工艺性　　D．耐磨性

二、判断题（将判断结果填入括号中。正确的填“√”，错误的填“×”。每题 0.5 分，满分 20 分。）

161．车削减速器箱体以已加工表面作为定位基准时，可使其全部或大部与角铁平面相接触，其接触面积不受限制。（　　）

162．万用表使用完毕，应把转换开关旋转至交流电压最低挡。（　　）

163．偏心夹紧机构的特点是结构简单，制造、操作方便，夹紧迅速，自锁性能比较好。（　　）

164．岗位的质量要求不包括工作内容、工艺规程、参数控制等。（　　）

165．垂直装刀法仅适用于加工法向直廓蜗杆。（　　）

166．斜二测轴测图 OY 轴与水平成 120°。（　　）

167．主轴箱中较长的传动轴，为了提高传动轴的精度，应采用三支承结构。（　　）

168．用双手控制法车削内球面时，由于靠双手协调动作完成曲面加工，因此要分析曲面各点的长度，决定中、小滑板的进给速度。（　　）

169．进给箱内传动轴的轴向定位方法，大都采用两端定位。（　　）

170．刃磨后的刀具从开始切削到达到刀具报废为止的总切削时间，称为刀具寿命。（　　）

171. 当斜视图按投影关系配置时，可省略标注。 ( )

172. 当采用几个平行的剖切平面来表达机件内部结构时，应画出剖切平面转折处的投影。 ( )

173. 进给箱的功用是把交换齿轮箱传来的运动，通过改变箱内滑移齿轮的位置，变速后传给丝杠或光杠，以满足车外圆和机动进给的需要。 ( )

174. 两顶尖不适合偏心轴的加工。 ( )

175. 车削减速器箱体，装夹时要找正、夹紧并进行平衡后才能车削。 ( )

176. 常用刀具材料的种类有碳素工具钢、合金工具钢、高速钢、硬质合金钢。 ( )

177. 在车床上车削减速器箱体上与基准面垂直的孔时，应使用花盘角铁进行装夹。 ( )

178. 根据用途不同链传动可分为传动链和起重链两大类。 ( )

179. 车削螺纹时，背吃刀量太小会使螺纹中径产生尺寸误差。 ( )

180. 单柱式立式车床的加工直径一般不超过 1 600 mm。 ( )

181. 使用削边销时应注意使它的横截面长轴垂直于圆柱销。 ( )

182. 双偏心工件是通过偏心部分最高点之间的距离来检验偏心部分与基准部分轴线间的关系。 ( )

183. 手动闸刀开关适用于频繁操作。 ( )

184. 立式车床主要用于车削径向尺寸、轴向尺寸均较大的大型或重型零件。 ( )

185. 识读装配图的要求是了解装配图的名称、用途、性能、结构和配合性质。 ( )

186. 划线盘划针的直头端用来划线，弯头端用于对工件安放位置的找正。 ( )

187. 用仿形法车圆锥时产生锥度（角度）误差的原因是靠模板角度调整不正确。 ( )

188. 量具有误差或测量方法不正确时，车削轴类零件会产生尺寸误差。 ( )

189. 车削轴类零件时，如果车床刚度差，滑板镶条太松，传动零件就不平衡，在车削过程中会引起振动，使工件尺寸精度达不到要求。 ( )

190. 球化退火可获得珠光体组织，硬度为 200HBW 左右，可改善切削条件，延长刀具寿命。 ( )

191. 正等测轴测图的轴间角为 180°。 ( )

192. 对于偏心工件的装夹，专用偏心夹具适用于单件生产的叙述是错误的。 ( )

193. 中滑板丝杠弯曲，会使横向移动手柄转动不灵活。 ( )

194. 薄板群钻的结构特点可简称为“三尖七刃两种槽”。 ( )

195. 车孔时，如果车孔刀磨损，刀杆振动，车出的孔圆度就会超差。 ( )

196. 用心轴装夹车削套类工件时，如果心轴本身同轴度超差，车出的工件就会产生尺寸精度误差。 ( )

197. 车削箱体类零件上的孔时，如果车床主轴轴线歪斜，车出的孔就会产生圆度误差。 ( )

198. 偏心距较大的工件，不能采用直接测量法测出偏心距，这时可用百分表和千分尺

采用间接测量法测出偏心距。（　　）

199. 用一夹一顶或两顶尖装夹轴类零件时，如果后顶尖轴线与主轴轴线不重合，工件就会产生圆度误差。（　　）

200. 用间接法测量偏心距时，必须准确测量基准圆和偏心圆直径的实际尺寸，否则计算偏心距会出现误差。（　　）

理论知识考核模拟试卷五

一、选择题（选择正确的答案，将相应的字母填入题内的括号中。每题 0.5 分，满分 80 分。）

1. 粗车削多线蜗杆时，应尽可能缩短工件伸出的长度，以提高工件的（　　）。

A. 强度　B. 韧性　C. 刚度　D. 塑性

2. 装夹箱体零件时，夹紧力的作用点应尽量靠近（　　）。

A. 加工表面　B. 基准面　C. 毛坯表面　D. 定位表面

3. 当工件以两个平行孔与跟其相互垂直的平面作为定位基准时，如果用两个圆柱销和一个平面作为定位元件，就会产生（　　）。

A. 完全定位　B. 部分定位　C. 欠定位　D. 重复定位

4. 敬业就是以一种严肃认真的态度对待工作，下列不符合的是（　　）。

A. 工作勤奋努力　B. 工作精益求精

C. 工作以自我为中心　D. 工作尽心尽力

5. 用铰刀铰圆锥孔时，为防止产生（　　）误差，可用百分表和试棒调整尾座套筒轴线。

A. 锥度（角度）　B. 形状　C. 位置　D. 尺寸

6. 标准群钻的结构特点可简称为“（　　）”。

A. 两尖七刃两种槽　B. 三尖五刃两种槽

C. 三尖七刃一种槽　D. 三尖七刃两种槽

7. 以下（　　）不是车削轴类零件产生尺寸误差的原因。

A. 量具有误差或测量方法不正确　B. 主轴间隙大

C. 没有进行试切削　D. 看错图纸

8. 车削螺纹时，（　　）会影响螺纹的牙型角精度。

A. 车刀左刃的后角　B. 车刀右刃的后角

C. 车刀的轴向前角　D. 车刀的径向前角

9. 机夹可转位车刀由（　　）组成。

A. 刀片、刀垫、刀柄　B. 刀片、压板、刀柄

C. 刀片、刀垫、压板　D. 刀片、刀垫、螺钉

10. 车削圆锥时如果车刀不对中心，就会产生（　　）误差。

A. 锥度不正确　B. 尺寸　C. 粗糙度　D. 双曲线

11. 在花盘的角铁上加工具有多个平行孔系的箱体零件时，由于基准统一（采用箱体底面为定位基准），因此平行度要求容易保证，但保证（　　）则较困难。

A. 中心距　B. 对称度　C. 相交度　D. 位置度

12. 对工厂同类型零件的资料进行分析比较，根据经验确定加工余量的方法，称为(　　)。

A. 查表修正法　B. 经验估算法　C. 实践操作法　D. 平均分配法

13. 粗加工蜗杆螺旋槽时，应使用（　　）作为切削液。

A. 乳化液　B. 植物油　C. 动物油　D. 复合油

14. 使用（　　）可以测量深孔件的圆度精度。

A. 测微仪　B. 游标卡尺　C. 塞规　D. 内径百分表

15. 中滑板镶条接触不良，会使（　　）转动不灵活。

A. 纵向移动手柄　B. 横向移动手柄

C. 大滑板　D. 小滑板

16. 轴类零件加工顺序安排时应按照（　　）的原则。

A. 先精车后粗车　B. 基准后行

C. 基准先行　D. 先内后外

17. 粗车多线蜗杆螺旋槽时，齿侧每边留（　　）的精车余量。

A. 0.4 ~ 0.5 mm　B. 0.1 ~ 0.2 mm　C. 0.2 ~ 0.3 mm　D. 0.3 ~ 0.4 mm

18. 分层切削法适用于车削模数（　　）的蜗杆。

A. 较大　B. 较小　C. 任意　D. 无法判断

19. 錾子一般由碳素工具钢锻成，经热处理后使其硬度达到（　　）。

A. 40 ~ 55HRC　B. 55 ~ 65HRC　C. 56 ~ 62HRC　D. 65 ~ 75HRC

20. 以生产实践和实验研究积累的有关加工余量的资料数据为基础，结合实际加工情况进行修正来确定加工余量的方法，称为（　　）。

A. 分析计算法　B. 经验估算法　C. 查表修正法　D. 实践操作法

21. 双向摩擦片式离合器用于主轴启动和控制正、反转，并可起到（　　）的作用。

A. 换向和变速　B. 过载保护　C. 升速和降速　D. 换向和制动

22. 直接改变原材料、毛坯等生产对象的形状、尺寸和性能，使之变为成品或半成品的过程称为（　　）。

A. 生产工艺　B. 生产过程　C. 工步　D. 工艺过程

23. 结构钢中的有害元素是（　　）。

A. 锰　B. 硅　C. 硫　D. 铬

24. 交错齿内排屑深孔钻外圆周上的切削速度较高，应采用耐磨性较好的（　　）硬质合金。

A. P 类　B. K 类　C. M 类　D. YW 类

25. 深孔加工的关键技术是选择合理的深孔钻几何形状和角度，解决（　　）问题。

A. 冷却和排屑　B. 切削和排屑　C. 切削和冷却　D. 排屑和测量

26. （　　）主要起冷却作用。

A. 水溶液　B. 乳化液　C. 切削油　D. 防锈剂

27. 用转动小滑板法车圆锥时产生（　　）误差的原因是小滑板转动角度计算错误。

A. 锥度（角度）　B. 位置　C. 形状　D. 尺寸

28. 下列说法中错误的是（　　）。

A. 对于机件的肋、轮辐、薄壁等，如按纵向剖切，这些结构要画剖面符号，而且要用粗实线将它与其邻接部分分开

B. 当零件回转体上均匀分布的肋、轮辐、孔等结构不处于剖切平面上时，可将这些结构旋转到剖切平面上画出

C. 较长的机件（轴、杆、型材、连杆等）沿长度方向的形状一致或按一定规律变化时，可断开后缩短绘制。采用这种画法时，尺寸应按机件原长标注

D. 当回转体零件上的平面在图形中不能充分表达时，可用平面符号（相交的两细实线）表示

29. 使用（　　）时，工件装夹后应作少量调整，使被加工表面的回转轴线与车床主轴轴线尽可能重合。

A. 通用夹具　B. 气动夹具　C. 专用夹具　D. 液动夹具

30. 如果两半箱体的同轴度要求不高，就可以在两被测孔中插入检验心轴，将百分表固定在其中一个心轴上，百分表测头触在另一孔的心轴上，百分表转动一周，（　　）就是同轴度误差。

A. 所得读数差的一半　B. 所得的读数

C. 所得读数的差　D. 所得读数差的二倍

31. 双偏心工件是通过偏心部分最高点与基准之间的距离来检验偏心部分与基准部分轴线间的（　　）。

A. 平行度　B. 角度　C. 相交度　D. 偏心距

32. 不违反安全操作规程的是（　　）。

A. 不按标准工艺生产　B. 自己制定生产工艺

C. 使用不熟悉的机床　D. 执行国家劳动保护政策

33. 对于尺寸精度、表面粗糙度要求较高的深孔零件，如采用实体毛坯，其加工路线是（　　）。

A. 钻孔—扩孔—精铰　B. 钻孔—粗铰—车孔—精铰

C. 钻孔—扩孔—车孔—精铰　D. 钻孔—扩孔—粗铰—精铰

34. 工件在圆柱心轴上定位且单边接触，如果孔径为 $D+6_D$，轴径为 $d-6_d$，则基准位移误差是（　　）。

A. 6_D+6_d　B. 6_D-6_d　C. 6_d　D. 6_D+6_d+D-d

35. 百分表的示值范围通常有 0 ~ 3 mm、0 ~ 5 mm 和（　　）三种。

A. 0 ~ 8 mm　B. 0 ~ 10 mm　C. 0 ~ 12 mm　D. 0 ~ 15 mm

36. 以下（　　）不属于组合夹具的同一分类范畴。

A. 手动组合夹具　B. 气动组合夹具　C. 液压组合夹具　D. 镗床组合夹具

37. 多线蜗杆的模数 =3，头数 =2，则导程是（　　）。

A. 6 mm　B. 9 mm　C. 18 mm　D. 18. 84 mm

38.（　　）适合使用专用夹具。

A. 新产品的试制　　B. 小批量生产

C. 临时性的突击任务　　D. 成批生产

39. 车削箱体类零件上的孔时，仔细测量是保证孔的（　　）的基本措施。

A. 尺寸精度　　B. 形状精度　　C. 位置精度　　D. 表面粗糙度

40. 机床夹具夹紧力的（　　）应尽可能垂直于工件的主要定位基准面。

A. 方向　　B. 作用点　　C. 大小　　D. 位置

41. 在双重卡盘上适合车削（　　）的偏心工件。

A. 小批量生产　　B. 精度高　　C. 长度长　　D. 大批量

42. 最大的双柱式立式车床的加工直径超过（　　）。

A. 25 000 mm　　B. 20 000 mm　　C. 15 000 mm　　D. 10 000 mm

43. 机械加工工艺规程是规定（　　）制造工艺过程和操作方法的工艺文件。

A. 产品或零部件　　B. 产品　　C. 工装　　D. 零部件

44. 检验箱体工件上的立体交错孔的垂直度时，先用（　　）找正基准心轴，使基准孔与检验平板垂直，然后用（　　）测量测量心轴两处，其差值即为测量长度内两孔轴线的垂直度误差。

A. 直角尺，百分表　　B. 千分尺，百分表

C. 百分表，千分尺　　D. 百分表，直角尺

45. 正等测轴测图的轴间角为（　　）。

A. 90°　　B. 120°　　C. 180°　　D. 45°

46. 麻花钻的两个螺旋槽表面就是（　　）。

A. 主后刀面　　B. 副后刀面　　C. 前刀面　　D. 切削平面

47. 铰孔时，如果车床尾座偏移，那么铰出孔的（　　）。

A. 孔口会扩大　　B. 圆度超差　　C. 同轴度超差　　D. 表面粗糙度大

48. 车削螺纹时，开合螺母间隙大会使螺纹（　　）产生误差。

A. 中径　　B. 齿形角　　C. 局部螺距　　D. 粗糙度

49.（　　）过松或磨损，切削时主轴转速会自动降低或自动停车。

A. 摩擦离合器　　B. 齿轮　　C. 轴承　　D. 制动装置

50. 深孔件（　　）最常用的测量方法是比较法。

A. 尺寸精度　　B. 形状精度　　C. 位置精度　　D. 表面粗糙度

51. 单件生产和修配工作需要铰削少量非标准孔时应使用（　　）铰刀。

A. 整体式圆柱　　B. 可调节式　　C. 圆锥式　　D. 螺旋槽

52. 斜二测轴测图 OY 轴与水平成（　　）。

A. 45°　　B. 90°　　C. 180°　　D. 75°

53. 电动机（　　），切削时主轴转速会自动降低或自动停车。

A. 传动带过松　　B. 缺相　　C. 短路　　D. 以上均对

54. 下列不符合着装整洁文明生产要求的是（　　）。

A. 按规定穿戴好防护用品　　B. 遵守安全技术操作规程

C. 优化工作环境　　D. 在工作中吸烟

55. 使用高速钢车刀精车精度较高的（　）时，刀具的径向前角应为零值。

A. 蜗杆　B. 内孔　C. 外圆　D. 圆锥

56. 箱体在加工时应先将箱体的（　）加工好，然后以该面为基准加工各孔和其他高度方向的平面。

A. 底平面　B. 侧平面　C. 顶面　D. 安装孔

57. 用一次安装方法车削套类工件，如果工件发生移位，车出的工件就会产生（　）误差。

A. 同轴度、垂直度　　B. 圆柱度、圆度

C. 尺寸精度、同轴度　　D. 表面粗糙度、同轴度

58. 加工箱体类零件上的孔时，（　），会使同轴线上两孔的同轴度产生误差。

A. 角铁没有精刮　　B. 花盘角铁没找正

C. 刀杆刚度差　　D. 车削过程中箱体位置发生变动

59. 加工箱体类工件时，以（　）作为定位基准时，应使用支承钉作为定位元件与工件平面相接触。

A. 加工表面　B. 已加工表面　C. 毛坯表面　D. 以上均可

60. 公差带大小是由（　）决定的。

A. 公差值　B. 基本尺寸　C. 公差带符号　D. 被测要素特征

61. 职业道德是（　）。

A. 社会主义道德体系的重要组成部分　　B. 保障从业者利益的前提

C. 劳动合同订立的基础　　D. 劳动者的日常行为规则

62.（　）底板的结合面不平，接触不良，方刀架压紧后会使小刀架手柄转动不灵活或转不动。

A. 方刀架和小滑板　　B. 中滑板和小滑板

C. 方刀架和中滑板　　D. 小滑板和车刀

63.（　）是用来测量工件内外角度的量具。

A. 万能角度尺　B. 内径千分尺　C. 游标卡尺　D. 量块

64. 刀具的急剧磨损阶段的磨损速度快的原因是（　）。

A. 表面退火　B. 表面硬度低　C. 摩擦力增大　D. 以上均可能

65. 用宽刃刀法车圆锥时产生（　）误差的原因是装刀不正确。

A. 锥度（角度）　B. 形状　C. 位置　D. 尺寸

66. 使用量块检验轴径（　）时，量块高度的计算公式是：$h = M - 0.5(D + d) - R\sin\theta$。

A. 夹角误差　B. 偏心距　C. 中心高　D. 平行度

67. 加工箱体类零件上的孔时，如果车削过程中，箱体位置发生变动，就会影响平行孔的（　）。

A. 尺寸精度　B. 形状精度　C. 粗糙度　D. 平行度

68. 用间接法测量偏心距时，必须准确测量基准圆和偏心圆直径的（　），否则计

算偏心距会出现误差。

A. 最大极限尺寸　B. 最小极限尺寸　C. 实际尺寸　D. 公称尺寸

69. 蜗杆分度圆直径与蜗杆特性系数的关系是（　　）。

A. $d_1 = q/m_x$　B. $d_1 = q + m_x$　C. $d_1 = qm_x$　D. $d_1 = q - m_x$

70. 在一定的（　　）下，以最少的劳动消耗和最低的成本费用，按生产计划的规定，生产出合格的产品是制定工艺规程应遵循的原则。

A. 工作条件　B. 生产条件　C. 设备条件　D. 电力条件

71. 车削具有立体交错孔的箱体类工件时，仅在卡盘上装夹，车削时无法保证两立体交错孔轴线的（　　）。

A. 平行度　B. 垂直度　C. 位置度　D. 对称度

72. 环境保护不包括（　　）。

A. 预防环境恶化　B. 控制环境污染

C. 促进工农业同步发展　D. 促进人类与环境协调发展

73. （　　）深孔钻的特点是刀片在刀具中心两侧交错排列，这样不仅有较好的分屑作用，还能使刀具两侧受力较平衡。

A. 交错齿内排屑　B. 枪孔钻　C. U 钻　D. 扁钻

74. 不属于摩擦式带传动的是（　　）。

A. 平带传动　B. V 带传动　C. 同步带传动　D. 多楔带传动

75. 对于深孔件的尺寸精度，可以用（　　）进行检验。

A. 内径千分尺或内径百分表　B. 塞规或内径百分表

C. 外径千分尺　D. 塞规或内卡钳

76. 车床主轴箱齿轮精车前的热处理方法是（　　）。

A. 正火　B. 淬火　C. 高频淬火　D. 表面热处理

77. 下列哪种千分尺不存在（　　）。

A. 公法线千分尺　B. 外径千分尺　C. 内径千分尺　D. 轴承千分尺

78. 在数控机床和（　　）等自动化机床上，机夹可转位镗刀应用最为广泛。

A. 普通机床　B. 组合机床　C. 加工中心　D. 专用机床

79. 主轴箱中较长的传动轴，为了提高传动轴的（　　），采用三支承结构。

A. 安装精度　B. 刚度　C. 稳定性　D. 传动精度

80. 进给箱内传动轴的轴向定位方法，大都采用（　　）定位。

A. 一端　B. 两端　C. 两支承　D. 三支承

81. 精车尾座套筒内孔时，可采用搭中心架装夹的方法。精车后，靠近卡盘的内孔直径大，这是因为中心架偏向（　　）造成的。

A. 上方　B. 操作者方向　C. 尾座方向　D. 主轴方向

82. 下列装夹方法不适合偏心轴加工的是（　　）。

A. 专用夹具　B. 花盘

C. 四爪单动卡盘　D. 三爪自定心卡盘

83. 使用（　　）不可以测量深孔件的圆柱度精度。

A. 圆度仪　B. 内径百分表　C. 游标卡尺　D. 内卡钳

84. 下列说法正确的是（　）。

A. 两个基本体表面平齐时，视图上两基本体之间有分界线

B. 两个基本体表面不平齐时，视图上两基本体之间无分界线

C. 两个基本体表面相切时，两表面相切处不应画出切线

D. 两个基本体表面相交时，两表面相交处不应画出交线

85. 錾削时，当发现手锤的木柄上沾有油时应（　）。

A. 忽略　B. 及时擦去

C. 在木柄上包上布　D. 戴上手套

86. 车削差速器壳体时，应先加工（　），再以它作为定位基准加工其他部位。

A. 基准孔　B. 基准面　C. 定位孔　D. 外壳

87. 小滑板（　），会使小刀架手柄转动不灵活或转不动。

A. 镶条直　B. 手柄弯曲　C. 润滑良好　D. 丝杠弯曲

88. 制动器调整过松，停车后主轴有（　）现象。

A. 自转　B. 启动较慢　C. 立即停车　D. 不能启动

89. 在花盘角铁上装夹工件时，（　）应适当降低，以防切削抗力和切削热使工件移动或变形。

A. 刀具角度　B. 夹紧力　C. 切削用量　D. 工件硬度

90. 不能用游标卡尺去测量（　），因为游标卡尺存在一定的示值误差。

A. 齿轮　B. 毛坯件　C. 成品件　D. 高精度件

91. 万能角度尺在（　）范围内，应装上角尺。

A. 0°~50°　B. 50°~140°　C. 140°~230°　D. 230°~320°

92. 车削偏心距较大的三偏心工件，应先用四爪单动卡盘装夹车削（　），然后以（　）为定位基准在花盘上装夹车削偏心孔。

A. 基准外圆和基准孔　基准孔　B. 基准外圆和工件总长　基准孔

C. 基准外圆和基准孔　工件端面　D. 工件总长和基准孔　基准外圆

93. 车削减速器箱体时，应先加工（　），再以它作为定位基准加工（　）。

A. 底平面，孔　B. 基准孔，底平面

C. 底平面，侧平面　D. 侧平面，孔

94. 半精车外圆时要留（　）的磨削余量，对 $C2$ 的倒角应倒成 $C2.3$。

A. 0.5 mm　B. 0.6 mm　C. 0.7 mm　D. 0.8 mm

95. 粗车尾座套筒外圆后进行正火处理，外圆应留（　）的加工余量。

A. 1 mm　B. 2 mm　C. 3 mm　D. 4.5 mm

96. 车削多线蜗杆时，小滑板移动方向必须和机床床身导轨平行，否则会造成（　）。

A. 分线误差　B. 分度误差　C. 尺寸误差　D. 形状误差

97. 深孔加工刀具与短孔加工刀具不同的是，前后均带有导向垫，有利于保证孔的精度和（　）。

A. 直线度　B. 圆度　C. 圆柱度　D. 粗糙度

98. 车削尾座套筒的莫氏圆锥孔时，要求着色（　　）以上且要求（　　）端着色。

A. 70%　大　B. 60%　大　C. 50%　大　D. 70%　小

99. 加工箱体类零件上的孔时，（　　）对平行孔的孔距误差没有影响。

A. 车削过程中，箱体位置发生变动　B. 花盘没有精车

C. 孔的尺寸精度　D. 角铁没有精刮

100. 被加工表面与基准面（　　）的工件适合在花盘角铁上装夹加工。

A. 垂直　B. 相交　C. 相切　D. 平行

101. 中滑板丝杠弯曲，会使（　　）转动不灵活。

A. 纵向移动手柄　B. 横向移动手柄　C. 小滑板　D. 大滑板

102. （　　）车削螺纹时，最后一刀的切削厚度一般要大于0.1 mm，并使切屑从垂直轴线方向排出。

A. 高速　B. 中速　C. 低速　D. 以上均对

103. 小滑板与中滑板的贴合面（　　），紧固小滑板产生变形，会使横向移动手柄转动不灵活。

A. 接触良好　B. 接触不良　C. 表面质量差　D. 表面质量好

104. 不爱护工卡、刀、量具的做法是（　　）。

A. 按规定维护工、卡、刀、量具　B. 工、卡、刀、量具要放在工作台上

C. 正确使用工、卡、刀、量具　D. 工、卡、刀、量具要放在指定地点

105. 不完全互换性与完全互换性的主要区别在于不完全互换性（　　）。

A. 在装配前允许有附加的选择　B. 在装配时不允许有附加的调整

C. 在装配时允许适当的修配　D. 装配精度比完全互换性的低

106. 将两半箱体通过定位部分或定位元件合为一体，用检验心轴插入基准孔和被测孔，如果检验心轴不能自由通过，则说明（　　）不符合要求。

A. 圆度　B. 垂直度　C. 平行度　D. 同轴度

107. 立式车床的加工精度一般可达IT（　　）。

A. 5　B. 6　C. 7　D. 8

108. 使用组合夹具在（　　）应用手转动夹具，检查是否与导轨和刀架相碰及装夹工件后是否平衡。

A. 开车后　B. 开车前　C. 组装时　D. 使用时

109. 车削两半箱体同心的孔，关键工艺是将两个工件同轴的孔（　　）加工。

A. 组装后　B. 提高尺寸精度　C. 保证位置精度　D. 减小粗糙度

110. 在操作立式车床时（　　）是绝对不允许的。

A. 停车测量　B. 加防护罩　C. 装夹牢固　D. 开车变速

111. 车削两半箱体同轴孔的关键是：将两半箱体合起来成为一个整体，再加工同心孔，因为两同心孔是在一次装夹中加工出来的，所以能够保证（　　）。

A. 位置度　B. 平行度　C. 同轴度　D. 直线度

112. 下列关于保持工作环境清洁有序的说法中不正确的是（　　）。

A. 整洁的工作环境可以振奋职工的精神　B. 优化工作环境

C. 工作结束后再清除油污　　　　　　　　D. 毛坯、半成品按规定堆放整齐

113. 车削（　　）时，应按导程选择进给箱手柄位置。

A. 三角螺纹　　B. 多线螺纹　　C. 梯形螺纹　　D. 蜗杆

114. 50H7/m6 是（　　）。

A. 间隙配合　　B. 过盈配合　　C. 过渡配合　　D. 不能确定

115. 当工件材料、刀具材料一定时，要想提高刀具寿命，必须合理选择（　　）。

A. 刀具的几何角度、切削用量和切削液

B. 刀具的几何角度、切削速度和切削液

C. 刀具的几何角度、切削深度和切削液

D. 刀具的几何角度、进给量和切削液

116. 若主轴箱变速手柄（　　）过松，使齿轮脱开，则切削时主轴会自动停车。

A. 定位弹簧　　B. 配合　　C. 拨叉　　D. 链条

117. （　　）夹紧机构的特点是结构简单，制造、操作方便，夹紧迅速，但夹紧行程和增力比较小，自锁性能比较差。

A. 斜楔　　B. 偏心　　C. 螺旋　　D. 夹板

118. 使用齿厚游标卡尺可以测量蜗杆的（　　）。

A. 分度圆　　B. 轴向齿厚　　C. 法向齿厚　　D. 周节

119. 车削多线蜗杆，当（　　）时，可分为粗车、半精车和精车三个加工阶段。

A. 单件生产　　B. 修配　　C. 批量较大　　D. 以上均可

120. 车削轴类零件时，如果毛坯余量不均匀，切削过程中背吃刀量发生变化，工件就会产生（　　）误差。

A. 圆柱度　　B. 尺寸　　C. 同轴度　　D. 圆度

121. 在车床上车削减速器箱体上与基准面平行的孔时，应使用（　　）进行装夹。

A. 花盘角铁　　B. 花盘　　C. 四爪单动卡盘　　D. 三爪自定心卡盘

122. 蜗杆的模数 =3，特性系数 =12，则齿顶圆直径是（　　）。

A. 36 mm　　B. 39 mm　　C. 42 mm　　D. 56 mm

123. 职业道德基本规范不包括（　　）。

A. 爱岗敬业忠于职守　　　　　　B. 服务群众奉献社会

C. 搞好与他人的关系　　　　　　D. 遵纪守法廉洁奉公

124. 球化退火可获得（　　）组织，硬度为 200HBS 左右，可改善切削条件，延长刀具寿命。

A. 珠光体　　B. 奥氏体　　C. 马氏体　　D. 索氏体

125. （　　）外缘处钻尖与钻心处钻尖在高度上差 0.5 ~ 1.5 mm。

A. 铸铁群钻　　B. 薄板群钻　　C. 深孔钻　　D. 标准群钻

126. 车削螺纹时，刻度盘使用不当会使螺纹（　　）产生误差。

A. 大径　　B. 中径　　C. 齿形角　　D. 粗糙度

127. 用一夹一顶或两顶尖装夹轴类零件时，如果后顶尖轴线与主轴轴线（　　），工件就会产生圆柱度误差。

A. 平行　　B. 不平行　　C. 不重合　　D. 以上均对

128. 用双手控制法车削球面，靠双手协调动作完成曲面加工，当车削球面直径最大部位时，中滑板的进给速度比小滑板的进给速度（　　）。

A. 不能判断　　B. 相等　　C. 快　　D. 慢

129. 车削被加工表面与基准面平行的工件，应使用（　　）装夹。

A. 四爪卡盘　　B. 三爪卡盘　　C. 花盘　　D. 角铁

130. 使用硬质合金车刀粗车（　　），后刀面的磨钝标准值是0.6～0.8 mm。

A. 铸铁　　B. 合金钢　　C. 碳素钢　　D. 铝合金

131. 在深孔加工中应配有专用装置将切削液输入到切削区。切削液的流量要达到（　　）。

A. 50～150 L/min　　B. 50～100 L/min　　C. 30～100 L/min　　D. 80～150 L/min

132. 单件加工三偏心偏心套，应先加工好（　　），再以它作为定位基准加工其他部位。

A. 基准孔　　B. 外圆　　C. 工件总长　　D. 以上三项均可

133. 用偏移尾座法车圆锥时，若（　　），则会产生锥度（角度）误差。

A. 切削速度过低　　B. 尾座偏移量不正确

C. 车刀装高　　D. 切削速度过高

134. 使用齿厚卡尺测量蜗杆的法向齿厚时，应把齿高卡尺的读数调整到（　　）的尺寸。

A. 齿根高　　B. 全齿高　　C. 齿顶高　　D. 齿槽宽

135. 纯铝中加入适量的（　　）等合金元素，可以形成铝合金。

A. 碳　　B. 硅　　C. 硫　　D. 磷

136. 中滑板上刻度盘内孔与外径（　　），或内外圆与端面不垂直，都会使横向移动手柄转动不灵活。

A. 同轴　　B. 不同轴　　C. 垂直　　D. 不垂直

137. 检验尾座套筒（　　）时，使用锥度塞规测量。

A. 锥孔　　B. 内孔　　C. 圆度　　D. 外径

138. 深孔加工时刀杆受孔径的限制，一般是又细又长，刚度差，车削时容易引起（　　）现象。

A. 振动和扎刀　　B. 振动和让刀　　C. 退刀和扎刀　　D. 退刀和让刀

139. 刃磨后的刀具从开始切削一直到达到磨钝标准为止的总切削时间，称为(　　)。

A. 刃磨周期　　B. 刀具寿命　　C. 磨损阶段　　D. 使用寿命

140. 加工箱体类零件上的孔时，(　　) 对垂直孔轴线的垂直度误差没有影响。

A. 花盘与角铁定位面的垂直度　　B. 定位基准面的精度

C. 车削过程中，箱体位置发生变动　　D. 被加工孔的尺寸精度

141. 职业道德的内容包括（　　）。

A. 从业者的工作计划　　B. 职业道德行为规范

C. 从业者享有的权利　　D. 从业者的工资收入

142. 铰孔时为了保证孔的尺寸精度，铰刀的制造公差约为被加工孔公差的（　　）。

A. 1/2　B. 1/3　C. 1/4　D. 1/5

143. 车削蜗杆时，开合螺母间隙大会使蜗杆（　　）产生误差。

A. 中径　B. 齿形角　C. 周节　D. 粗糙度

144. 粗加工多头蜗杆，应采用（　　）装夹方法。

A. 专用夹具　B. 四爪单动卡盘

C. 一夹一顶　D. 三爪自定心卡盘

145. 车削蜗杆时，（　　）会使分度圆直径产生尺寸误差。

A. 背吃刀量太小　B. 车刀切深不正确

C. 切削速度太低　D. 挂轮不正确

146. 齿轮传动是由（　　）、从动齿轮和机架组成的。

A. 圆柱齿轮　B. 锥齿轮　C. 主动齿轮　D. 主动带轮

147. 车削减速器箱体时，夹紧装置（　　）的基本要求是操作简便，安全省力，夹紧迅速。

A. 简　B. 正　C. 快　D. 牢

148. 链传动是由链条和具有特殊齿形的链轮组成的传递（　　）和动力的传动。

A. 运动　B. 扭矩　C. 力矩　D. 能量

149. 遵守法律法规不要求（　　）。

A. 遵守国家法律和政策　B. 遵守劳动纪律

C. 遵守安全操作规程　D. 延长劳动时间

150. 下列关于低压断路器的叙述不正确的是（　　）。

A. 操作安全，工作可靠　B. 不能自动切断故障电路

C. 安装使用方便，动作值可调　D. 用于不频繁通断的电路中

151. 企业的质量方针不是（　　）。

A. 企业总方针的重要组成部分　B. 企业的岗位责任制度

C. 每个职工必须熟记的质量准则　D. 每个职工必须贯彻的质量准则

152. 精密丝杠的加工工艺中，要求（　　），目的是使材料晶粒细化、组织紧密、碳化物分布均匀，可提高材料的强度。

A. 充分冷却　B. 校直　C. 锻造毛坯　D. 球化退火

153. 车削偏心距较大的偏心工件，应先用（　　）装夹车削基准外圆和基准孔，后用（　　）装夹车削偏心孔。

A. 四爪单动卡盘　花盘　B. 四爪单动卡盘　花盘角铁

C. 三爪自定心卡盘　四爪单动卡盘　D. 四爪单动卡盘　三爪自定心卡盘

154. 表面粗糙度符号长边的方向与另一条短边相比（　　）。

A. 总处于顺时针方向　B. 总处于逆时针方向

C. 可处于任何方向　D. 总处于右方

155. 车削法向直廓蜗杆时，必须把车刀两侧切削刃组成的平面，装（　　）。

A. 得与蜗杆的齿侧垂直　B. 在水平位置

C. 得与蜗杆的齿侧平行　D. 在刀尖对准中心

156. 具有高度责任心应做到（　　）。

A. 忠于职守，精益求精　　B. 不徇私情，不谋私利

C. 光明磊落，表里如一　　D. 方便群众，注重形象

157. 车削多线蜗杆时，车第一条螺旋线后一定要测量（　　），车第二条、第三条螺旋线时，应测量（　　）。

A. 齿距　导程　　B. 齿距　齿厚　　C. 导程　齿厚　　D. 导程　齿距

158. 车孔时，如果车孔刀逐渐磨损，那么车出的孔（　　）。

A. 表面粗糙度大　　B. 圆柱度超差　　C. 圆度超差　　D. 尺寸精度超差

159. 车削轴类零件时，如果车床（　　），滑板镶条太松，传动零件不平衡，那么在车削过程中会引起振动，使工件表面粗糙度达不到要求。

A. 精度低　　B. 导轨不直　　C. 刚度差　　D. 误差大

160. 使用小滑板分线车削多线螺纹时，比较方便但（　　）精度不高。

A. 导程　　B. 齿厚　　C. 中径　　D. 螺距

二、判断题（将判断结果填入括号中。正确的填“√”，错误的填“×”。每题 0.5 分，满分 20 分。）

161. 使用气动夹具最大的优点是能可靠地保证加工精度，提高劳动生产率，降低制造成本，改善工人的劳动条件。（　　）

162. 确定加工顺序和工序内容、加工方法、划分加工阶段，安排热处理、检验及其他辅助工序是填写工艺文件的主要工作。（　　）

163. 可锻铸铁中的石墨常以球状形式存在。（　　）

164. 对深孔粗加工刀具的要求是：有足够的刚度和强度，能顺利排屑，切削液应注入到切削区。（　　）

165. 调整锯条松紧时，松紧程度以手搬动锯条感觉硬实即可。（　　）

166. 精车尾座套筒外圆时，可采用一夹一顶的装夹方法。（　　）

167. 常用固体润滑剂不可以在高温高压下使用。（　　）

168. 对组合夹具的调整，主要是对定位件和导向件进行调整。（　　）

169. 偏心距较大的工件，不能采用直接测量法测出偏心距，这时可用百分表和千分尺采用间接测量法测出偏心距。（　　）

170. 万能角度尺按其游标读数值可分为2′和5′两种。（　　）

171. 识读装配图的步骤是识读标题栏、明细表、视图配置、标注尺寸、技术要求。（　　）

172. 车削英制蜗杆的车刀的刀尖角是40°。（　　）

173. 由于使用三爪自定心卡盘车削偏心件时，偏心距可用块规或千分表测得，因此加工精度很高。（　　）

174. 立式车床主要用于车削径向尺寸、轴向尺寸均较大的大型或重型零件。（　　）

175. 减速器箱体在加工过程的第一阶段完成轴承孔、连接孔、定位孔的加工。（　　）

176. 进给箱的功用是把交换齿轮箱传来的运动，通过改变箱内滑移齿轮的位置，变速后传给丝杠或光杠，以满足车外圆和机动进给的需要。（　　）

177. 按钮一般与接触器、继电器等配合使用，实现对主电路的通断控制。 ( )

178. 车削差速器壳体内球面时，应使用内卡钳检测球面的形状精度。 ( )

179. 当丝锥的切削部分全部进入工件后，就可以一直攻削至结束，不需要再倒转退屑。 ( )

180. 三线蜗杆零件图常采用主视图、剖面图（移出剖面）和俯视图的表达方法。 ( )

181. 按齿轮形状不同可将齿轮传动分为直齿轮传动和圆锥齿轮传动两类。 ( )

182. 车削箱体类零件上的孔时，如果车床主轴轴线歪斜，车出的孔就会产生圆度误差。 ( )

183. 对于薄壁类的箱体类工件，夹紧力的作用点应作用在工件刚度好的表面。 ( )

184. 精车多线蜗杆时，比较简单实用的分线方法是使用小滑板刻度分线。 ( )

185. 识读装配图的要求是了解装配图的名称、用途、性能、结构和工作原理。 ( )

186. 找正偏心距 2.4 mm 的偏心工件，百分表的最小量程为 3 mm。 ( )

187. 使用三针测量蜗杆的法向齿厚时，量针直径的计算式是 $d_D = 0.577P$。 ( )

188. 碳素工具钢和合金工具钢的特点是耐热性好，抗弯强度高，价格便宜等。 ( )

189. 在花盘角铁上装夹壳体类工件时，夹紧力的作用点应尽量靠近工件的加工部位。 ( )

190. 车削多线蜗杆时，应按工件的周节挂轮。 ( )

191. 通常刀具材料的硬度越高，耐磨性越好。 ( )

192. 计算基准不重合误差的关键是找出装配基准和定位基准之间的距离尺寸。 ( )

193. 车削的特点是刀具沿着所要形成的工件表面，以一定的背吃刀量和进给量对回转工件进行切削。 ( )

194. 粗加工蜗杆螺旋槽时，蜗杆刀磨出 10°～15°的径向前角。 ( )

195. 常用刀具材料的种类有碳素工具钢、合金工具钢、高速钢、硬质合金钢。 ( )

196. 使用分度头检验轴径夹角误差的计算公式是 $\sin\Delta\theta = \Delta L/R$。式中 ΔL 是曲轴轴径中心高度差。 ( )

197. 用仿形法车圆锥时产生锥度（角度）误差的原因是工件长度不一致。 ( )

198. 特殊黄铜是指含锌量较高形成双相的铜锌合金。 ( )

199. 检验箱体工件上的立体交错孔的垂直度时，在基准心轴上装一百分表，测头顶在测量心轴的圆柱面上，旋转 90°后再测，即可确定两孔轴线在测量长度内的垂直度误差。 ( )

200. 箱体加工时一般都要用箱体上重要的孔作精基准。 ( )

技能操作考核模拟试卷

一、蜗杆轴套车削加工

蜗杆轴套零件图如图 7—1 所示，评分标准见表 7—1。

轴向模数 m_x 4
齿数 z_1 4
齿形角 α 20°
螺旋方向 右旋
螺旋升角 γ 9°27′44″
A–A
MorseNo.3
1:20
技术要求
1. 调质处理203～245HBW。
2. 锥度涂色检查，接触面积大于75%。
3. 未注倒角C2。
Ra 6.3 (√)
名称 蜗杆轴套
材料 45

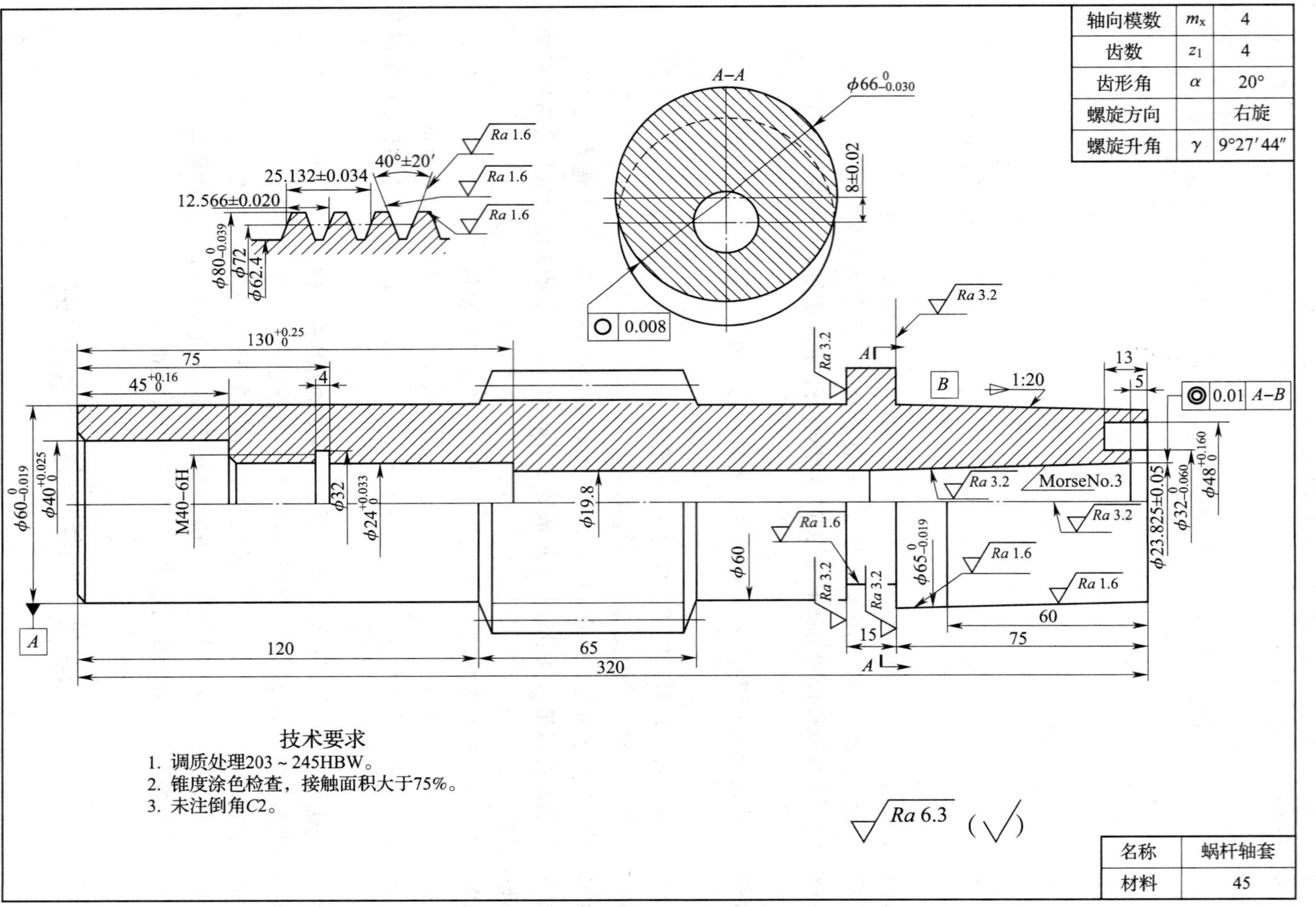

图 7—1 蜗杆轴套

表 7—1　　蜗杆轴套评分标准

项目	序号	技术要求	配分	评分标准	检测记录	得分
外圆	1	$\phi60_{-0.019}^{0}$ mm、$\phi65_{-0.019}^{0}$ mm	10	一处不合格扣 5 分		
	2	$\phi60$ mm	1	不合格全扣		
	3	$\phi66_{-0.030}^{0}$ mm	3	不合格全扣		
内孔	4	$\phi40_{0}^{+0.025}$ mm	4	不合格全扣		
	5	$\phi24_{0}^{+0.033}$ mm	3	不合格全扣		
	6	$\phi19.8$ mm	1	不合格全扣		
螺纹	7	M40—6H	2.5	不合格全扣		
	8	退刀槽 $\phi32$ mm × 4 mm	0.5	不合格全扣		
内外锥面	9	锥度 1∶20，接触面积≥75%	3	不合格全扣		
	10	锥孔莫氏 3 号，接触面积≥75%	3	不合格全扣		
	11	锥孔大端 ϕ（23.825 ± 0.05）mm	2	不合格全扣		
蜗杆	12	外圆 $\phi80_{-0.030}^{0}$ mm	3	不合格全扣		
	13	法向齿厚 $6.198_{-0.268}^{-0.220}$ mm	3	不合格全扣		
	14	螺距（12.566 ± 0.020）mm	4	不合格全扣		
	15	螺距（25.132 ± 0.034）mm	4	不合格全扣		
	16	40° ± 20′（单侧 20° ± 10′）	4	一侧不合格扣 2 分		
	17	旋向、头数	一项错误扣蜗杆部分得分的 40%			
表面粗糙度	18	$Ra1.6$ μm（7 处）	14	一处不合格扣 2 分		
	19	$Ra3.2$ μm（7 处）	10.5	一处不合格扣 1.5 分		
	20	$Ra6.3$ μm（6 处）	3	一处不合格扣 0.5 分		
端面沟槽	21	$\phi48_{0}^{+0.160}$ mm、$\phi32_{-0.160}^{0}$ mm	2	一处不合格扣 1 分		
	22	5 mm、13 mm	1	一处不合格扣 0.5 分		
长度	23	320 mm、120 mm、65 mm、15 mm、75 mm、60 mm、$45_{0}^{+0.16}$ mm、75 mm、$130_{0}^{+0.25}$ mm	4.5	一处不合格扣 0.5 分		
其他	24	同轴度 $\phi0.015$ mm、$\phi0.01$ mm	6	一处不合格扣 3 分		
	25	圆度 0.008 mm	3	不合格全扣		
	26	偏心距（8 ± 0.02）mm	4	不合格全扣		
	27	各处倒角	1	一处不合格扣 0.2 分		

二、十字座的车削加工

十字座零件如图 7—2 所示，加工评分标准见表 7—2。

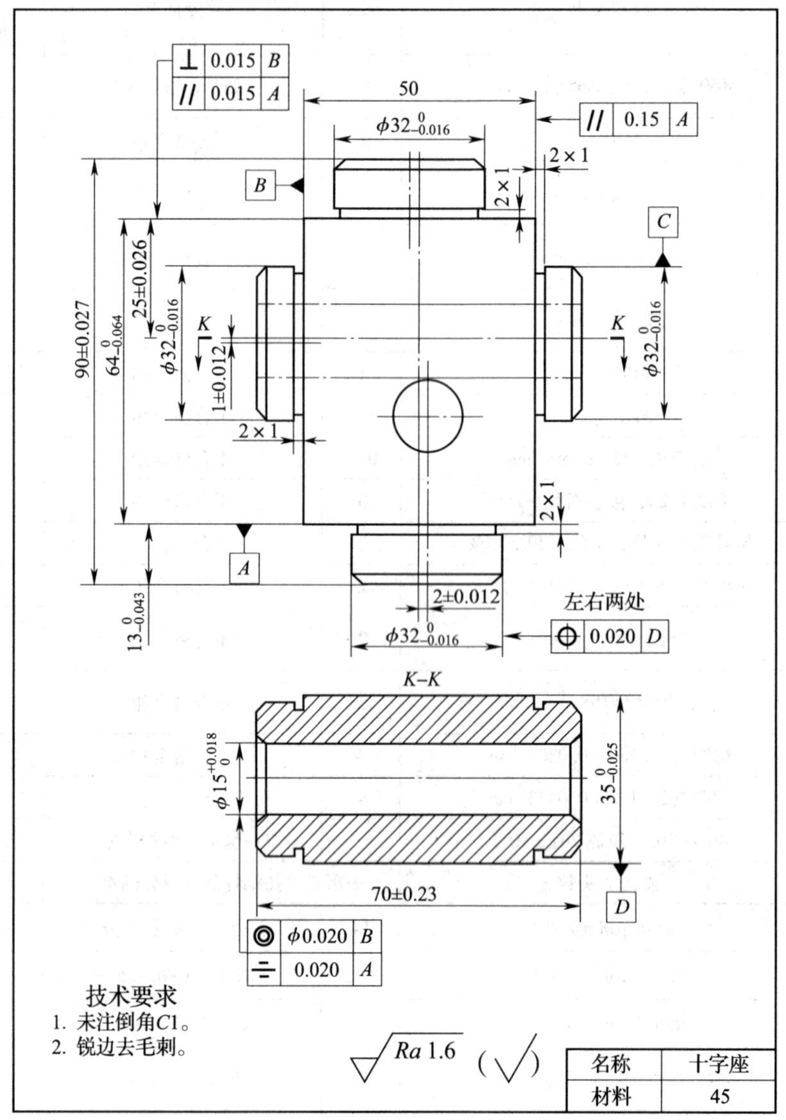

图 7—2　十字座

表 7—2　　　　**十字座评分标准**

项目	序号	考核内容	考核要求	配分	评分标准	扣分	得分
主要项目	1	十字座外圆	$\phi32_{-0.016}^{0}$（4 处）	16	一处不合格扣 4 分		
	2	偏心距	(2 ±0.012) mm（2 处）	12	一处不合格扣 6 分		
			(1 ±0.012) mm	6	不合格全扣		
	3	内孔	$\phi15^{+0.018}_{0}$ mm（2 处）	6	一处不合格扣 3 分		

续表

项目	序号	考核内容	考核要求	配分	评分标准	扣分	得分
主要项目	4	十字孔位置	$41^{0}_{-0.062}$ mm	5	不合格全扣		
			23 ±0.026 mm	5	不合格全扣		
			25 ±0.026 mm	5	不合格全扣		
	5	座体	$64^{0}_{-0.046}$ mm	4	不合格全扣		
			$50^{0}_{-0.039}$ mm	4	不合格全扣		
			$35^{0}_{-0.025}$ mm	4	不合格全扣		
	6	平行度	0.015 mm（2 处）	8	一处不合格扣 4 分		
	7	同轴度	ϕ0.020 mm	4	不合格全扣		
	8	垂直度	0.015 mm	4	不合格全扣		
	9	对称度	0.020 mm	4	不合格全扣		
	10	位置度	0.020 mm（2 处）	6	一处不合格扣 3 分		
一般项目	11	长度	（70 ±0.23） mm	1	不合格全扣		
			（90 ±0.027） mm	1	不合格全扣		
			$13^{0}_{-0.043}$ mm	1	不合格全扣		
	12	沟槽	2 mm×1 mm（4 处）	2	一处不合格扣 0.5 分		
	13	表面粗糙度	*Ra*0.8 μm（2 处）	2	一处不合格扣 1 分		
安全文明生产	14	国家颁布的安全生产规定或企业自定的有关规定	按规定标准评定		违反有关规定酌情扣 1～10 分，危及人身或设备安全者终止考核		
	15	企业有关文明生产的规定	按规定标准评定		场地不整洁，工、夹、刀、量具等放置不合理酌情扣 1～5 分		
工时定额	16	6 h	按时完成		超额时间 10 min 扣 4 分； 20 min 扣 10 分； 30 min 扣 20 分； 30 min 以上不计分		

三、多头蜗杆的车削加工

多头蜗杆零件图如图 7—3 所示，加工评分标准见表 7—3。

蜗杆形式 | 阿基米德
轴向模数 m_x | 4
头数 z_1 | 4
齿形角 α | 20°
螺旋方向 | 右旋
导程角 γ | 21°48′5″
// 0.020 A
Ra 3.2
2×C2
2±0.012
3±0.012
$\phi 48^{0}_{-0.039}$
$\phi 25^{0}_{-0.013}$
$\phi 12^{+0.023}_{0}$
$\phi 17.78$
MorseNo.2
$30^{0}_{-0.052}$
60
55
$134^{0}_{-0.16}$
$5.834^{-0.095}_{-0.166}$
法向齿廓
40°±10′
12.566±0.020
$\phi 58^{0}_{-0.039}$
$\phi 40$
$\phi 30.4$
技术要求
1. 锐边去毛刺。
2. 莫氏2号圆锥孔用标准塞规涂色检验，接触面积≥70%。
3. 两偏心轴心距应在同一平面上测量。
Ra 1.6 (√)
名称 | 多头蜗杆
材料 | 45

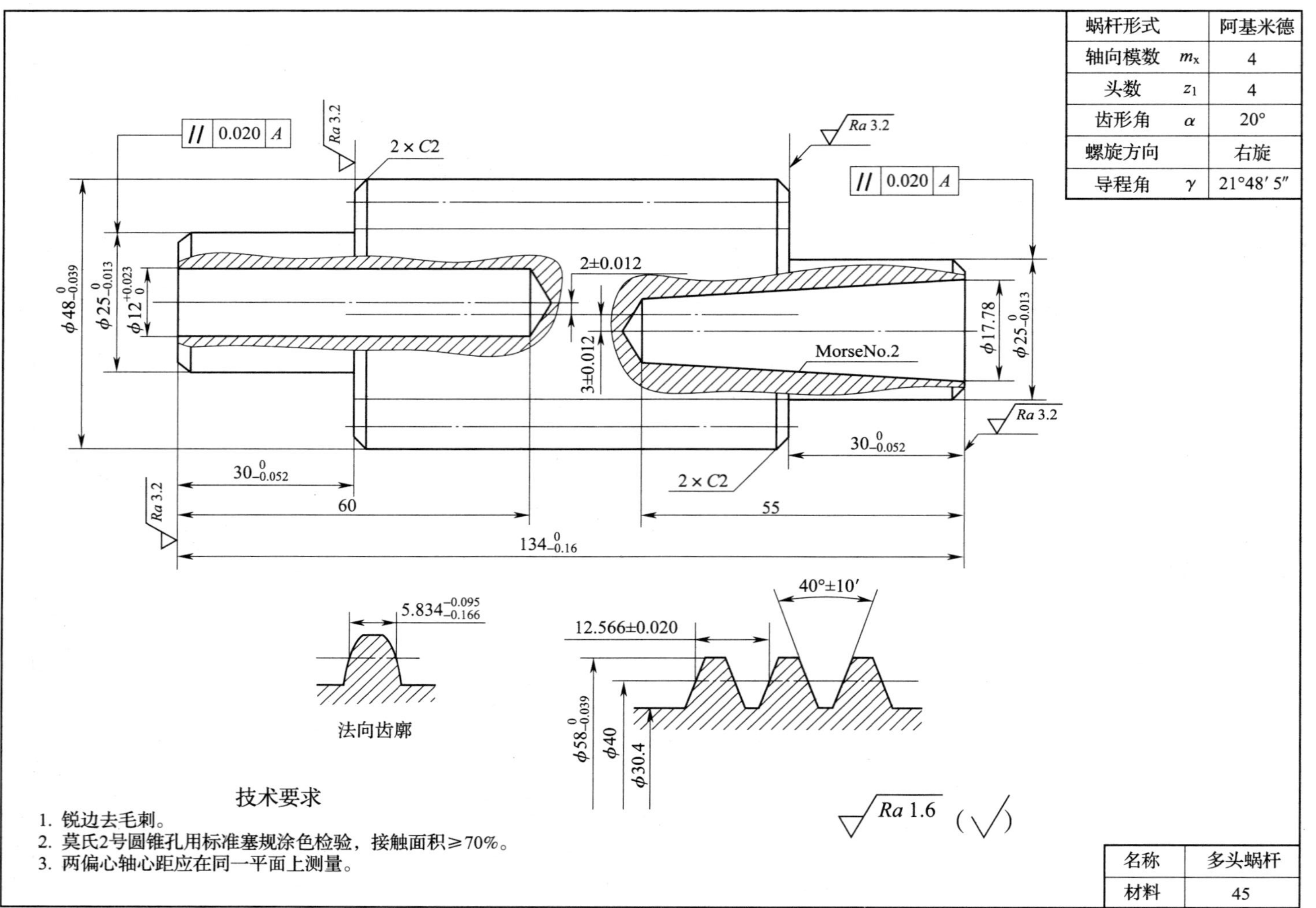

图 7—3 多头蜗杠

表 7—3　　多头蜗杆评分标准表

序号	作业项目	配分	考核内容	评分标准	考核记录	扣分	得分
1	车蜗杆	28	$\phi 48_{-0.039}^{\ 0}$ mm	超差 0.01 mm 以内扣 2 分；超差 0.01 mm 以上扣 4 分			
			（12.566 ±0.020）mm	超差扣 8 分			
			$5.834_{-0.166}^{-0.095}$ mm	超差扣 8 分			
			40° ±10′	超差扣 2 分			
			*Ra*1.6 μm（3 处）	一处不合格扣 2 分			
2	车偏心外圆	32	$2\times\phi 25_{-0.013}^{\ 0}$ mm	一处超差 0.005 mm 以内扣 1.5 分；超差 0.005 mm 以上扣 4 分			
			$2\times(30_{-0.052}^{\ 0})$ mm	一处超差扣 3 分			
			（2 ±0.012）mm	超差 ±0.005 mm 以内扣 2 分；超差 ±0.005 mm 以上扣 4 分			
			（3 ±0.012）mm	超差 ±0.005 mm 以内扣 2 分；超差 ±0.005 mm 以上扣 4 分			
			两轴线平行度 0.020 mm（2 处）	一处超差扣 3 分			
			*Ra*1.6 μm	不合格扣 3 分			
			*Ra*3.2 μm（2 处）	一处不合格扣 3 分			
3	车莫氏圆锥孔	18	φ17.78 mm 涂色接触面≥70% 55 mm	按标准塞规检验，超差扣 2 分 接触面积 60% ~69% 扣 4 分，小于 60% 扣 8 分 按 IT14 公差等级，超差扣 1 分			
			（3 ±0.012）mm	超差 ±0.005 mm 以内扣 2 分；超差 ±0.005 mm 以上扣 4 分			
			*Ra*1.6 μm	不合格扣 3 分			
4	车内孔	15	$\phi 12_{\ 0}^{+0.023}$ mm	用塞规检验，不合格扣 7 分			
			60 mm	按 IT14 公差等级，超差扣 1 分			
			（2 ±0.012）mm	超差 ±0.005 mm 以内扣 2 分；超差 ±0.005 mm 以上扣 4 分			
			*Ra*1.6 μm	不合格扣 3 分			

续表

序号	作业项目	配分	考核内容	评分标准	考核记录	扣分	得分
5	车长度及倒角	7	($134_{-0.16}^{0}$) mm	超差扣3分			
			$Ra3.2$ μm（2处）	一处不合格扣1分			
			倒角	一处不符合图样扣0.5分，直至扣完2分			
6	安全文明生产		遵守安全操作规程，正确使用工、量具，操作现场整洁	按达到规定的标准度评定，一项不符合要求在总分中扣2.5分			
			安全用电，防火、无人身设备事故	因违规操作发生重大人身设备事故，此题按0分计			
7	分数合计	100					

四、偏心锥套组合件的加工

偏心锥套组合件如图7—4至图7—7所示，其加工评分标准见表7—4。

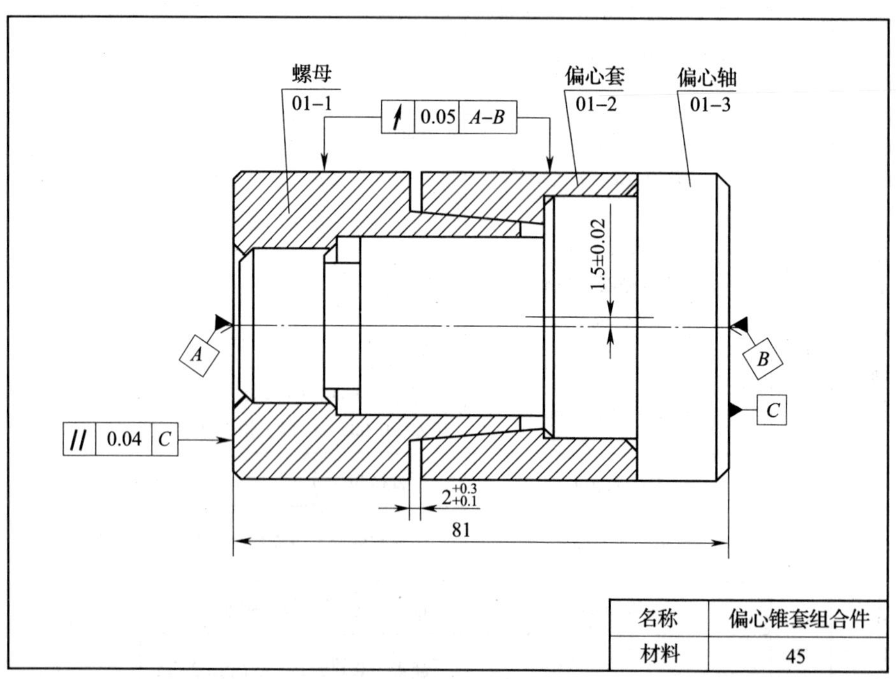

图7—4　偏心锥套组合件

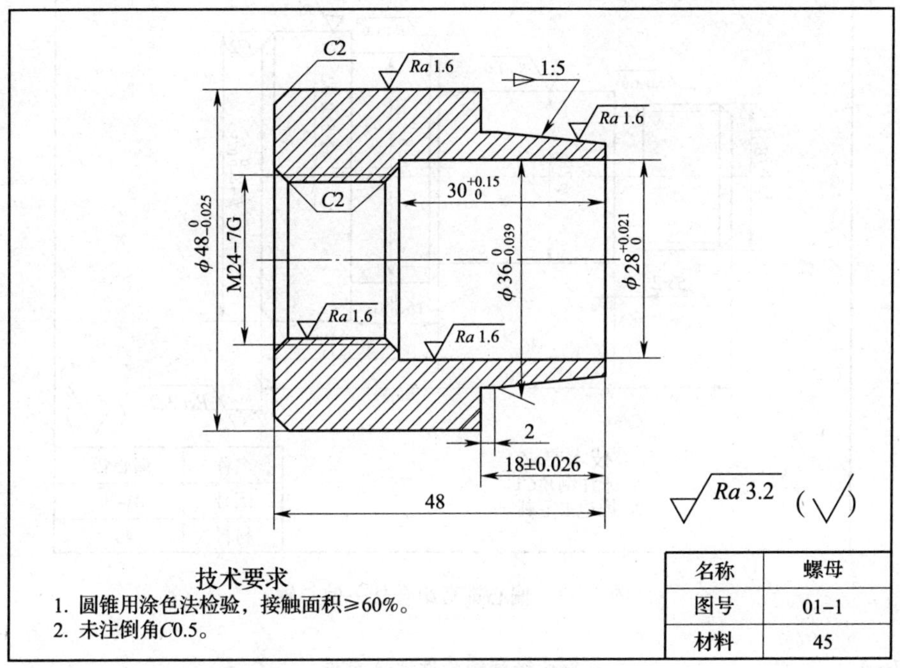

图 7—5　偏心锥套组合件—螺母

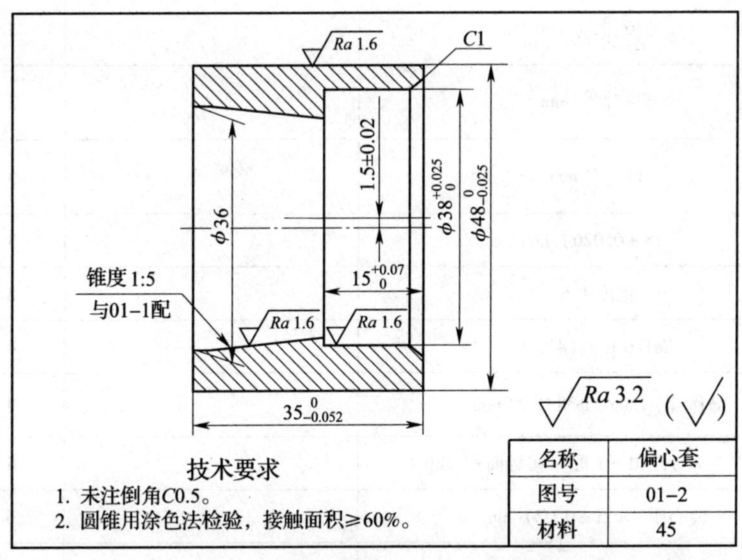

图 7—6　偏心锥套组合件—偏心套

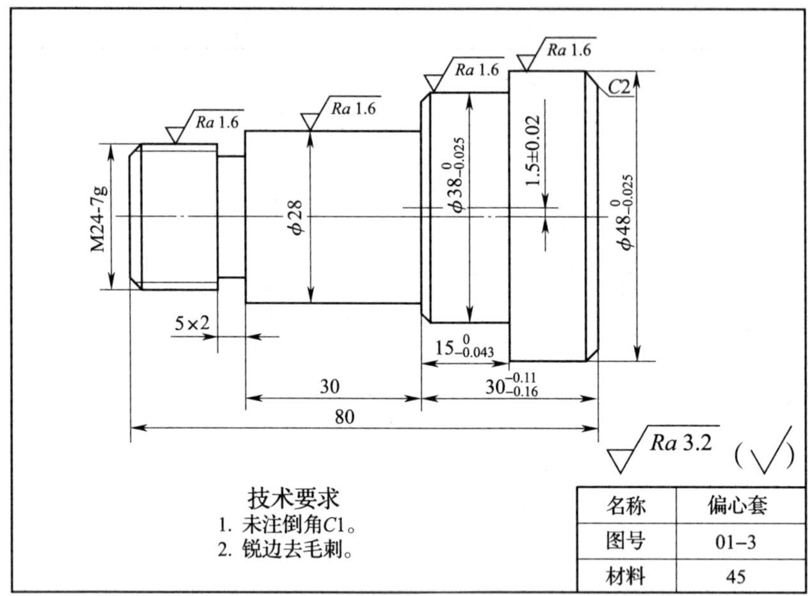

图 7—7 偏心锥套组合件—偏心轴

表 7—4　　偏心锥套组合件评分标准

名称	检测项目	实　　测	配分	得分
螺母	M24—7G		7	
	$\phi48_{-0.025}^{\ 0}$ mm		3	
	$\phi36_{-0.039}^{\ 0}$ mm		3	
	$\phi28_{\ 0}^{+0.021}$ mm		3	
	$30_{\ 0}^{+0.15}$ mm		3	
	(18 ±0.026) mm		3	
	锥度 1:5		8	
	*Ra*1.6 μm（4 处）		4	
偏心套	$\phi48_{-0.025}^{\ 0}$ mm、$\phi38_{\ 0}^{+0.025}$ mm		4	
	锥度 1:5（与件 01—1 配）接触面积≥60%		8	
	偏心距（1.5 ±0.02）mm		6	
	$35_{-0.052}^{\ 0}$ mm、$15_{\ 0}^{+0.07}$ mm		4	
	*Ra*1.6 μm（3 处）		3	

续表

名称	检测项目	实　测	配分	得分
偏心轴	偏心距（1.5 ±0.02）mm		3	
	M24—7g		5	
	$\phi48\ _{-0.025}^{\ 0}$ mm、$\phi38\ _{-0.025}^{\ 0}$ mm、$\phi28\ _{-0.021}^{\ 0}$ mm		3	
	$30_{-0.16}^{-0.11}$ mm、$15\ _{-0.043}^{\ 0}$ mm		4	
	*Ra*1.6 μm（4 处）		4	
组合件	圆跳动 0.05 mm		10	
	平行度 0.04 mm		5	
	$2_{+0.1}^{+0.3}$ mm		7	
备注				

理论知识考核模拟试卷参考答案

试卷一

一、选择题（选择正确的答案，将相应的字母填入题内的括号中。每题 0.5 分，满分 80 分。）

1. A　2. C　3. D　4. A　5. D　6. B　7. A　8. A　9. A
10. B　11. B　12. B　13. D　14. D　15. C　16. B　17. C　18. B
19. A　20. C　21. C　22. A　23. B　24. B　25. D　26. A　27. D
28. A　29. C　30. C　31. B　32. C　33. D　34. B　35. A　36. C
37. C　38. B　39. A　40. C　41. A　42. D　43. C　44. A　45. B
46. D　47. C　48. D　49. C　50. A　51. C　52. D　53. C　54. A
55. D　56. C　57. C　58. D　59. D　60. B　61. C　62. D　63. B
64. B　65. A　66. D　67. A　68. D　69. A　70. B　71. C　72. A
73. C　74. B　75. A　76. D　77. B　78. C　79. D　80. C　81. D
82. A　83. A　84. C　85. C　86. C　87. D　88. C　89. A　90. A
91. B　92. C　93. B　94. D　95. C　96. A　97. A　98. B　99. B
100. D　101. B　102. C　103. D　104. A　105. C　106. B　107. A　108. A
109. C　110. C　111. B　112. A　113. A　114. C　115. C　116. B　117. D
118. B　119. C　120. A　121. A　122. B　123. C　124. B　125. B　126. A
127. C　128. A　129. A　130. B　131. D　132. A　133. D　134. C　135. D

136. A 137. C 138. A 139. D 140. B 141. A 142. C 143. B 144. C
145. D 146. A 147. D 148. A 149. B 150. C 151. D 152. C 153. B
154. C 155. C 156. C 157. D 158. A 159. A 160. B

二、判断题（将判断结果填入括号中。正确的填“√”，错误的填“×”。每题 0.5 分，满分 20 分。）

161. √ 162. × 163. √ 164. × 165. √ 166. √ 167. √ 168. √ 169. ×
170. × 171. √ 172. √ 173. × 174. √ 175. √ 176. × 177. √ 178. ×
179. √ 180. √ 181. √ 182. × 183. √ 184. × 185. √ 186. √ 187. √
188. × 189. √ 190. × 191. × 192. √ 193. √ 194. × 195. √ 196. √
197. × 198. × 199. × 200. ×

试卷二

一、选择题（选择正确的答案，将相应的字母填入题内的括号中。每题 0.5 分，满分 80 分。）

1. B 2. A 3. A 4. D 5. A 6. B 7. B 8. B 9. C
10. C 11. D 12. D 13. B 14. B 15. C 16. A 17. A 18. A
19. B 20. D 21. B 22. D 23. A 24. B 25. C 26. B 27. A
28. A 29. A 30. D 31. B 32. C 33. A 34. C 35. B 36. B
37. B 38. D 39. D 40. C 41. C 42. D 43. D 44. C 45. D
46. B 47. C 48. D 49. A 50. D 51. A 52. C 53. C 54. D
55. C 56. A 57. D 58. B 59. C 60. A 61. B 62. C 63. A
64. D 65. B 66. B 67. A 68. C 69. C 70. A 71. B 72. D
73. B 74. C 75. C 76. C 77. D 78. A 79. C 80. B 81. A
82. A 83. B 84. D 85. D 86. C 87. C 88. B 89. D 90. A
91. C 92. A 93. B 94. D 95. A 96. B 97. C 98. A 99. B
100. A 101. A 102. A 103. D 104. A 105. C 106. C 107. C 108. A
109. B 110. D 111. B 112. C 113. C 114. A 115. B 116. C 117. A
118. B 119. D 120. A 121. B 122. D 123. B 124. A 125. C 126. A
127. C 128. A 129. C 130. B 131. B 132. A 133. C 134. D 135. C
136. C 137. D 138. B 139. A 140. A 141. C 142. D 143. A 144. C
145. B 146. D 147. B 148. C 149. A 150. A 151. B 152. D 153. C
154. C 155. B 156. C 157. D 158. A 159. D 160. C

二、判断题（将判断结果填入括号中。正确的填“√”，错误的填“×”。每题 0.5 分，满分 20 分。）

161. × 162. × 163. √ 164. × 165. × 166. √ 167. √ 168. √ 169. √
170. √ 171. × 172. √ 173. × 174. √ 175. √ 176. √ 177. √ 178. ×
179. × 180. √ 181. √ 182. × 183. × 184. × 185. √ 186. √ 187. ×

188. √ 189. × 190. √ 191. × 192. √ 193. √ 194. √ 195. × 196. ×
197. √ 198. √ 199. √ 200. ×

试卷三

一、选择题（选择正确的答案，将相应的字母填入题内的括号中。每题 0.5 分，满分 80 分。）

1. A 2. B 3. D 4. C 5. D 6. D 7. B 8. B 9. A
10. A 11. B 12. B 13. A 14. D 15. B 16. D 17. D 18. A
19. B 20. C 21. B 22. A 23. B 24. B 25. A 26. A 27. C
28. B 29. A 30. C 31. B 32. B 33. D 34. B 35. B 36. A
37. D 38. C 39. D 40. B 41. C 42. A 43. D 44. C 45. C
46. D 47. D 48. D 49. C 50. A 51. D 52. A 53. C 54. A
55. C 56. B 57. D 58. D 59. A 60. B 61. D 62. B 63. C
64. A 65. B 66. C 67. A 68. A 69. C 70. D 71. B 72. C
73. D 74. A 75. C 76. C 77. D 78. D 79. A 80. C 81. D
82. C 83. A 84. B 85. C 86. A 87. A 88. B 89. B 90. D
91. C 92. C 93. A 94. A 95. D 96. B 97. A 98. B 99. D
100. A 101. A 102. C 103. D 104. C 105. C 106. C 107. D 108. B
109. B 110. A 111. A 112. C 113. B 114. B 115. C 116. A 117. B
118. B 119. A 120. A 121. C 122. B 123. D 124. A 125. C 126. D
127. C 128. A 129. A 130. A 131. C 132. D 133. C 134. C 135. A
136. B 137. D 138. A 139. B 140. A 141. C 142. B 143. D 144. C
145. A 146. B 147. C 148. D 149. A 150. D 151. B 152. A 153. C
154. B 155. C 156. C 157. D 158. A 159. C 160. D

二、判断题（将判断结果填入括号中。正确的填“√”，错误的填“×”。每题 0.5 分，满分 20 分。）

161. × 162. × 163. √ 164. × 165. √ 166. √ 167. √ 168. √ 169. ×
170. √ 171. √ 172. √ 173. √ 174. × 175. √ 176. × 177. √ 178. √
179. √ 180. √ 181. × 182. √ 183. × 184. × 185. × 186. × 187. √
188. √ 189. √ 190. × 191. × 192. √ 193. √ 194. √ 195. × 196. ×
197. √ 198. √ 199. √ 200. ×

试卷四

一、选择题（选择正确的答案，将相应的字母填入题内的括号中。每题 0.5 分，满分 80 分。）

1. A 2. B 3. D 4. B 5. A 6. A 7. B 8. A 9. A

10. C　11. B　12. C　13. B　14. A　15. D　16. A　17. A　18. D
19. A　20. A　21. B　22. B　23. D　24. A　25. C　26. A　27. A
28. D　29. D　30. B　31. D　32. C　33. A　34. A　35. B　36. D
37. A　38. B　39. A　40. B　41. D　42. B　43. C　44. A　45. C
46. B　47. A　48. B　49. B　50. D　51. D　52. C　53. C　54. D
55. A　56. A　57. A　58. C　59. D　60. A　61. C　62. A　63. B
64. C　65. D　66. D　67. C　68. A　69. A　70. D　71. B　72. A
73. A　74. A　75. C　76. C　77. A　78. C　79. A　80. A　81. A
82. D　83. A　84. B　85. B　86. D　87. A　88. B　89. D　90. A
91. B　92. C　93. A　94. D　95. D　96. C　97. C　98. B　99. A
100. A　101. A　102. A　103. C　104. B　105. C　106. C　107. A　108. B
109. A　110. D　111. C　112. D　113. D　114. D　115. D　116. B　117. A
118. A　119. D　120. A　121. A　122. C　123. C　124. C　125. A　126. A
127. B　128. A　129. A　130. C　131. C　132. A　133. A　134. A　135. A
136. D　137. A　138. B　139. B　140. C　141. D　142. A　143. C　144. D
145. B　146. C　147. B　148. C　149. B　150. D　151. C　152. A　153. A
154. D　155. D　156. D　157. C　158. C　159. A　160. B

二、判断题（将判断结果填入括号中。正确的填“√”，错误的填“×”。每题 0.5 分，满分 20 分。）

161. √　162. ×　163. ×　164. ×　165. ×　166. ×　167. ×　168. ×　169. √
170. ×　171. ×　172. ×　173. ×　174. ×　175. √　176. √　177. ×　178. ×
179. ×　180. √　181. ×　182. √　183. ×　184. ×　185. ×　186. √　187. √
188. √　189. ×　190. √　191. ×　192. √　193. √　194. ×　195. ×　196. ×
197. ×　198. √　199. ×　200. √

试卷五

一、选择题（选择正确的答案，将相应的字母填入题内的括号中。每题 0.5 分，满分 80 分。）

1. C　2. A　3. D　4. C　5. A　6. D　7. B　8. D　9. A
10. D　11. A　12. B　13. A　14. B　15. B　16. C　17. B　18. A
19. C　20. C　21. B　22. D　23. C　24. A　25. A　26. A　27. A
28. A　29. C　30. A　31. D　32. D　33. D　34. A　35. B　36. D
37. D　38. D　39. A　40. A　41. A　42. A　43. A　44. A　45. B
46. C　47. A　48. C　49. A　50. D　51. B　52. A　53. A　54. D
55. A　56. A　57. A　58. D　59. C　60. A　61. A　62. A　63. A
64. C　65. A　66. A　67. D　68. C　69. C　70. B　71. B　72. C
73. A　74. C　75. A　76. A　77. D　78. C　79. B　80. B　81. B

82. B　83. C　84. C　85. B　86. B　87. D　88. A　89. C　90. D
91. C　92. A　93. A　94. B　95. B　96. A　97. A　98. A　99. C
100. D　101. B　102. A　103. B　104. B　105. A　106. D　107. C　108. B
109. A　110. D　111. C　112. C　113. B　114. C　115. A　116. A　117. B
118. C　119. C　120. D　121. A　122. C　123. C　124. A　125. B　126. B
127. C　128. D　129. D　130. C　131. A　132. A　133. B　134. C　135. B
136. B　137. A　138. B　139. B　140. D　141. B　142. B　143. C　144. C
145. B　146. C　147. C　148. A　149. D　150. B　151. B　152. C　153. A
154. A　155. A　156. A　157. D　158. B　159. C　160. D

二、判断题（将判断结果填入括号中。正确的填“√”，错误的填“×”。每题 0.5 分，满分 20 分。）

161. ×　162. ×　163. ×　164. √　165. √　166. ×　167. ×　168. ×　169. √
170. √　171. √　172. ×　173. ×　174. ×　175. ×　176. ×　177. √　178. ×
179. ×　180. ×　181. ×　182. ×　183. √　184. ×　185. √　186. ×　187. ×
188. ×　189. √　190. ×　191. √　192. ×　193. √　194. √　195. √　196. √
197. ×　198. ×　199. ×　200. ×